日本経済評論社

はしがき

　欧州では，フードチェーンの様子をボトルネックに比喩している．市場集中度を高めてきた，川下の少数の大手スーパーチェーンとの取引を避けては生産物を容易に捌けない実態を表したものである．本書は，欧州連合（EU）に展開する大規模青果農協は，これら大手スーパーチェーンとの取引を強いられる中で，これまでいかなる対応を進めてきたかを数々のケーススタディにより明らかにしたものである．なお，その具体的対応を探るに当たっては，組織形態，ネットワーク構造，ガバナンス方式からなる「組織構造」と「マーケティング戦略」という二つの側面からアプローチした．「EU 青果農協の組織と戦略」というタイトルを持つ理由である．

　本書は，執筆者らが科学研究費（科研）の助成を受けて遂行した二つの研究の成果である．そのために，研究期間中にすでに学会誌などに掲載した複数の論文が一部の章のもとになっていることを予め申し添えておきたい．

　当初の研究は，欧州の青果物流通に関する情報が乏しい中，「EU 諸国における小売対応型の青果物産地マーケティングの展開構造（基盤研究(B)，平成 25-27 年）」を知りたいという素朴な疑問から始まった．この疑問を晴らすべく，EU 農協の国際協力機構である Cogeca の情報を頼りに，販売額の大きい大規模青果農協を訪ね歩いた．こうしてケーススタディを重ねているうち，EU の大規模青果農協は，益々細くなっていくボトルネックを潜り抜けるために，軒並み出荷ロットの拡大や周年出荷・品揃えの確保のための農協間合併または農協連合の設立といった水平的統合とともに，取引先が安全性・品質の保証のために求めているグローバル GAP，BRC，IFS などプライベートスタンダードや売り場にすぐに陳列できるコンシューマーパックへの加工ラインの整備に取り組んできたことが分かった．

ところが，EU の大規模青果農協が水平的・垂直的統合を進める様子は，外部環境すなわち国・産地・制度を共有する場合でも，農協によって相違が認められるという興味深い事実に遭遇した．その相違をもたらす理由を探るべく，「EU 農協のビジネス環境変化と組織構造の変容に関する実証的研究（基盤研究(B)，平成 28-30 年)」と題した科研を申請し，採択される幸運に恵まれた．

こうして，6 年間にわたって EU の大規模青果農協をひたすら訪ね歩く日々が続いたが，本書の第 2 部および第 3 部はその実態調査の成果を国別・テーマ別に整理したものである．ちなみに，第 1 部は，EU 青果農協を取り巻く環境への理解を助けるべく，青果物の需給構造，マーケット環境，関連制度について概説したものである．

EU に展開する大規模青果農協には，伝統的協同組合を堅持している農協があれば，それとは些か異なるハイブリッド農協への変容を遂げてきた農協もある．また，ガバナンス方式に関しては，大手スーパーチェーンとの契約取引を計画的かつ効率的に履行すべく，組合員の販売事業への関与を縮小し，軒並み農協職員の権限を強化する方向へと進んできたものの，ハイブリッド農協の色彩を持つ農協において，伝統的な協同組合より相対的に農協マネージャーの権限が強く，組合員の自治機能が弱まっている．

一方，農協間のネットワークについては，地理的近接性に基づき周辺産地に面的に広がるケースとは対照的に，遠隔産地同士が結ばれているケースも少なくなかった．こうした中，出荷量・出荷額から見たネットワークの規模，集荷範囲が示すネットワークの広がりの違いは，農協の販売事業が有する基盤的条件すなわち出荷ロットおよび品揃え能力と，その条件に影響を受けるマーケティング戦略の相違をもたらしている．総じていえば，組織形態，ガバナンス，ネットワークの組合せにおいて複数の選択肢を持つ，欧州農協の組織再編は単線的な方向へ収束することなく多様な方向へと広がっているのである．

EU の青果農協の組織再編を促したビジネス環境の変化すなわち，大手ス

ーパーチェーンとの取引拡大に伴う，品質・安全性に関するスタンダードの整備，センター一括仕入れをめぐるサプライチェーンの構築，プライベートブランドの提供への対応は，日本の農協も共通して抱える課題である．そういう意味では，本書が整理した EU の大規模青果農協の関連情報は，今後，日本の農協に必要な組織再編の方向やマーケティング戦略のあり方を探るに当たって有用な情報として提供できるのではないかと察する．

日本における農協論は「海外での研究動向とは関わりが薄く，日本独自で研究が進められている」という指摘もある中，欧州の農協に関しては，一部の情報が翻訳書や関連文献の引用・紹介により間接的に伝わっている印象を拭い去れない．そうした中，日本の農協とは似て非なる欧米の専門農協に関心を持つ研究者並びに一般読者には，本書が欧州の専門農協に関する体系づけた実証研究の成果として貢献できることを願っている．

振り返れば，3 人の執筆者は，「農産物のブランド管理をめぐる日韓比較（科研基盤(B)，平成 21-23 年）」研究のメンバーとして，40 代半ばに初めて出会った．当時，千葉大学教授（現名誉教授）・斎藤修先生の呼びかけがなかったら，土地勘のないヨーロッパの国々で，道に迷いながら現地調査をこなしている 3 人の姿は想像できず，本書の企画・刊行もなし得なかった．清野と森嶋にとっては恩師であり，李を農産物の流通研究の世界に導き指導して下さった斎藤修先生に，ここに記してお礼申し上げる次第である．

最後に，本書の出版は，令和元年の科研費（研究成果公開促進費：課題番号 19HP5151）の交付を受けて実現した．さらに，本書の執筆のために費やした調査研究費も科研費によって執行された．日本学術振興会による多大な支援があってこそ，世に出せた書籍であることは言うまでもない．また，本書の出版を承諾され，編集や校正の労をわずらわせた日本経済評論社の清達二氏および編集部の皆様には心より感謝の意を表したい．

2019 年 7 月 31 日

執筆者一同

目次

序章　本書の視点と概要 …………………… 李　哉汯・森嶋輝也・清野誠喜　1

　　1.　ビジネス環境の変化と伝統的農協からの変容　2

　　2.　EU の専門農協 vs 日本の総合農協　7

　　3.　EU 青果農協の展開構造とマーケティング戦略　14

　　4.　本書の構成　27

第1部　EU の青果部門の需給構造および関連制度

第1章　EU における果実および野菜の需給構造 …………　森嶋輝也　33

　　1.　果実と野菜の位置づけ　33

　　2.　果実と野菜の生産状況　36

　　3.　果実と野菜の交易状況　44

第2章　ヨーロッパにおける小売市場構造・環境 ………　清野誠喜　50

　　1.　小売業の位置づけ　51

　　2.　食品小売市場の構造・環境：上位集中度と PB 比率　53

　　3.　川上との関係性：サプライチェーン・マネジメント　56

　　おわりに　59

第3章　EU の共通農業市場制度における生産者組織 …　李　哉汯　60

　　1.　青果部門の CMO 改革：市場介入の廃止　60

　　2.　青果部門における補助金の執行推移　61

3.　生産者組織に関わる制度概要　64

　4.　青果部門の PO の概要　65

　5.　加盟国によって異なる PO の展開構造　70

　6.　PO の展開をめぐる争点と課題　72

第 4 章　青果物の販売をめぐる競争と生産者組織の可能性

　　　　　　　　　　　　　　　　　……………… 李　哉汯　75

　1.　スペインにおける柑橘生産・出荷の概況　75

　2.　生産者組織を取り巻く環境とその変化　80

　3.　生産者組織の展開構造と特徴　83

　おわりに　89

第 5 章　EU の果樹政策：スクール・フルーツ・スキーム
　　　　―イタリアの SFS への取り組み―　　……………… 李　哉汯　92

　1.　EU における SFS について　93

　2.　イタリアにおける SFS の実施体制　97

　3.　SFS プログラムにおける果実供給の実態　99

　4.　SFS の有する果樹政策としての特徴　110

　おわりに　113

　　　　第 2 部　青果物のサプライチェーン構築と農協の組織再編

第 6 章　ドイツの野菜需給構造と青果農協の展開構造 … 森嶋輝也　117

　1.　野菜の需給構造　117

　2.　野菜生産者組織の役割　126

　3.　野菜農協の事例：ファルツマルクト　131

目次　　　　ix

第7章　オランダ青果農協にみるグローバル化・ハイブリッド化
　　　　―グリーナリーとフレスキューを事例に― …………… 李　哉泫　140

　　1.　青果物の生産と生産者組織の動向　142
　　2.　オランダにおける青果農協　147
　　3.　マーケット環境の変化に応じた農協の組織再編　151
　　4.　グローバル化・ハイブリッド化の功罪　164

第8章　イタリアの青果農協にみる水平的・垂直的統合
　　　　―エミリア・ロマーニャ地域におけるケーススタディ―
　　　　　　　　　　　　　　　　　　　　　 …………… 李　哉泫　167

　　1.　農協の概要と特徴　169
　　2.　青果農協が構築するネットワーク　172
　　3.　農協連合による青果加工事業の展開　177
　　4.　大規模青果農協のネットワークの特徴　185

第9章　農協の販売事業を補完する農協連合モデル
　　　　―スペイン・バレンシア州のアネコープの事例― …… 李　哉泫　190

　　1.　アネコープの組織構造　191
　　2.　アネコープの販売実績と販売チャネル　195
　　3.　マーケティングにおける農協連合の役割　197
　　4.　農協が選択する農協連合の機能　200
　　おわりに　203

第10章　組織再編を進めるスペインの青果農協
　　　　―アルメリアの野菜農協のケーススタディ―
　　　　　　　　　　　　　 …………… 李　哉泫・森嶋輝也・清野誠喜　207

　　1.　スペイン農協の動向にみる特徴　208

x

2. アルメリア県における産地構造とビジネス環境の変化　212

3. ビジネス環境の変化に応じた野菜農協の対応　221

4. 事例にみる組織再編のプロセスと結果　223

おわりに　233

第3部　EUにおける青果物ブランドの展開と農協の取り組み

第11章　地理的表示制を活かしたバリューチェーンの構築
　　　　　　―スペインの「カランディナ農協」の示唆―…………　李　哉法　239

1. EUにおける地理的表示保護制度　240

2. スペインのオリーブ生産・販売の実態　243

3. PDOを契機とするオリーブオイルの製品化・ブランド化　247

4. 事例にみるPDOの意義と課題　253

おわりに　256

第12章　産地ブランド展開をめぐる農協間競争と問題
　　　　　　―イタリア北部のりんご産地を事例として―
　　　　　　　　　　　…………　李　哉法・森嶋輝也・清野誠喜　259

1. 地域ブランドの境界設定をめぐる争点　260

2. 産地および農協の概要　261

3. ブランドの展開をめぐる葛藤と産地出荷体制の再編　267

4. 産地マーケティング戦略の相違　272

おわりに　276

第13章　イタリアにおける有機食品市場とブランド戦略
　　　　　　　　　　　…………　森嶋輝也　279

1. 食品小売業をめぐる状況　279

2. コープイタリアのPB戦略　281

3. 有機食品ブランド「アルチェ・ネロ」との比較　286

終章　まとめと日本への示唆…………　李　哉泫・森嶋輝也・清野誠喜　295

1. 研究の要約と示唆　295
2. 日本の野菜農協にみる産地マーケティング　298
3. 青果物の農協共販を取り巻く EU と日本の環境の違い　304

参考文献　309
初出一覧　318
索引　319

序章
本書の視点と概要

李　哉泫・森嶋輝也・清野誠喜

　本書は，欧州連合（EU）において青果物の集荷・販売を事業とする，農協連合を含む大規模農協組織（以下，青果農協）を対象に行ったケーススタディの成果を取りまとめたものである．ケーススタディに共通した課題は，1990年代以降の小売主導型流通システム（斎藤2009）の強まりに対して，産地出荷組織としての農協がどのような対応を進めてきたかを明らかにすることであった[1]．ここでいう小売主導型流通システムとは，大規模スーパーマーケットなどが多様な製品の大量一括仕入れのために，仕入先を卸売市場から大規模サプライヤーへと仕入方法を急旋回したことにより，圃場から売場が繋がっている効率的なサプライチェーンが従来の卸売市場流通システムを代替することを意味する（李2014，森田2004）．

　EUの小売市場は，1990年代にすでに寡占状態（Sexton & Rogers 1994）と言われ，2000年以降には，「ボトルネック」（Cainglet 2006）という語が象徴するように，農産物の生産者は，国境を跨いでヨーロッパ全域に展開する少数の大手スーパーチェーンとの取引を避けては生産物を捌けない状況となっているほど，小売市場の市場集中度が高まっている．こうした中，EUの青果農協に関しては，大手スーパーチェーンが求める取引要件やサプライチェーン構築の要求に応じ，何らかの対応を求められた．その対応に際しては，製品の品質や安全性を保証するプライベート・スタンダード，大規模出荷ロット，豊富な品揃え，周年出荷体制，小分け・包装施設の確保・整備を目指した，いわゆる水平的・垂直的統合を進めることがその主要な手段であったと言ってよい．

ところが，ケーススタディを重ねるにつれ，EU の大規模青果農協が水平的・垂直的統合を進める様子は，外部環境ともいうべき，農協の展開をめぐる各国の制度・歴史的経過とともに，品目や経営規模に示される産地構造によって些か異なっていることが分かった．さらに，これらの外部環境すなわち国・産地を共有する場合でも，農協自らの選択によって相違が見られた[2]．

こうしたことから，これまでのケーススタディの成果を吟味するに当たっては，その違いをもたらす理由もしくは要因を解明すべく，共通の分析フレームワークが求められた．そこで序章においては，本書の問題意識と分析フレームワークとともに，EU の農協の概要と特徴を理解した上で，事例分析の結果を踏まえて EU 青果農協の展開構造を整理する．

1. ビジネス環境の変化と伝統的農協からの変容

本書の課題は，日本よりいち早く小売主導型流通システムの強まりを経験した EU において，産地の出荷組織としての農協が①それにどのような対応を求められ，その対応の過程において②どのような組織構造やマーケティング戦略の変化がもたらされたかを明らかにすることである．

(1) 青果物の販売をめぐるビジネス環境の変化

Nilsson（1999：450）は，欧州農協の組織形態は，EU の統合や WTO 農業協定の履行などによる競争の激化，技術革新，小売企業のチェーン展開，食の安全性・品質への関与を高める消費者ニーズといったビジネス環境の反映であるという．そして，競争を所与の条件とし，技術革新を積極的に取り入れた上で，国境を跨いで展開する巨大食品企業やチェーン店舗を運営している大規模小売企業（以下「大手スーパーチェーン」）への対抗に向けた農協の組織再編が，伝統的農協を今日の多様な組織形態やガバナンス構造を有するハイブリッド（hybrid）農協へと導いたという．

とりわけ，青果物の販売に関しては，①バイイングパワー（Buying power）

を有する大手スーパーチェーンとの取引，②製品の品質や安全性の保証に関わるプライベート・スタンダード（PS），③一括仕入れをめぐるサプライチェーン（SC）の構築，④プライベート・ブランド（PB）といった4つへの対応が求められたことが重要なビジネス環境の変化に該当する．

大手スーパーチェーンの市場シェアとバイイングパワー

EU諸国においては，国境を跨いで展開する，少数の大手スーパーチェーンの市場シェアが極めて高いことが知られている．AAIの報告（Stichele et al. 2009）によれば，2006年のEU諸国の小売市場集中度（CR5）[3]は，デンマーク，スウェーデン，スロベニア，アイルランドにおいて80％以上，エストニア，ベルギー，リトアニア，オーストリア，ドイツ，フランスは70％以上，スペイン，オランダ，イギリス，ハンガリーは50％以上となっている．

このような，小売マーケットの高い市場集中により，一部少数の大手スーパーチェーンのバイイングパワーの行使をもたらした．以下にみる，PS，PB，SCが進展している背後には，それらの要求を完徹させる小売企業の有するバイイングパワーがある．

農産物におけるプライベート・スタンダード

EUの小売企業は，度重なるフードスキャンダル（BSE，O-157など）により，食料の安全性に敏感に反応する消費者に対して，食品の安全性や品質を保証すべく，プライベート・スタンダードと称される独自の認証制度を作り上げた．GAP，BRC，IFSなどがそれである．これらの小売サイドが定める認証基準をクリアすることは，もはや大手スーパーチェーンの売場への上場に際して，サプライヤーに課される義務（Compulsory）となっている．これらのPS（Henson & Reardon 2005）は，EUが用意する公的制度（Public regulations）としての安全性保証の条件（Codex, Alimentarius, HACCPなど）に比してより厳格な品質管理が求められている（Trienekens &

4

Zuuriber 2008）．また，その PS は，総合的有害生物管理（IPM）を基本と
する栽培方法，製品の規格に沿った選別，小分け包装の工程管理に至るまで
すべての領域に適用されているほか，トレーサビリティシステムの構築が要
件となっている（Konefal et al. 2005）．

サプライチェーンの構築

　大手スーパーチェーンにおいては，自社バイヤーもしくは複数の小売企業
が共同で活用する仕入れ専門会社を通した一括購入が行われている．AAI
（Stichele et al. 2009）によれば，2008 年において，EMD，コペルニク
（Copernic），カルフール（Carrefour Europe），AMS，アジェノール（Agenor），
メトロ（Metro Group），テスコ（TESCO Group），シュバルツ（Schwarz
Group），オーシャン（Auchan Group），アルディ（Aldi）といった 10 の大手
仕入れグループの EU マーケットシェアは 65.9％である．Bijman &
Hendriske（2004）によれば，オランダに関しては，これらの大手スーパー
チェーンの仕入れグループは，1990 年代において仕入先を，セリ方式を用
いる従来のオークションから大規模卸売業者や大規模産地出荷組織へと急旋
回したという．

　また，小売店舗におけるバックヤード機能はないに等しく，広域エリアを
カバーする少数の仕入れ・配送センターに運ばれる青果物は，規格や品質別
に小分け・包装を済ましたパッケージ商品である．プラットフォーム
（platform）と呼ばれる仕入れ・配送センターでは，前日発注・翌日配棚を基
本としており，集荷・配送にあたってはバーコード情報による仕分け工程が
IT システムによって自動化されている[4]．

　大手スーパーチェーンは，このように，広域エリアをカバーするプラット
フォームを単位に一括購入，短いリードタイム，小分け・包装済みの商品の
入荷，自動配送システムといった条件を満たすために，仕入れ元を少数の大
規模出荷組織に限定した上で，受発注システムを媒介とする垂直的統合を図
っているのが，青果物の SC に見る最大の特徴である．

プライベート・ブランドの提供

EU の大手スーパーチェーンにおける PB の売上げシェアは年々拡大している．大手スーパーチェーンの市場集中度が高い国ほど，PB の売上げシェアが高いことが報告されているが，とりわけスイス（53％），イギリス（47％），スロバキア（44％），スペイン（42％），ドイツ（41％）は PB のシェアが比較的高い国である（CNC 2010：37）．これをスペインについてみると，食料雑貨部門における PB の売上げシェア（2009）は 37.7％と集計されている中で，家計消費における PB の品目カテゴリー別の支出額シェアを捉えた調査では，サラミ肉（84.4％）の次に，冷凍野菜（81.0％）が極めて高いシェアを示している（CNC 2010：44）．

以上のように，欧州の青果農協は，大手スーパーチェーンとの取引を避けては消費者に容易にアクセスできない環境にある．そうした中，大手スーパーチェーンとの契約取引の要件を満たした上で，より効率的なサプライチェーンを構築することが，EU の青果農協が取り組んできた組織再編の目的にほかならない．

日本においても，同様なマーケット環境の変化すなわち小売主導型流通システム（斎藤 2009）の強まりに直面し，契約取引を基本とするサプライチェーン構築を強いられている中，それに応じた農協の新たな役割（尾高 2007）への期待が高まっている．しかしながら，依然として十分な対応ができていないが故に，「農協共販の有効性の低下」（増田 2015：7）が懸念されている．このような，日本の青果農協が抱える課題が，本書が EU の青果農協が構築するサプライチェーンとともに，その構築の過程に見られる農協の組織変容に注目した理由である．

(2) 農協組織の移行プロセス

ところが，上に述べたビジネス環境の変化は，同時代に青果物の販売に取り組む，いずれの青果農協が共通して直面するビジネス環境の変化であるにもかかわらず，それへの対応に伴って，各々農協が新たに選択する組織形態，

ガバナンス構造，ネットワークには一定の相違がみられた．そこで，この相違をもたらす青果農協の組織再編に作用するある種のメカニズムを解明すべく，先行研究を踏まえて以下のような分析フレームワークを考案した．

これまで欧州農協の展開構造に触れた多くの研究では，伝統的（traditional）な協同組合からの逸脱が注目されてきた．ここでいう「伝統的」は，新制度派経済学に依拠した Cook（1995）および Chaddad & Cook（2004）において，協同組合独特の所有権の制限措置を意味するが，「加入脱退の自由」，「出資権譲渡（non-transferability）や出資金買戻し（non-redeemable）の禁止」などにより「組合資産に対する個別的な所有権を認めない」（明田 2016）農協のことである．加えて，1人1票制に基づく組合員自治の原則も，伝統的協同組合を特徴づけるガバナンス構造である（Ménard 2007）．

かつて Cook（1995）および Chaddad & Cook（2004）が，「伝統的協同組合」でもなく「株式会社（investor-owned firms）」でもない，多様な「ハイブリッド」農協を類型化したが，これを Bekkum & Bijman（2006）は具体的な事例を用いて検証した．これら3つの研究成果を合わせ見れば，農協の伝統的協同組合からの逸脱は，出資額に応じた議決権配分や利益配当，出資権譲渡，出資金買戻しの許容に止まるケース[5]，外部投資の受入れへと進むものの，外部投資者への意思決定権及び配当請求権を制約し，組合員がコントロールする組織に留まるケースと，上場株式会社への道を歩むケースが区別できる．

これに加え，Ménard（2007）は，個別経営の集合体としての農協は，組合員の自治がもたらす取引コストの上昇につれ，それを節約すべく，次第に内部組織[6]に近いガバナンス構造へと移行するという．なお，農協が品質管理のために用いる統一的な栽培方法や品質・安全性の基準，これらの履行に関するモニタリング及びペナルティなどは，組合員の自治を著しく制限するガバナンスとして取り扱われている．

一方，EU の農協は，複数農協を巻き込んだ出荷ロットの拡大，周年出荷，

品揃えへの取り組み（水平的統合）とともに，生産物の加工事業・販売事業の展開により消費者に近づけていく取り組み（垂直的統合）を同時に進めてきた（Bijman 2015）．なお，Lazzarin et al.（2001），Karantininis（2007），Menzani & Zamagni（2010），李（2017）は，この農協の水平的・垂直的統合の主要な手段が，農協間合併，農協連合[7]，農協の子会社など，農協が関与するネットワークの構築であるという．

ただし，農協連合に関しては，Soegaard（1994）に依拠し，欧州では農協連合モデルは消えつつある（Bijman et al. 2012：73）と言う．その背景には，一部の農協連合がメンバー農協の集団的所有や自治に起因する意思決定の非効率性が生じるにつれ，やがては大規模合併農協の内部組織として吸収されていく傾向が作用している．

そこで，本研究では，共通のビジネス環境を有する各々の農協の組織再編のプロセスにアプローチしたが，それに際して，Bijman et al.（2012）[8]に倣って，市場構造と市場行動の相互作用を捉えうる従来の産業組織論の視点と，組織の内部構造に注目する新制度学派経済学のそれを掛け合わせた分析のフレームワークを用意した[9]．すなわち，農協は，組織形態を律する法・制度のほか市場構造を所与の条件として事業を展開し，その後の何らかのビジネス環境の変化に促され，新しい組織形態，ガバナンス構造，ネットワークの選択を組み合わせるが，その選択の結果が販売事業のパフォーマンスやマーケティング戦略の違いをもたらすということである（図序-1）．

2. EU の専門農協 vs 日本の総合農協

(1) EU の農協
品目別の経済事業に特化した専門農協
EU 農協の国際協力組織である Cogeca は，農協を，「農業生産者（famers）が，マーケットにおける自らのポジショニングを強化するために，協同組合の基本原則[10]に基づき自発的に組織する企業形態」（Cogeca 2010：25）と

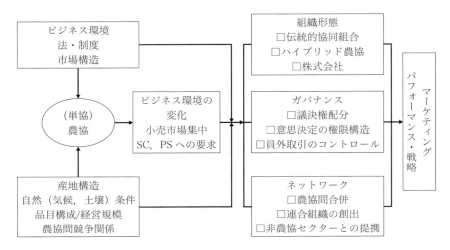

図序-1 EU農協における組織の再編プロセス

定義している．この定義によれば，EUの農協は，生産物の販売事業もしくは農業資材の購買事業に事業を特化していることから，（後に詳述する）日本の「総合農協」と区分される「専門農協」（若林2012）と言える．

Cogeca（2014）によれば，EU（2013）には620万の生産者を組合員とする21,769の農協があり，これらの農協の取扱額の合計は3,473億4,200万ユーロである．これを1農協当たりに換算すれば，組合員数と販売額（turnover）は各々285組合員と約1,594万ユーロとなる．なお，1組合員当たりの利用高は56,270ユーロである．

これらの農協は，その事業の目的が資材の共同購買事業（farm supply）と生産物の販売事業に区分しているが，後者は，酪農協，食肉農協，穀物農協，園芸農協，ワイン農協，オリーブ農協というように取扱品目ごとに分けて捉えている．なお，農協の事業や取扱品目が複数にわたっている場合はマルチ型農協（Multipurpose）と称している．こうしたことから，EUの農協は，特定の品目の生産者が集まって共同販売を行う品目特定の専門農協であることを垣間見ることができる．ちなみに，本書が取り上げるEU農協の事例は

いずれも野菜または果物の集荷・販売に取り組んでいる園芸農協である．

2010 年の EU 農協のマーケットシェア（Bijman et al. 2012a：23）は，酪農部門において 57％と最も高く，次に青果部門とワインの 42％，穀物部門の 34％，養豚部門の 27％の順に高い．なお，農協の販売額に占める，各々の品目部門別のシェアは，酪農協が 33％，青果農協が 27％，穀物農協が 18％，養豚農協が 10％，ワイン農協が 8％，オリーブ農協が 3％となっている．

農協の組織規模と農協共販率にみる地域差

表序-1 を見る限り，農協の組織規模や農協共販のマーケットシェアは，加盟国によって大きく異なっている．とはいえ，農協数，1 農協当たり組合員数，1 農協当たりの販売額規模の共通点に基づいて類型化を図れば，次の 3 つの類型に区分することができる．

1 つ目は，フィンランド，スウェーデン，デンマークからなる北欧諸国の農協モデルであるが，総じて数千人の組合員を擁する 50 未満の農協が，数十億ユーロの販売額を実現しているケースであり，いわゆる北欧モデルと呼ばれるものである．なお，これらの国々は，酪農部門における農協のマーケットシェアが 90％以上と極めて高いことも大きな特徴である[11]．

2 つ目は，イタリア，スペインに象徴される類型として，数百人程度の少ない組合員，1,000 万ユーロを下回る販売額をもつ数千の農協が展開しているケースである．なお，このようなイタリア，スペインの農協の特徴は，上の北欧モデルに対する「南欧モデルもしくは地中海モデル」の特徴をなしている．これら南欧諸国に関しては，オリーブやワイン葡萄を含む青果物の加工・販売事業をビジネスとする農協数が多く，当該部門の農協のマーケットシェアが大きい．

3 つ目は，各々の農協の規模は，「北欧モデル」ほど大きくないものの，「南欧モデル」に比べれば相対的に大きい農協が主流であるケースであるが，イギリス，ベルギー，ドイツ，フランス，オランダなどがこれに該当する．

表序-1　EU の加盟国別の農協の概要

A　農協数及び販売額

（単位：組合，人，百万ユーロ）

加盟国		農協数	組合員数	販売額	1組合当たり 組合員数	1組合当たり 販売額
合計		21,769	6,172,746	347,342	284	16.0
北欧	フィンランド	35	170,776	13,225	4,879	377.9
	スウェーデン	30	160,350	7,438	5,345	247.9
	デンマーク	28	45,710	25,009	1,633	893.2
	ラトビア	49	—	1,111	—	22.7
	リトアニア	402	12,900	714	32	1.8
	エストニア	21	2,036	512	97	24.4
西欧	アイルランド	75	201,684	14,149	2,689	188.7
	イギリス	200	138,021	6,207	690	31.0
	オランダ	215	140,000	32,000	651	148.8
	ベルギー	301	—	3,257	—	10.8
	フランス	2,400	858,000	84,350	358	35.1
	ルクセンブルク	55	—	—	—	—
中欧	ドイツ	2,400	1,440,600	67,502	600	28.1
	オーストリア	217	306,300	8,475	1,412	39.1
	チェコ	548	524	1,327	1	2.4
	ハンガリー	1,116	31,544	1,058	28	0.9
	ポーランド	136	—	15,311	—	112.6
	スロバキア	597	—	1,151	—	1.9
	スロベニア	368	16,539	705	45	1.9
東欧	ブルガリア	900			0	0.0
	ルーマニア	68	—	204	—	3.0
南欧	イタリア	5,834	863,323	34,362	148	5.9
	スペイン	3,844	1,179,323	25,696	307	6.7
	ギリシャ	550		711	0	1.3
	ポルトガル	735	—	2,437	—	3.3
	クロアチア	613	10,734	167	18	0.3
	マルタ	18	1,815	204	101	11.3
	キプロス	14	24,917	62	1,780	4.4

出典：Cogeca（2014）p. 23 および Bijman et al.（2012a）p. 57 より作成．

B　農協販売額のマーケットシェア
（単位：%）

酪農	豚肉	穀物	青果	ワイン
57	27	34	42	42
97	81	49	40	
100	51		70	
96	86		>50	
33		38	12	
25				
35	1	10	4	
99				
			35	
90		55	95	
66	>25		83	
55	94	62	35	38
65	20	50	40	33
95			50	
66	25		35	
31	25	30	18	9
72		7	11	
25	11	16	11	
80		16	10	
42		27	50	52
40	25	35	50	70
			35	15
70			25	42
91	100		20	70
				10

ただし，ドイツとフランスに関しては，農業生産基盤が大きいために農協数が相対的に多く，また，オランダの場合は，1農協当たりの販売額が10億ユーロ以上と大きい．これらの国々では，北欧諸国と南欧諸国に比べて，穀物部門の農協共販率が目立って高い中，オランダに関しては青果農協のマーケットシェアは95%と際立って高い．

農協の展開をめぐる制度環境

EUにおいて農協の設立や運営に関する根拠法は，業種を問わず協同組合という組織形態を有する全ての組織に適用される法律となっており，「農協法」を有している場合においても「協同組合法」が上位法として機能している．EU農協はそれが用いる企業形態が協同組合である限り，協同組合の基本原則を守ることが求められるが，具体的な議決権配分やガバナンスについては，各々の加盟国が定める協同組合法もしくは農協法によって相違が見られる．Cogeca（2014）によれば，大部分の国が議決権の配分は1人1票に制限している中で，ベルギー，デンマーク，スロバキア，フィンランド，スウェーデンは，出資額もしくは利用高による傾斜配分（proportionality）が認められている．また，ガバナンスについては，理事会と監査役会の二層化（two tier）が義務づけられている場

合（ベルギー，チェコ，ギリシャ，スペイン，イタリア，フランス，オラン
ダ，フィンランドなど）や理事会のみの設置（one tier）でよいとするケー
ス（フィンランド，スウェーデン）がある中で，多くの国（デンマーク，ド
イツ，エストニア，フランス，イタリア，ラトビア，リトアニア，オースト
リア，ポルトガル，スロベニア，スロバキア）はどちらでもよい（mixed）
とする制度となっている．

　一方，EUでは，複数の単協（primary or first-tier cooperative）をメンバ
ーとする農協を2次組合（second-tier cooperative）もしくは農協連合
（federated cooperative）と称する．これらの農協連合は，何らかの必要に応
じて農協自らが設立または選択してきた経緯がある．それ故に，農協にとっ
て連合組織に求める機能と役割が解消されるか，またはその機能の発揮が困
難となれば，農協自らの意志により脱退もしくは連合の解体・再編という選
択を辞さない．なお，複数の単協をメンバーとする組織は，経済事業を実質
的に担っている組織と指導・教育・訓練・政治的ロビー活動に特化した組織
に大別されるが，本書で考察する連合農協は，マーケティングや加工事業を
目的とする事業連合に限定している．

　また，農協および農協連合の一部は，加工事業や輸出に関わる商社機能の
遂行のために，自らが100％出資する子会社をはじめ，事業運営上の必要に
応じて関連企業に出資者として加わっている．ちなみに，農協が出資する子
会社には協同組合の対極とも言える「株式会社」の企業形態を取っているケ
ースも少なくない．さらに，農協連合を含む農協組織の子会社や出資企業の
営業所や事業の及ぶ地理的範囲は産地や国境内に止まらず複数の国に跨がっ
ているが，一部のEUの農協が多国籍農協（multinational）もしくは国際化
農協（international）と呼ばれる由縁である（Bijman et al. 2012a：70）．

　川村（生源寺編2007：249）は，日本における農協論は「海外での研究動
向とは関わりが薄く，日本独自で研究が進められている」と指摘する．欧州
の農協についても，一部の情報が翻訳書（農林中金訳2000および2015）や
関連文献の引用・紹介（生源寺編2007所収，栗本・田中稿）により間接的

序章　本書の視点と概要　　　13

に伝わっている程度である．こうした中，若林（2012：30）は，日本の農協
改革が進める総合農協から信用・共済事業の分離すなわち経済事業に特化し
た単協への移行を念頭に入れ，欧米では主流である専門農協の本格的な研究
の必要性を指摘していることを特記しておきたい．

(2)　日本の農協

日本では JA グループと称される農協組織を「総合農協」と名づけている．
太田原（1988）は，この日本の総合農協の特徴として，①信用事業をはじめ
多目的事業の兼営，②属地主義と網羅主義（全戸加入），③行政補完組織を
挙げているが，上述の EU の「専門農協」とは明らかに異なる組織および事
業構造をなしている．とりわけ，EU の農協の中には，日本の総合農協のよ
うに信用事業と経済事業を同時に行うものはないに等しい．

また，JA グループは，市町村レベルの JA ＝単協を底辺に，その上に県レ
ベルの中央会，信連，経済連からなる県連の存在があり，さらにその上に全
農はじめ全国レベルの組織が位置する，整然としたピラミッド構造をなして
いることも，上に述べた EU 農協の階層構造とは些か異なる様子である．

さらに，協同組合を律する一般法を持たない日本では，農協が根拠法とす
るものは，個別法としての農業協同組合法である点も，EU の農協との違い
をなしている．

現在（2016 年），日本には 661 の総合農協（JA）がある中で，これらの農
協のうち一部は，農業生産との関わりのない，都市（31 組合）に信用事業
をメインとする事業を展開している（表序-2）．また，組合員の資格が正組
合員と準組合員に別れ，農協の経済事業の利用とは無縁な後者（約 600 万）
が実質的な農協の利用者たる前者（約 437 万）を上回っている．ちなみに，
農協の正組合員の世帯数を農家の戸数として見なした場合に，農協に加入し
ている農家数は約 379 万戸である中で，1 農協当たりの農家数は約 560 戸で
あることが推測できる．この農協の組合員農家数は，2015 年の農業センサ
スが把握する農業経営体数（約 140 万経営体）の 2.7 倍に該当する．

表序-2 日本の総合農協（JA）の概要

		協同組合数	取扱高（億円）			組合員数
				%	1農協当たり	
合計		661	46,883	100.0	70.9	□正組合員：4,367,858
地帯別	都市地帯	31				＊世帯数：3,707,401
	都市的農村地帯	157				□準組合員：6,076,568
	中山間地帯	130				＊世帯数：4,901,662
	農村地帯	343				□1農協当たりの正組合員数：6,608人
経営部門別	米	—	8,429	18.0	12.8	□1農協当たりの正組合員戸数：561戸
	野菜	603	14,002	29.9	21.2	
	果実	433	4,281	9.1	6.5	
	畜産物	—	13,871	29.6	21.0	
	その他	—	6,299	13.4	9.5	

出典：農業協同組合および同連合会の一斉調査，2016年．
注：1) 経営部門別の農協数は，業種別の生産者組織を有する農協数である．なお，畜産については，牛が442組合，豚が154組合，鶏が59組合となっている．
2) 経営部門の1組合当たりの販売額は，農協数合計（661）をベースに算出したものである．

　農協が出荷する農産物の取扱高（2016年）は4兆6,883億円で，その29.9％を野菜が，29.6％を畜産物が，18.0％を米が，9.1％を果実が，各々占めており，これら4つの品目の取扱高シェアは86.6％である．なお，1農協当たりの販売額は約70億円である．

　一方，日本においても農協および農協連合は自ら出資する「協同会社」を数多く有しており，その多くは株式会社であるほか，これらの会社の一部は商社機能や加工事業を積極的に展開していることは，EUの農協と何ら変わりのない取り組みである．

3. EU青果農協の展開構造とマーケティング戦略

(1) 事例農協の概要

　本書では，以上のように日本の農協と似て非なるEUの農協とりわけ青果農協に対象を絞り，冒頭に述べた分析フレームワークを適用し，伝統的農協

序章　本書の視点と概要　　　　15

からスタートした農協がビジネス環境の変化に応じ，新たな組織形態，ガバ
ナンス構造，ネットワークを選択する際に作用するメカニズムとともに，そ
の結果としてのマーケティングのパフォーマンスを確認すべく，表序-3 に
示した 4 カ国 15 の農協連合を含む農協組織への訪問インタビューを行った．
なお，事例を選ぶに当たっては，Cogeca（2014：34）および Bijman et
al.（2012b：22）が用意するリストから，青果物の販売額が高いトップ 20
の農協にインタビューを申し入れ，承諾の取れた農協を数年間にわたって訪
ね歩いた．

　表序-3 に示す 15 農協の事例は，多くがイタリア（7），スペイン（5）の
農協であり，ドイツ（1）とオランダ（2）の事例は相対的に少ない．その背
景には，第 1 章で詳述するように，EU の青果物の生産・供給においてはス
ペイン，イタリアが圧倒的なシェアをもつほか，比較的規模の大きい生産者
が農協連合を介さずに巨大な単協レベルで青果販売に取り組んでいる西欧諸
国の農協に比べて，農協連合が相対的に小さい規模の単協の販売事業を補完
している南欧諸国の事情から，類似した販売環境を有する日本の農協系統販
売への示唆が得られるのではないかと考えたからである．

　こうして選んだ事例は，7 つの単協と 8 つの農協連合となっている．また，
各々農協が取り扱う品目は，果実と野菜の両方に跨がっている中で，野菜に
関しては，施設野菜を販売している農協が大部分を占めている．なお，当初
より EU の青果農協のうち販売額トップ 20 から対象事例を絞った経緯もあ
って，それが単協であれ農協連合であれ，販売額 1 億ユーロ（約 130 億円）
を上回る大規模農協である．とりわけ，コンセルベ・イタリア（Conserve
Italia：イタリア）やコフォルタ（Coforta：オランダ）に関しては 10 億ユーロ
（約 1,300 億円）以上の販売額を有する EU 屈指の農協組織である．

(2)　水平的・垂直的統合を進めるマーケティング農協へ

　本書が取り上げる単協は，スペインのカシ（CASI）を除けば，いずれも過
去において単協間の合併を経験している（表序-3）．農協間の合併は，基本

16

的に規模の経済性を図った出荷規模の拡大に加え，範囲の経済性の追求すなわち周年出荷・品揃え充実のための，川上ステージにおける水平的な統合 (horizontal integration) の手段である．また，農協連合についても，スペインのアネコープ (Anecoop)，ムルヒベルデ (Murgiverde)，ウニカ・グループ (Unica Group)，イタリアの南チロール果実農協連合 (VOG)，メリンダ (Melinda)，バル・ベノスタ農協連合 (VIP) は，単協同士が共同販売を目的に設立し，出荷ロットや取扱品目の拡大を目指している意味では，合併と同様な水平的統合にほかならない．

　一方，コンセルベ・イタリアとフルタゲル (Fruttagel) は，各々果実ジュースや冷凍野菜の加工・販売を事業とする農協連合である．このように，農

表序-3　事例としての

| 国 | No. | 農協名 | 設立年次 | 組織形態 | | | | |
				単協	合併	連合	子会社等	生鮮販売
イタリア	1	アポフルーツ	1990年代	○	○		○	○
	2	アグリンテサ	2007	○	○		○	○
	3	コンセルベ・イタリア	1976			○	○	
	4	フルタゲル	1994			○		
	5	メリンダ	1998			○		○
	6	バル・ベノスタ農協連合	1990			○		○
	7	南チロール果実農協連合	1945			○		○
スペイン	8	アネコープ	1974			○	○	○
	9	カシ	1944	○				○
	10	アグロイリス	1994	○	○		○	○
	11	ムルヒベルデ	2005			○	○	○
	12	ウニカ・グループ	2009			○		○
ドイツ	13	ファルツマルクト	1951	○	○		○	○
オランダ	14	コフォルタ(グリーナリー)	1996	○	○		○	○
	15	フレスキュー	2003	○	○		○	○

出典：訪問調査の結果より作成．
注：これら15の大規模青果農協に加え，インタビューが行われた農協（単協）としては，スペインの11章）やイタリアの KIWI SOLE（第5章）のほか，ベルギーの BelOrta がある．

序章　本書の視点と概要　　　　　　　　　　　　17

協がフードチェーンの川下に向けて，自らの生産物の加工事業に取り組むことを垂直的統合（vertical integration）という．ただし，生鮮野菜の場合は，農協が形質の変換を伴う加工事業を展開するケースは少なく，垂直的統合に該当する事業としてはスーパーマーケットの売り場にすぐに陳列できる，コンシューマー・パックへの小分け・包装施設を運営していることが特徴である．表序-3に示した事例農協では，コンセルベ・イタリアとフルタゲルを除き，全ての農協は，選別・選果施設を基本にコンシューマー・パックが製造できる集出荷施設を有している．

　Cook（1995：1156）やBijman（2015：24）は，このように，集出荷施設や製品加工施設を設けて積極的に垂直的統合を進めた上で，農協自らがマー

用いるEUの青果農協

事業部門		生産者数　A	組合数	販売額（億ユーロ）B	B/A（万ユーロ）	調査年次	収録章
加工販売	主力製品						
	ソフト果実柑橘・野菜	3,400		2.0	6.0	2013	8章
	ソフト果実	5,000		2.7	5.5	2013	
○	果実ジュース		51	10.0	—	2013	
○	冷凍野菜		10	1.3	—	2013	
	りんご	3,968	16	2.4	5.9	2015	12章
	りんご	1,700	7	2.2	12.9	2015	
	りんご	4,938	16	3.9	7.8	2015	
	柑橘類スイカ・野菜	—	79	5.1	—	2013	9章
	施設野菜（トマト）	1,800		1.9	10.6	2013	10章
	施設野菜	700		1.2	17.1	2014	
	施設野菜	400	4	1.2	30.0	2016	
	施設野菜	1,900	9	2.6	13.7	2016	
	施設・露地野菜	1,400		1.3	9.3	2014	6章
	施設・露地野菜	419		10.0	238.7	2014	7章
	施設野菜	79		4.8	607.6	2014	

Frutsol SAT, Coop Carlet（第4章），Coop Canso, Vicente Coop（第10章），Calandina Coop（第

ケットに働きかけている農協を，集荷した生鮮農産物に手を加えることなく
出荷時の価格交渉のみに機能が完結するバーゲニング農協と区分して，マー
ケティング農協と称している．そういう意味では，表序-3の農協はいずれ
も，バーゲニング農協からマーケティング農協への移行を成し遂げてきた事
例に該当する．

(3)　組織形態・ガバナンス・ネットワーク

　これらの農協については，1990年代には水平的・垂直的統合を成し遂げ
たほか，2000年以後には大手スーパーチェーンが求めるPSの整備を完了し，
マーケティング農協への面貌を整えている点では共通しているものの，その
移行のプロセスにおいて各々の農協が選択してきた組織形態，ガバナンス，
ネットワークには相違点も少なくない．

オランダの青果農協

　オランダ，ドイツ，ベルギーは，かつて生産者が青果物の販売ができる場
所をオークションに制限し，生産者自らの出資によって設立する協同組合の
みに，そのオークションの運営を認める制度を有していた[12]．日本のイメー
ジでいえば，セリ取引を行っている青果卸売市場を農協が所有し運営してい
るということである．したがって，これらの国々においては，青果物の生産
者は，近くのオークションのメンバーとなる以外には，これといった生産物
の販売手段を持ち得なかった．そのために，類似した制度を持たない他の国
に比べて，周辺産地の生産者の大部分が加入するオークション＝青果農協の
メンバー＝組合員は相対的に多く，かつ特定の品目を中心に生産者が集まる
南欧の農協と違って，オークションに上場する取扱品目は多彩であった．さ
らに，1つの単協レベルでもその出荷規模や品揃えが可能となっていること
から，共同販売を目的とする農協連合の存在は乏しい．ただし，セリ取引に
完結するオークションは，組合員の生産過程に関与し，最終製品としてのコ
ンシューマー・パックの販売へと垂直的統合を図っていく，すなわちマーケ

ティング農協へと進む契機を持たないまま，バーゲニング農協に止まらざるを得ないという問題を呈していた．

こうした中，1990年代を通して，市場集中度を高めてきた大手スーパーチェーンが，取引コストの節約や一定の品質・安全性を求め，仕入方法をオークションのセリ取引から卸売企業を含む大規模サプライヤーとの相対取引へと変更するや，農協が運営するオークションは大口需要を失った（Bijman & Hendriske 2003）．

そこで，大手スーパーチェーンなどの大口需要者との相対取引を進めるべく，相対的に規模が大きくかつ品質改善や付加価値の拡大に積極的な姿勢をもつ施設園芸経営がオークションを離脱する事態に遭遇した．これに刺激を受けたオークションは，互いの合併を通して出荷ロットの拡大を図ると同時に，販売方式をセリ取引から相対取引に大きくシフトさせた．表序-3において，前者に該当する事例がフレスキュー（FresQ）であり，コフォルタは後者のケースに該当する．両者は，従来のセリ取引から相対取引へと販売体制を見直すに当たって，当初より対照的な組織形態，ガバナンス，ネットワークを選択した．

まず，コフォルタは1996年に9つのオークションを統合した際に，組合員は生産機能に集中し，販売事業に関する強い権限をもつ専門的なマーケティング・マネージャーを雇った上で，グリーナリー（The Greenery；以下TG）という子会社が販売事業を担う組織構造に変更した．また，集出荷施設の所有権はTGへ移転し，コフォルタの生産者が利用料を支払っている．さらに，これらの施設への投資を巡っては，組合員に対して投資へのインセンティブを与えるべく，出資額の一部については，出資額に応じた利益配当を決めたほか，利用高に応じた議決権の傾斜配分を実施した．

また，製品の集荷をめぐっては，ベルギーからも組合員を受け入れたほか，品揃えや周年販売のために50余の国々からの仕入れを行っている．さらに，製品の53.1％は移・輸出されている中で，その貿易に必要な商社機能や物流機能を子会社にして担わせている．

フレスキューは，1990年代初め頃に，最も規模の大きい少数の施設園芸経営が，大手スーパーチェーンとの相対取引を進めるために，小分け・包装施設を備えた上で販売事業をスタートさせた複数の生産者グループが統合して2003年に誕生した．それ故に，小分け・包装センターを含む集出荷施設は，合併前の6つの農協をユニットとする子会社において，個別組合員の資産として所有されている．このことから，単協ではあるものの，資産を持たないが故に，合併前の6農協が共同販売を行うために必要な商流機能や営業機能に止まっていて，農協連合の性格を色濃く帯びているともいえる．フレスキューは，合併当初より，出資額や利用高に応じた議決権の傾斜配分や利益配分を認めている．なお，組合長は外部からのエキスパートを迎え入れているほか，理事会にも外部のマーケティング専門家をメンバーとして加えている．

2つの農協はいずれも，ハウス栽培のトマト，きゅうり，パプリカ，ピーマン，なすなど果菜類に製品が集中している中で，これらの品目のオランダ国内の端境期をスペインからの移入によってカバーしている．ただし，TGにして品揃えや周年出荷に対応しているコフォルタと違って，フレスキューは個別組合員がスペインに設ける直営農場を通して，その対応が行われていたことが特徴である．

南欧の青果農協

イタリア，スペインの農協は，古くから協同組合法により数名の出資者を確保すれば比較的容易に農協の設立が可能であったことから，農協の多くは，家族経営を含む集落レベルで特定品目の共同販売を行う小規模事業体からスタートした．現在においても，小規模事業体が農協の多数を占める構造に変わりはないと言ってよい．こうしたことから，イタリアやスペインにおいては，単協の零細さを補うべく，複数農協が出資を伴って組織する農協連合の設立が推進されてきたが，それは西欧の青果農協の展開構造と大きく異なる点である．ちなみに，イタリアのVOG（1945），コンセルベ・イタリア（1976）とスペインのアネコープ（1974）という農協連合は，上述のビジネ

ス環境の変化に直面する前から共同販売や青果加工事業を開始している．な
お，農協の組織形態とガバナンスについては，（第 10 章で詳述する）スペイ
ンの SAT を除けば，いずれも組合員の自治を基本に，総会・理事会・監査
役会からなるガバナンス構造を有する伝統的協同組合を長らく堅持してきた．

　こうした特徴を持つスペイン，イタリアの各々の青果農協が，1990 年代
以降のビジネス環境に対応する様子は複雑であった．規模の経済性を目指し
た単協同士の合併を進めている共通点はあるにせよ，南欧の青果農協の展開
構造を普遍的かつ単線的に捉えることは困難である．

a．イタリア

　イタリアについては，エミリア・ロマーニャ（Emilia-Romagna）州で梨，
もも，あんず等の温帯果実の共同販売を主たる事業とする 2 つの大規模合併
農協（アグリンテサ Agrintesa とアポフルーツ Apofurit Italia）とこれらの単
協が出資する，果実・野菜の加工事業体としての 2 つの農協連合（コンセル
ベ・イタリアとフルタゲル）を対象に，本書の分析フレームワークを適用し
てみた．その結果，単協の有する組織形態やガバナンス構造にはこれといっ
た違いがない中で，各々の農協が関わりを持つネットワークの構造とともに，
農協連合における組織形態とガバナンス方式に相違が見られた．

　まず，アグリンテサとアポフルーツは，いずれも長年にわたって周辺の単
協同士の合併を進めてきたという共通点を持つが，その合併によって広がる
農協の集荷範囲が異なるがゆえに取扱い品目の種類が異なっている．前者は，
その集荷範囲が地理的近接性（Proximity）に基づく面的な広がりがエミリ
ア・ロマーニャ州でほぼ完結していることに対して，後者は，エミリア・ロ
マーニャの州域を超えた合併を進めた結果，イタリアの中部および南部のシ
チリア島にまで及んでいる．さらに，アポフルーツは，製品開発及び製品差
別化を図って，有機製品の集荷・販売に力を入れている中で，多くの青果物
を組合員以外の生産者より仕入れている．この点，同様な取り組みが足踏み
状態にあり，かつ組合員以外からの集荷が少ないアグリンテサと対照的であ

る.

　一方，コンセルベ・イタリアはアグリンテサが最大の持ち分を有する，果実ジュースなどを加工・販売する事業体である．果実生産者を組合員とする農協のみが出資していることから，生産者がコントロールするガバナンス構造を有しているといってよい．なお，果汁加工施設とその製品の販売を担う商社などを，子会社や提携会社として，海外にも広く展開している．

　フルタゲルは，冷凍野菜の加工販売事業を展開する農協連合である．これには，川下に展開する生協組織のコナード（CONARD）が出資者として加わり，理事会においては，原料の生産者たるメンバー農協を上回る議決権を持ち，事業の運営に関して強い意思決定権を行使している．また，近年は，有機野菜や果実の加工品を増やしている中で，その原料の多くを組合員以外の生産者から仕入れている．

　b．スペイン
　［バレンシア州のアネコープ］

　第9章に取り上げるアネコープは，オレンジをはじめ柑橘類の世界有数の集散地であるバレンシアにおいて，83の単協が共同販売を目的に利用する農協連合である．ちなみに，アネコープは，農協連合の存在が乏しい北欧や西欧諸国とは対象的に，しばしば南欧地域の成功した農協連合モデルの象徴として取り扱われる（Giagnocavo et al. 2012）.

　アネコープは，1974年にバレンシア地域の33の農協がオレンジの海外への輸出に必要な商社機能を求めて設立した農協連合である．その後，単協の販売事業を補完し，荷口をまとめて出荷ロットを大きくした上で，営業力やプロモーション機能を発揮するアネコープのマーケティング力に魅せられた，柑橘農協のほかスイカや野菜を出荷する農協が続々と加入することによって，スペイン全域の5州12県にメンバー農協を有し多様な青果物を販売する巨大な農協連合へと拡大してきた．

　アネコープのメンバー農協数は年々変化しているが，加入と脱退の自由を

保障しているからである．また，アネコープに出資をする以外に利用料のみの支払いにより，農協連合の共同販売事業が利用できる仕組みとなっている．アネコープを利用する農協に対しては，出荷数量の40％は農協連合を通して販売することが義務づけられている．裏を返せば，その義務さえ果たせば，単協の自主販売が認められるということである．

　こうした中，アネコープに注目すべきは，農協連合によるサプライチェーン構築への取り組みである．その取り組みとは，トレーサビリティ，グローバルGAPやBRC，HACCPなど，大手スーパーチェーンが求めるプライベート・スタンダードを，個々の農協に代わって，アネコープが必要な投資を伴って全てのメンバー農協にIPMのような統一した栽培管理システムの導入によって整備し，それをベースに効率的な受発注システムを運用しているということである．

［アンダルシア州の農協及び農協連合］

　農協連合としてアネコープが有する特徴，すなわちオープンメンバーシップの下で，集出荷施設を持たず，単協の自主販売が認められている農協連合モデルは，同国のアンダルシア州アルメリア県では陳腐化したモデルとして取り扱われている．

　第10章では，アルメリア県で最も規模の大きい2つの単協（カシ，アグロイリスAgroiris），2つの農協連合（ムルヒベルデ，ウニカ・グループ）を取り上げ，1990年代以降のビジネス環境の変化に応じ，青果農協がどのような組織形態，ガバナンス，ネットワークを選択してきたかを検証した．

　これによれば，程度の差はあれ，いずれの農協も，大手スーパーチェーンとの相対取引を進めるに当たって，組合員に農協への全量出荷を義務づけた上で，取引先が求めるプライベート・スタンダードや定時（in time）・定量（demanded volume）を満たすべく，組合員の自治を制約し，マーケティング・マネージャーの権限を強めている．さらに，ムルヒベルデに関しては，メンバー農協が所有する集出荷施設を連合組織が買収しているが，それの利

用に関する意思決定権が複数のメンバー農協に分散する非効率を防ぐための手段であったという。

　ところが、いずれの農協も、規模の経済性や品揃え・周年販売を目指した水平的統合を進めてきたことは共通しているものの、各々の農協の理念・考え方が異なるが故に、その統合方式が①新たなネットワークを選択せずに単協の維持を選択したケース（カシ）、②比較的に規模の大きい農協が周辺の農協を統合・合併したケース（アグロイリス）、③複数農協の統合合併がスムーズに進まず農協連合組織を創出したケース（ムルヒベルデ、ウニカ・グループ）に分かれている。

　こうした選択の結果、各々農協が有する集荷エリアは、特定の品目に傾斜した産地内に限定されるケース（カシ、アグロイリス）と、県内の複数の産地（ムルヒベルデ）、複数の州（ウニカ・グループ）へと広がったケースが見られた。そして、これら農協のネットワークの広がる地理的範囲すなわち集荷のエリアの違いは、後に見るマーケティング戦略に影響を与えることになる。

（4）　農協の組織再編とマーケティング戦略の関係

　EU の青果農協のケーススタディを通して、各々の農協のマーケティング戦略は、自らが選択する競争戦略、組織形態・ガバナンス・ネットワークによって異なっていることが確認できた。

「迎合型」と「対抗型」による区分

　まず、大手スーパーチェーンとの取引をめぐるパワー関係の違いに注目すれば競争戦略は次の2つに大別できる。

　その1つは、大手スーパーチェーンの求める効率的なサプライチェーン構築に積極的に応じ、リテールサービスの強化を図っている「迎合型戦略」である。なお、この迎合型戦略の実行に際しては、販売に関する意思決定において、生産者による自治を制限し専門的マネージャーの権限を強めてきた経

緯がある．オランダのコフォルタ，フレスキューをはじめアポフルーツ，ウニカ・グループ，VIP，フルタゲルなどの多くの事例農協がこの迎合型に該当する．

もう1つの戦略は「対抗型」と呼ぶに相応しい戦略である．これに該当する農協は，特定の品目に関して，大規模出荷ロットを確保することにより，買い手にとって，当該農協を通さずには当該製品の仕入れが困難な状況を確保した上で，可能な限り大手スーパーチェーンが求めるプライベート・ブランドやきめ細かいコンシューマー・パックへの要求には応じないとする戦略を採用しているが，アグリンテサ，メリンダ，カシがそれに該当する農協である．

集荷エリアとブランドパワーによる区分

青果農協のマーケティング戦略においては，4つのPすなわち製品 (products)，価格 (price)，プレース (place)，プロモーション (promotion) の選択とその組み合わせが，各々の農協が有するネットワークの構造とりわけ集荷の及ぶエリアの地理的範囲や自らが展開するブランドによって制約されることが分かった．

①農協組織のネットワークと製品戦略

まず，農協間の合併または農協連合のメンバーを迎え入れるに当たって，特定の品目の産地から越境し，他の品目の産地を広く包摂した農協においては，製品カテゴリーおよびラインの拡張を可能とし，製品戦略において周年販売や品揃えを充実させることができることは容易に推測できる．こうした製品戦略は，オランダのコフォルタやフレスキューをはじめイタリアのアポフルーツのような産地からの越境を辞さない合併を成し遂げた農協や，集荷エリアを限定せずにメンバー農協を迎え入れたアネコープ，ウニカ・グループのような農協連合に見られる．

これに対して，イタリアのアグリンテサ，メリンダ，VOG，VIP ととも

に，スペインのカシは，いずれも集荷エリアが地理的近接性に基づく特定品目の産地に限定されていることから，製品カテゴリーの拡張に一定の制約を受け，各々温帯果実，りんご，トマトに大きく傾斜した製品ラインをなしていることが分かる．

②チャネル戦略と価格戦略の関係

価格戦略とチャネル戦略の組合せには，基本的には，当該農協が上述した「迎合戦略」を採るか，「対抗戦略」を選択するかに加え，農協が有する「ブランドパワー」が関与している．大手スーパーチェーンとの取引を積極的に進めている「迎合型戦略」に関しては，自ずと大手スーパーチェーンを重視したチャネル戦略になっている中で，自社ブランド製品より取引先のプライベートブランド製品の供給を強いられがちである．そして，この場合は，他店との熾烈な価格競争を繰り広げている中，店頭価格の値頃感を追求し，仕入れ価格の抑制を望む大手スーパーチェーンに対して付加価値を高めるための高価格戦略を採ることは容易ではないことが察せられる．

ところが，オランダのコフォルタ＝TG，イタリアのアポフルーツおよびVIP，スペインのアネコープなどは，こうしたチャネル戦略に起因する低価格へのプレッシャーに耐えつつも，有機製品に限定した自社ブランドを積極的に展開し，付加価値の向上にも力を注いでいるのが印象的であった．とりわけ，アポフルーツとフルタゲルが参加する共同ブランド「アルマベルデ」（Almaverde：詳しくは第8章）は，有機製品のPBを持たない，中小規模のスーパーチェーンに有機製品のカテゴリーを揃えて販売棚を提供しているが，付加価値の高い有機製品のブランドをテコ入れした，チャネルミックス戦略として注目に値する．

③ブランドパワー

これに対して，アグリンテサとメリンダに関しては，卸売業者などを介した自社ブランドの店頭陳列をチャネル戦略の目標として掲げ，大手スーパー

チェーンとの取引には消極的であった．アグリンテサに関しては，同農協の競争戦略そのものが対抗戦略である旨，すでに述べたが，メリンダの場合に，このようなチャネル戦略が採用された背景には，同農協が有する強いブランドパワーが関係している．

本書の第12章には，イタリアの北部トレンティーノ＝アルト・アディジェ（Trentino Alto-Adige）州に広がる広大なりんご産地に隣接して展開する3つの農協連合（メリンダ，VOG，VIP）が持つブランドパワーが，各々の農協のチャネル戦略や価格戦略の選択に大きく影響している実態を明らかにしている．掻い摘まんでいえば，最もブランドパワーの強いメリンダは，自社ブランドを店頭にまで進めることによって高い付加価値を確保すべく，PBを要求する大手スーパーチェーンとの取引を抑制している．これに対して，VIPとVOGは，メリンダによってイタリア国内のりんご市場を牛耳られている中で，前者は，メリンダが取引を好まないイタリア国内の大手スーパーチェーンと，後者は海外のマーケットを各々ターゲットにしたチャネル戦略を採用せざるを得ない状況にある．

4.　本書の構成

第3節で述べた，本書のエッセンスでもある，EUの大規模青果農協の展開構造とマーケティング戦略の詳細については，第2部の「青果物のサプライチェーン構築と農協の組織再編」に，カントリーレポートの形をとった上で，ドイツ（第6章），オランダ（第7章），イタリア（第8章）に区分して整理した．ただし，スペインについては，伝統的な農協連合モデルとして位置づけられるバレンシアのアネコープ（第9章）と，新しい農協組織モデルを追求して組織再編に取り組んでいるアンダルシア州アルメリア県の野菜農協の事例（第10章）の2つの章に区分している．

第3部「青果物ブランドの展開と農協の取り組み」には，ブランドという語をキーワードにしたケーススタディの成果を取りまとめている．第11章

には，目下，日本でも産地マーケティングの主要な手段として注目されている，地理的表示制度を活用した地域ブランド化への取り組みに成功し，オリーブの栽培からオリーブオイルの瓶詰め製品への加工までのバリューチェーンを構築している，スペインのラ・カランディナ（La Calandina）農協の事例を分析し，その意義と課題を整理している．

　本章では，イタリア北部の隣接したりんご産地においてメリンダ，VOG，VIP という農協連合ごとにブランドパワーが異なっているために，それが各々農協の販売戦略を制約していることを述べた．これに関する詳しいケーススタディが第12章に用意されている．

　これまでの調査では，EU の大規模青果農協の取引先としてコープイタリア（Coop Italia）へのインタビューの機会が得られた．また，幾度かにわたるイタリアのエミリア・ロマーニャ州の調査では，同州に本部を置き，日本にも多くの有機加工食品を輸出しているアルチェ・ネロ（Alce nero）という有機農産物の加工・販売企業を訪ねることができた．第13章では，これら2つの調査から得られた情報を元に，イタリアの有機食品市場とブランド戦略の実態を整理した．EU の大規模青果農協は，軒並み有機農産物のブランド化を製品差別化戦略として位置づけ積極的に取り組んでいる．第13章からは，イタリアのオーガニックマーケットにおける小売サイドの PB と川上・川中が用いるナショナル・ブランド（NB）の異なる展開構造を垣間見ることができる．

　さて，具体的な事例分析を伴う，第2部と第3部からなる本書の本編は，EU の青果物の需給構造や青果農協を取り巻く制度およびマーケット環境に馴染みのない読み手にとっては，充分な理解が容易ではないことが察せられる．そこで，具体的な事例分析に先立ち，第1部「EU の青果部門の需給構造および関連制度」には，EU の青果物の需給構造（第1章），EU の小売市場の集中の実態とそれがもたらす青果物の流通構造の変化（第2章）を大まかに整理した．

　また，第3章は，EU が青果物の組織的な産地マーケティングを促進すべ

く，補助金を投じて育成している生産者組織に関わる制度の仕組み，EU が認可する生産者組織の運営実態を確認したものである．ちなみに，この生産者組織は，そのほとんどが青果農協であると言って差し支えない．そこで，第 4 章では，スペイン・バレンシアをフィールドに，生産者組織の育成が持つ政策的意義と問題を検証している．そして，第 5 章では，EU の共通農業市場制度（CMO）において，生産者組織への運営資金以外に，稀に補助金が与えられるプログラム＝スクールフルーツスキーム（SFS）というユニークな制度を紹介している．このプログラムは一見すれば，単に小学校への果実の無料提供に過ぎないと誤解されがちだが，第 4 章を読み通せば，果実消費の拡大を促し価格低下を防ぐほか，食育を伴う果実の供給をめぐる関連事業体間の連携によるサプライチェーン構築とイノベーションが期待できる注目すべき制度であることが分かる．

　最後の終章では，本書を通して得られた，EU の大規模青果農協が用いる組織形態・ガバナンス・ネットワークの特徴を改めて整理した後に，日本の青果物の農協系統販売のあり方を模索するに当たって，考慮すべきいくつかの示唆点を導いている．

注

1)　執筆者らは，科学研究費（基盤研究(B)海外 No.25304034，研究課題：EU 諸国における小売対応型の青果物産地マーケティングの展開構造の解明，研究期間：平成 25-27 年）の助成を受けたが，その研究の成果が本書の土台をなしている．

2)　上の注に示した科研費の延長において，この問題意識に基づく科研費（基盤研究(B)海外 No.16H05798，研究課題：EU 農協のビジネス環境変化と組織構造の変容に関する実証的研究：平成 28-30 年）を申請し採択された．この研究の成果も上と同様に，主要なパーツとして本書に活用されている．

3)　CR（concentration rate）5 とは，当該市場において販売額の大きい上位 5 社のマーケットシェアを％で示すものである．

4)　これらの情報は，執筆者らによる，スペインのソコモ（Socomo）というカルフール（Carreful）が運営するプラットフォームと，コンスーム（CONSUM）という生協が使用するプラットフォームの 2 カ所の訪問調査により確認したものである．

5) 新世代農協（new generation cooperatives）は，この種の典型であるが，日本では，磯田（2001：232-249）がアメリカの穀物部門に展開する新世代農協を紹介している．

6) Hierarchies の日本語訳として，今井ほか（1991）より借用した語である．

7) 本稿では，Bijman et al.（2012：18）の農協連合の定義（単協がメンバーとなり，そのメンバーが所有権を持つ農協の連合）を共有している．

8) Bijman et al.（2012：17）は，制度（institutional）環境の制約の下で，マーケティング戦略とガバナンス構造が選択されるが，その選択が農協のパフォーマンスを左右するという．

9) 新野は，産業組織論は企業の内部組織を対象とするのではなく，環境としての市場構造の中での売り手及び買い手の行動とその成果を研究対象としているという（「産業組織論」『経済学辞典』岩波書店）．

10) 国際協同組合同盟（ICA）によれば，自発的で開かれた組合員制，組合員による民主的管理，組合員の経済的参加，自治と自立，教育，訓練及び広報，協同組合間協同，コミュニティへの関与が協同組合の基本原則である（栗本編著 2012：14-17）．

11) 農林中金訳（2000，2012），明田（2016），三石（1998，1999），生源寺編（2007）所収：栗本稿（II 部 2 章）及び田中稿（II 部 3 章）などから伝えられるハイブリッド農協の多くは，スウェーデン，アイルランド，フィンランド，デンマークなどの北欧諸国の酪農協および食肉農協である．

12) 詳しくは，第 6 章および第 7 章を参照されたい．

第 1 部　EU の青果部門の需給構造および関連制度

第1章
EU における果実および野菜の需給構造

森 嶋 輝 也

1. 果実と野菜の位置づけ

(1) 果実および野菜の生産と需要

　2013 年のクロアチア加盟により 28 カ国となった欧州連合（EU）は，その当時，すでに 5 億人を超える人口を有する巨大市場となった．この EU 域内で食料としての果実および野菜（以下，青果物）の需要は，2011 年の統計[1]で見る限り，前者が 5,077 万 t，後者が 5,874 万 t であった．これは，その年の全世界の青果物需要の内，それぞれ 9.9％と 6.3％を占める．ちなみにおよそ 70 億人の世界人口と対比すれば，EU のそれは 7.2％を占めていることから，割合的に野菜の需要は若干少ないが，逆に果物の需要は多いといえる．

　一方，生産面に関しては[2]，2013 年の EU における果実の作付面積は 583 万 ha で生産量は 6,669 万 t，野菜は 222 万 ha で 6,050 万 t となっている．同年の全世界の生産が，果実作付面積と生産量は，各々 5,938 万 ha，6 億 7,368 万 t，野菜については，5,800 万 ha，11 億 3,260 万 t だったので，EU の青果物生産の世界シェアは，果実作付面積の 9.8％，生産量の 9.9％を占めており，野菜に関してはそれぞれ 3.8％，5.3％ということになる．なお，青果物の生産はアジア地域が最も多く，生産量ベースで果実の約 53％，野菜約 77％を占める．次いでアフリカが多く，EU はその次を南北アメリカと争うような位置にある（図 1-1）．

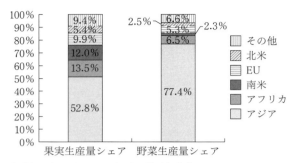

出典：FAOSTAT Production データに基づき作成．

図 1-1 世界の青果物生産量に占める地域ごとのシェア（2013 年）

　この EU の青果物の生産を金額的価値[3]に直すと，2013 年の果実の総生産額が 522 億 8,400 万ドル（当時のレート，以下同じ）で，野菜 418 億 9,900 万ドルとなる．この数値を EU の農業総生産額 5,054 億 4,600 万ドルから見ると，果実が 10.3％，野菜が 8.3％を占める．品目別に見て最もシェアが高いのは，畜産物が 55.3％であり，次いで穀類が 14.7％なので，果実や野菜は EU において金額的に見てそれらに次ぐ位置づけとなる．

(2)　青果物の需給構造

　上述したように EU では，青果物の食料需要も大きいが，生産量もそれなりにあるため，余剰分は域外へ輸出されることになる．一方，EU では，生産のない時期や品目等もあり，その分は域外から輸入している．これら貿易を含めた需給構造の全体像を概観すると，2011 年の食料需給表[4]では，果実類に関して約 3,900 万 t が輸移出されたことに対して，5,580 万 t を輸移入していることが分かる．その差の 1,680 万 t と域内生産量の 6,200 万 t に加えて，備蓄分の 70 万 t で，合計 7,950 万 t の果実類が域内に供給されている．このうち加工用に回ったものは 2,460 万 t で，飼料用に 20 万 t，その他に 40 万 t が供されたために，損耗分の 370 万 t を除くと，域内に食料用として供給された果実類はおよそ 5,060 万 t となった（図 1-2）．

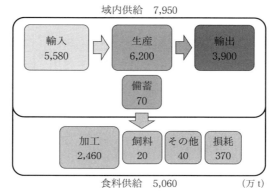

出典：FAOSTAT Food Blance データに基づき作成．

図 1-2　EU における果実類の需給構造（2011 年）

　これに対して，野菜類に関する同年の食料需給表では，輸移出量の約 2,890 万 t に対して，輸移入量は 2,870 万 t だったので，その差は －20 万 t となる．これに域内生産量の 6,830 万 t と備蓄分の 10 万 t を合わせると，野菜類の域内供給量は合計で 6,820 万 t であった．このうち飼料用に回ったのが 220 万 t で，加工用の 1 万 t，さらにその他用途の 10 万 t と損耗分 720 万 t を除くと，域内に食料用として供給された野菜類はおよそ 5,870 万 t となる（図 1-3）．

　このような果実類と野菜類の需給構造を比較すると，野菜類の方が輸移出入量のバランスが取れている一方で，果実類は輸移入超過であり，その分加工用途に回るものが多いという特徴がある．ちなみに，食料需給表の定義では，果実類の場合，ワイン製造用途が加工用としてカウントされており，EU での製造量が多いのに対して，野菜類の場合は，缶詰やジュース用が「加工向け」ではなく，「食料」とみなされる．そのため，「加工向け」とは，非食用もしくは搾油用大豆のように「栄養分の相当量がロスを生じて他の食品を生産するために使われる」ケースに限定され，野菜類の場合それらの用途では利用が少ないことが理由である．

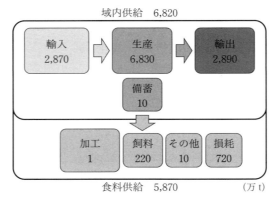

出典：図 1-2 に同じ．

図 1-3 EU における野菜類の需給構造（2011 年）

2. 果実と野菜の生産状況

(1) 青果物の生産動向

EU 域内での果実と野菜の生産は，すでに述べたように，2013 年現在で，果実が 6,669 万 t，野菜が 6,050 万 t となっているが，これらの数量には長期的・短期的観点から変動が見られる．具体的には 1994 年からの 20 年間で，生鮮果実の 33 品目について 29,170 件，同じく生鮮野菜 26 品目について 24,591 件の EU の加盟国別データを集計して確認を行った[5]．その結果，果実に関しては，1994 年の 6,686 万 t から増減を繰り返しつつ，2000 年までは上昇傾向にあったが，同年の 7,411 万 t をピークに，その後はゆるやかな減少傾向にあること，一方で野菜に関しては 1994 年の 5,892 万 t から 2004 年には 6,860 万 t まで増えたが，その後はやはり減少傾向にあることが確認された（図 1-4）．

このように EU での青果物の生産量は，現在のところ減少傾向にあるものの，20 年前と比較してもほぼ同程度の水準を維持できている．この背景に

第1章　EUにおける果実および野菜の需給構造

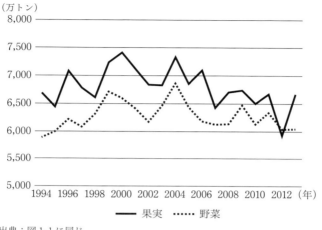

出典：図1-1に同じ．

図1-4　EUにおける果実と野菜の生産動向

は，作付面積の減少と単収の増加がある．すなわち，EU域内の青果物作付面積は，1994年には果実が720万ha，野菜が287万haであったが，その後は一貫して減少傾向を見せ，2012年には20年前と比べてそれぞれ81％と78％にまで減少した（図1-5）．したがってこのままでは生産量の大幅な減少を招くこととなるが，この間の生産技術にみるイノベーション効果が働き，1994年を基点として単収が果実で123％，野菜で132％にまで上昇したため，上記のように生産量が維持できているのである（図1-5）．

　この20年間で青果物の生産は，生鮮品に関しては上記の通りだが，加工品についてはまた別の傾向を示している．具体的には1994年からの20年間で，果実加工品25品目について6,161件，同じく野菜加工品19品目について3,920件のEU域内国別データを集計して確認を行った．なお，ここでいう「加工品」とは食料需給表で定義されたそれと異なり，ジュースや缶詰，それに冷凍品など食料需給表では「食料」品に含まれる加工食品のことを指しており，果物についてはワインを含まないことに注意が必要である．この結果，果実に関しては1994年の299万tから年次変動を繰り返しつつもお

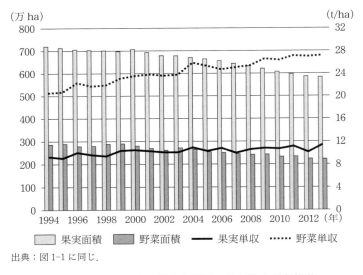

図 1-5 EU における果実と野菜の作付動向単収推移

よそ一定の生産水準を保ち，2013 年にも 296 万 t と大きくは変わらないことが分かった．一方，野菜に関しては，主に冷凍野菜と皮むきトマトの増産により，1994 年の 403 万 t からほぼ一貫して増加傾向にあり，この 20 年間で 598 万 t まで生産量が増えている．

(2) 国別・品目別にみる青果物の生産状況

EU 全体としての青果物の生産動向は上述したとおりだが，EU 域内を地域別に見ると，主に気象条件の違いから地中海諸国で多く，北欧では少ないという特徴がある．具体的には，EU 域内で果実の作付面積が最も大きい国はスペインで，およそ 157 万 ha，次いでイタリアで 118 万 ha，そしてフランスで 89 万 ha と続く（何れも 2013 年，以下この節同じ）．

これら 3 カ国の EU 域内面積シェアは，それぞれ 26.9％，20.2％，15.3％に上るので，上位 3 カ国だけで全体の 62.4％を占めている．当然これは生産量に関しても同様であり，1 位のスペインが 1,939 万 t，2 位のイタリアが

1,723万t，3位のフランスが846万tの果実生産量を有している中で，これらがEUの果実生産量に占めるシェアは各々29.1％，25.8％，12.7％であり，3つの国の合計シェアは67.6％となる（表1-1）．

野菜についても似た傾向にあるが，果実ほど地中海諸国に生産が偏ってお

表1-1　EU加盟国別の果実生産（2013年）

生産順位	面積順位	国　名	生産量(t)	作付面積(ha)	単収(t/ha)	生産シェア	面積シェア
1	1	スペイン	19,385,812	1,569,923	12.3	29.1%	26.9%
2	2	イタリア	17,233,342	1,179,413	14.6	25.8%	20.2%
3	3	フランス	8,462,106	891,664	9.5	12.7%	15.3%
4	4	ポーランド	4,176,687	426,838	9.8	6.3%	7.3%
5	7	ギリシャ	4,043,594	264,543	15.3	6.1%	4.5%
6	5	ルーマニア	2,929,052	360,250	8.1	4.4%	6.2%
7	8	ドイツ	2,333,814	180,927	12.9	3.5%	3.1%
8	6	ポルトガル	1,798,864	343,905	5.2	2.7%	5.9%
9	9	ハンガリー	1,476,661	154,835	9.5	2.2%	2.7%
10	11	オーストリア	953,790	78,695	12.1	1.4%	1.3%
11	18	オランダ	713,319	21,144	33.7	1.1%	0.4%
12	10	ブルガリア	606,805	91,092	6.7	0.9%	1.6%
13	19	ベルギー	582,800	19,906	29.3	0.9%	0.3%
14	12	クロアチア	457,405	51,450	8.9	0.7%	0.9%
15	14	イギリス	391,757	29,359	13.3	0.6%	0.5%
16	13	チェコ	256,826	38,465	6.7	0.4%	0.7%
17	20	キプロス	206,003	13,388	15.4	0.3%	0.2%
18	17	スロベニア	197,590	25,045	7.9	0.3%	0.4%
19	15	スロバキア	157,875	26,035	6.1	0.2%	0.4%
20	16	リトアニア	75,874	25,078	3.0	0.1%	0.4%
21	24	デンマーク	69,142	6,135	11.3	0.1%	0.1%
22	26	アイルランド	53,224	2,458	21.7	0.1%	0.0%
23	21	スウェーデン	50,282	10,516	4.8	0.1%	0.2%
24	23	フィンランド	21,011	6,663	3.2	0.0%	0.1%
25	25	ラトビア	20,024	5,636	3.6	0.0%	0.1%
26	28	ルクセンブルク	15,769	1,544	10.2	0.0%	0.0%
27	27	マルタ	15,405	2,283	6.7	0.0%	0.0%
28	22	エストニア	7,643	6,705	1.1	0.0%	0.1%
		合計/平均	66,692,476	5,833,895	11.4		

出典：図1-1に同じ．

らず，作付面積では1位のイタリア（48万ha），2位のスペイン（33万ha）に続き，3位はルーマニア（23万ha）であり，面積シェアも3カ国合計で47.0％となる．ただし野菜の場合，果物以上にハウス等の施設栽培に占める割合が大きいため，栽培面積と生産量の間に必ずしも完全な相関があるわけではない．したがって，生産量で見ると1位のイタリア（1,218万t），2位のスペイン（1,098万t）の順位は変わらないが，ルーマニアの単収が他国より低いために，生産量も相対的に少なく，代わってポーランド（524万t）が3位となる．ちなみに施設園芸の技術革新が盛んなオランダでは，単収が55.6t/haとEU平均（27.2t/ha）の2倍以上高いため，面積では域内9位（8.7万ha）だが，生産量は第5位の487万tである（表1-2）．

　次に品目別に青果物の生産状況を確認すると，まず果実に関しては，域内ではワイン製造用の需要もあり，ブドウの生産が圧倒的に多く，作付面積で321万ha，生産量で2,649万tとなっている．それ以外では，リンゴ，オレンジ，桃などが多く生産され，それぞれ55万ha・1,174万t，29万ha・619万t，24万ha・379万tが作られている．一方，野菜に関しては，トマトの生産が格段に多く，25万haの面積において1,537万tが生産された．作付面積で次に多いのは，キャベツ類の17.4万haであるが，他品目より単収が低いため，その生産量の511万tは品目別に見ると第4位となる．生産量で見て2番目に多い品目はタマネギであり，17万haの作付面積で570万tが生産されている．なお，生産量が3番目に多い品目はニンジンであり，12万haで541万tが生産されている．

　上記のような国別傾向と品目別特徴を掛け合わせて概観すると，ブドウに関してはワイン生産国でもあるイタリア（801万t），スペイン（748万t），フランス（552万t）の生産が多く，リンゴについてはポーランド（309万t），イタリア（222万t），フランス（174万t）の順で多く作られている．オレンジについては，スペイン（340万t），イタリア（171万t），ギリシャ（81万t）が多くなっており，またこれらの国ではそれぞれリンゴやオレンジのジュースの製造も多い．野菜に関しては，トマトの生産量が最も多いイ

第 1 章　EU における果実および野菜の需給構造　　41

表 1-2　EU 加盟国別の野菜生産（2013 年）

生産順位	面積順位	国　名	生産量(t)	作付面積(ha)	単収(t/ha)	生産シェア	面積シェア
1	1	イタリア	12,176,953	478,919	25.4	20.1%	21.5%
2	2	スペイン	10,975,100	334,810	32.8	18.1%	15.0%
3	5	ポーランド	5,236,601	149,403	35.1	8.7%	6.7%
4	4	フランス	5,044,651	221,962	22.7	8.3%	10.0%
5	9	オランダ	4,874,648	87,615	55.6	8.1%	3.9%
6	7	ドイツ	3,416,097	108,782	31.4	5.6%	4.9%
7	3	ルーマニア	3,341,863	233,443	14.3	5.5%	10.5%
8	8	ポルトガル	3,100,600	98,715	31.4	5.1%	4.4%
9	10	ギリシャ	2,557,127	79,089	32.3	4.2%	3.6%
10	6	イギリス	2,546,685	115,152	22.1	4.2%	5.2%
11	12	ベルギー	2,390,315	67,189	35.6	4.0%	3.0%
12	11	ハンガリー	1,244,900	68,320	18.2	2.1%	3.1%
13	16	オーストリア	595,945	15,619	38.2	1.0%	0.7%
14	13	ブルガリア	508,062	34,449	14.7	0.8%	1.5%
15	14	スウェーデン	347,218	25,452	13.6	0.6%	1.1%
16	17	リトアニア	307,759	13,250	23.2	0.5%	0.6%
17	18	デンマーク	286,817	9,937	28.9	0.5%	0.4%
18	21	フィンランド	271,798	9,217	29.5	0.4%	0.4%
19	15	スロバキア	261,021	23,785	11.0	0.4%	1.1%
20	23	アイルランド	234,621	5,179	45.3	0.4%	0.2%
21	19	クロアチア	174,123	9,454	18.4	0.3%	0.4%
22	20	チェコ	172,358	9,343	18.4	0.3%	0.4%
23	22	ラトビア	140,794	8,951	15.7	0.2%	0.4%
24	27	エストニア	78,990	3,053	25.9	0.1%	0.1%
25	24	マルタ	74,396	5,037	14.8	0.1%	0.2%
26	26	キプロス	69,343	4,104	16.9	0.1%	0.2%
27	25	スロベニア	69,179	4,671	14.8	0.1%	0.2%
28	28	ルクセンブルク	1,800	44	40.9	0.0%	0.0%
		合計/平均	60,499,764	2,224,944	27.2		

出典：図 1-1 に同じ.

タリアで 493 万 t を生産し，さらにそれらも利用して 117 万 t の皮むきトマ
トと 49 万 t のトマト・ペーストを製造している．またトマトについてはス
ペイン（368 万 t）やポルトガル（174 万 t）でも生産が多い．タマネギにつ
いてはオランダ（131 万 t），スペイン（119 万 t），ポーランド（55 万 t）で

生産が多く，キャベツ類についてはルーマニア（116万 t），ポーランド（102万 t），ドイツ（70万 t）が多い．

(3) 青果物生産の担い手

図 1-6 は，青果物の主要な生産国としてスペイン，イタリア，フランス，ドイツ，オランダを取り上げ，各々の加盟国における青果部門の生産者の経営面積規模を示したものである．

まず，野菜を栽培している農業経営体（以下，野菜経営体）の平均面積（ha/経営体）は，スペインが 2.2ha，イタリアが 3.1ha，フランスが 5.4ha，ドイツが 9.3ha，オランダが 10.3ha となっている．総じて，北部のドイツ，オランダに比べて，野菜の生産が盛んな地中海諸国の平均面積が著しく小さいことが分かる．

スペインの経営面積 1ha 未満層の野菜経営体数シェアは 72.9％であり，1〜2ha の経営面積を有する経営体（10.4％）を合わせれば，2ha 未満層の果樹経営体が全体の 80％を占めていることから，ほかの国々に比して小規模経営体によって野菜生産が担われていることが見て取れる．イタリア（47.7％），フランス（37.9％），ドイツ（43.1％）の同割合を見れば，イタリアがやや高いものの，いずれの国においても野菜経営体の 40〜50％が 1ha 未満である．ただし，2ha 未満層の野菜経営体数シェアで見れば，フランス（55.1％）やドイツ（54.4％）に比べて，イタリアは 70％と比較的に高い．一方，オランダの場合は，2ha 未満の野菜経営体数シェアはわずか 19.3％に止まり，大半（57.3％）の経営体が 5ha 以上の経営規模を有していることが目につく．

果樹を栽培している農業経営体（以下に，果樹経営体）について，2ha 未満の相対的に規模の小さい果樹経営体シェアを確認すると，イタリア（65.5％），スペイン（58.7％），ドイツ（64.0％）において比較的に高く，フランス（44.9％）とオランダ（35.8％）が相対的に低い．このような 2ha 未満層の果樹経営体数シェアは果樹経営体の平均経営面積にも現れているが，

第1章 EUにおける果実および野菜の需給構造 43

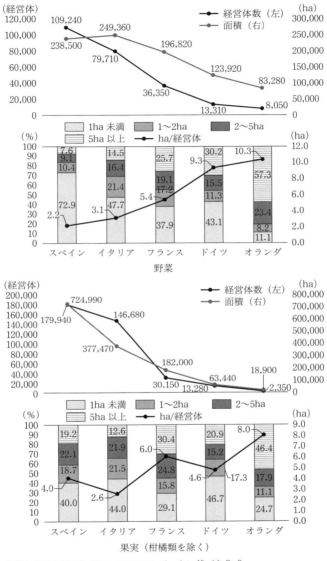

出典：EUROSTAT. Farm structure データに基づき作成．

図 1-6 主要な加盟国における青果物生産者の経営面積規模

44

イタリアが 2.6ha と最も小さく，スペインの 4.0ha，ドイツの 4.6ha，フランスの 6.0ha，オランダの 8.0ha の順に大きくなっている．

以上のように，図1-6 からは，EU の青果物に関しては，最大の生産国としてのスペインやイタリアには，未だ 2ha 未満の経営面積を有する小規模家族経営によって，その生産が担われていることが分かる．逆に，オランダやドイツについては，5ha 以上の経営面積を有する経営体数シェアより，相対的に規模の大きい経営が青果物の生産を担っているといってよい．

3. 果実と野菜の交易状況

(1) 青果物の交易動向

最初の節で概観したように，EU では青果物の需給バランスを取るために，大規模な交易を行っている．その「交易」には，域内で入手困難な品目の輸入や域外で需要の高い品目の輸出以外にも，域内での移出入による需給調整が含まれる．その具体的な内容について，1994 年からの 20 年間で，生鮮果実 32 品目について 362,211 件，同じく生鮮野菜 21 品目について 270,236 件を対象に EU 域内国別データを集計して確認を行った[6]．その結果，果実に関しては，2013 年には移出ベース[7]で 1,701 万 t の生鮮品が EU 域内で取引される一方で，380 万 t の域外輸出がなされ，さらにそれを大きく上回る 1,103 万 t が域外の国々から輸入されていることが分かった．この交易構造は以前から変わらず，取引量としては EU 域内での交易が最も大きいが，その 7 割程度が輸入量であることから，相対的に少ない輸出量と比べると，生鮮果実は常に輸入超過の状態にあると言える．ただし，過去 20 年間の変化を見ると，これらの交易量は何れも基本的に増加傾向にあるが，その伸び率には違いがあり，1994 年には 1,127 万 t だった域内交易量は 1.5 倍，788 万 t の輸入は 1.4 倍の増加なのに対して，輸出量は 157 万 t から 2.4 倍にまで増えている（図1-7）．

一方，生鮮野菜に関しては，若干状況が異なり，域内での交易が最も大き

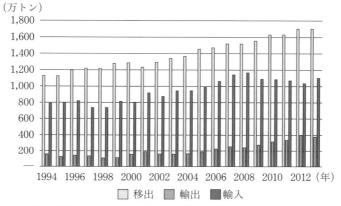

出典:FAOSTAT Trade データに基づき作成.

図 1-7　EU における果実の交易動向

いのは果実と変わらないが，それと比べて輸出入量は何れもかなり少なく，また輸出量と輸入量の間に大きな差はない．具体的には，2013 年には移出ベースで 1,179 万 t の生鮮野菜が EU 域内で取引される一方で，203 万 t の域外への輸出と 166 万 t の域外からの輸入がなされている．これは一般に生鮮野菜は生鮮果実以上に日持ちがしないため，輸送に時間がかかる域外からの輸出入が少なくなっているものと思われる．したがって，この構造自体は以前から同じものであるが，交易量全体としては増加傾向にあり，特に近年の輸送技術の革新も相まって，域外の国々との輸出入が増えている．これは，例えば 20 年前と比べて域内交易量は 1.6 倍（1994 年当時 721 万 t）の増加なのに対して，輸出量は 2.9 倍（同 69 万 t），輸入量は 2.7 倍（同 62 万 t）に増加していることから明らかである（図 1-8）．

(2)　国別青果物の交易状況

上記のような交易状況をより詳細に国別に確認すると，基本的には青果物の生産量の多い国で輸移出量が多く，人口の多い国で輸移入量が多いが，各

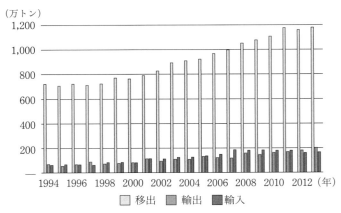

出典：図 1-7 に同じ．

図 1-8 EU における野菜の交易動向

国の状況による特徴も見られる．例えば，2013 年の生鮮果実の域内移出に関しては，スペインが 652 万 t と最も多く，次いでオランダが 233 万 t，イタリアが 221 万 t と続く．このうちスペインとイタリアは EU 域内有数の果実生産国であるが，オランダに関しては，この移出量は同年の同国果実生産量の 71 万 t を遙かに上回っている．これは，オランダでは EU 域外からの生鮮果実輸入量が域内で最も多い 261 万 t あり，これらを域内各国へ移出販売することにより可能となっている．一方で，域内での生鮮果実の移入は，ドイツが 422 万 t と最も多く，次いでフランスの 242 万 t，英国の 135 万 t と続く．これらに関しては人口数を反映しており，自国での消費目的が多いものと考えられる．なお，域外への輸出については，スペイン（64 万 t），イタリア（50 万 t）よりもポーランドが 115 万 t と最も多い．これは隣国であるロシアへの輸出量が多いことが理由である．

野菜に関しても基本構造に類似点は見られるが，上述したように EU 域外との輸出入は果実と比べると少ないという特徴がある．具体的には，ドイツ（298 万 t），イギリス（197 万 t），フランス（141 万 t）の順で生鮮野菜の域

内移入が多く，EU 域外からの輸入が最も多いフランスで 46 万 t と一桁少ない．

　輸移出に関しては，EU 第 2 位の野菜生産国であるスペインからの移出が 420 万 t と最も多く，次いでオランダが 339 万 t，フランスが 94 万 t と続く．EU 域外への輸出については，オランダが 91 万 t と 2 位のリトアニア（30 万 t）と比べて 3 倍以上多く，貿易立国としてのオランダの農業戦略が窺える．なお，2013 年に 1,218 万 t と EU 域内で最も野菜生産量の多かったイタリアは，域内移出量では第 5 位の 73 万 t，域外輸出量に至っては 6 万 t（第 7 位）と少ない．これは，主に自国内で生産したトマトを青果のままではなく，缶詰やジュースに加工し，付加価値を付けた後に EU 内外へ輸移出していることが理由である．

(3)　品目別青果物の交易状況

　EU における青果物の交易状況を品目別に見ると，EU 域内での取引は，生鮮果実に関しては，オレンジ系の柑橘類が最も多く，移出ベース（2013 年）でオレンジが 248 万 t，その他タンジェリン，マンダリン，クレメンティン，温州みかん等が 168 万 t の計 416 万 t となっている．次いでバナナが 248 万 t，リンゴが 218 万 t あるが，このうちバナナについては EU 域内での生産は 39 万 t しかないので，それ以外の域外からの輸入品を域内各国へ流通させるという形で交易が行われている．このバナナの内外交易が最も盛んなのはベルギーであり，全体のおよそ半分の 123 万 t を扱っている．一方で，オレンジ系の柑橘類の生産国からは移出が多く，とりわけスペイン産が各種合わせて 309 万 t と全体のおよそ 4 分の 3 を占めている．また，リンゴも生産国であるイタリア（58 万 t）やフランス（39 万 t）からの移出が多くなっている．なお，EU 域外への輸出品目として特に多いのはリンゴの 150 万 t であるが，このうち 94 万 t は上述したポーランドからロシアへの輸出に含まれる．逆に域外からの輸入品目としては，上記のバナナがとりわけ多いが，それ以外ではオレンジ（89 万 t）やパイナップル（85 万 t）が多く，

48

これらはオランダへの輸入量がそれぞれ 36 万 t および 28 万 t と最も大きい.

　野菜に関して EU 域内での取引が最も大きいのはトマトの 263 万 t である が, 上述したようにイタリアでは加工品にしてからの輸移出が多いため, 生 鮮野菜としてはオランダとスペインからの移出量が何れも 95 万 t と多くな っている. ちなみにトマトの域内移入が最も多いのはドイツの 74 万 t で, 次いでフランスの 26 万 t である. トマトの次に域内取引量の多い生鮮野菜 はタマネギの 123 万 t であり, このうちオランダからの移出が 53 万 t, 次い でスペインから 27 万 t となっている. 一方, タマネギの移入に関しては, 英国が 37 万 t で最も多く, 次いでドイツが 20 万 t を移入している. このタ マネギについては, 域外への輸出が最も多い生鮮野菜の品目でもあり, 2013 年には 76 万 t を輸出しているが, その大半の 69 万 t はオランダからの輸出 である. その次に域外への輸出量の多い生鮮野菜品目はトマト (36 万 t) で あり, このうち 11 万 t はリトアニアから主にロシアへ向けた輸出となる. なお, このトマトは域外からの輸入が 44 万 t と最も多い生鮮野菜の品目で もあるが, うち 30 万 t はフランスへの輸入であり, そのほとんどはモロッ コからの輸入となっている.

　このような EU の青果物の交易をめぐっては, 2005 年の東欧諸国の EU への加盟により交易が拡大したことは周知の通りであるが, これによって加 盟国間の熾烈な輸出競争が繰り広げられていることを特記しておきたい.

　また, この輸出をめぐる競争は, スーパーマーケットの仕入先が北アフリ カやトルコなどへと広がっている中で, これらの国々による EU 域内への輸 出攻勢が強まっている.

　こうした輸出をめぐる競争の深化は, 青果物出荷組織とりわけ農協の産地 マーケティング戦略の見直しとともに, それに合わせた組織構造の変容を促 していることに注目する必要がある.

　注
　1)　FAOSTAT / Food Balance / Commodity Balances – Crops Primary Equiva-

lent データによる.

2) FAOSTAT / Production / Crops データによる.

3) FAOSTAT / Production / Value of Agricultural Production データによる.

4) FAOSTAT / Food Balance / Commodity Balances – Crops Primary Equivalent データによる.

　なお, 食料需給表では, 例えば「果実 (Fruits)」という項目の中に「リンゴ及びその加工品 (Apples and products)」が含まれており, 生鮮品と加工品 (ジュースなど食品としての加工品) の数量を分離できないため, これらを合わせて「果実類」と表記している. この点に関しては, 第2節で生産データを用いたより詳細な分析を改めて行う.

　また, 食料需給表における「輸出入」の項目には EU 域外の国との取引だけでなく, 域内の国家間の取引の数字も含まれているため, 本文中では両者を併せた「輸移出」・「輸移入」という言葉を用いている. さらに以下では, EU 域内の国と域外の国との取引を「輸出入」, 域内の国家間の取引を「移出入」と表記する. この点に関しては, 第3節で貿易データを用いたより詳細な分析を改めて行う.

5) FAOSTAT / Production / Crops データによる. この節, 以下同じ.

6) FAOSTAT / Trade / Crops and livestock products データによる. この節, 以下同じ.

7) 本来であれば特定の品目について A 国から見た B 国への年間輸出量と B 国から見た A 国からの年間輸入量は同一であるはずだが, それぞれの貿易統計上でこの両者が不整合を起こすことがよくある. この問題は, 項目の定義が各国間で異なる「カバレッジ」要因, 原産国と経由国並びに最終仕向け国の定義が各国間で異なる「相手国」要因などが原因と考えられている (小坂ほか 2012). FAOSTAT / Trade データでも, EU 域内の加盟国間における貿易に関して, 特定品目の移出量合計と移入量合計は必ずしも一致していない. そのため, 本稿では EU 域内の取引に関しては「移出ベース」で統一して分析を行うこととしている.

第**2**章
ヨーロッパにおける小売市場構造・環境

清 野 誠 喜

　青果物のマーケティング対応を規定する要因・環境として，小売市場の状況があげられる．本章は，次章以降のヨーロッパ主要国における青果農協のマーケティング対応の分析に先立ち，ヨーロッパにおける食品小売市場の構造・環境について整理する．

　具体的には，第1節で，世界の小売市場におけるヨーロッパ小売業の位置づけを行う．続く第2節では，ヨーロッパの食品小売市場の構造・環境について，各国市場における上位集中度とプライベート・ブランド（PB）比率を手がかりとして概観する．そして，第3節では，こうしたPB商品戦略が，川上のサプライヤーとの関係性構築にどのような意味を有するか，について述べる．なお，第2節と第3節においては，本書の対象農産物となっている青果物の位置づけを行うことに留意した．

表2-1　世界の小売企業上位250社

		上位250社	アフリカ／中東	アジア太平洋
地域・国別のプロフィール	企業数（社）	250	10	63
	平均小売上高（100万米ドル）	17,643	6,789	10,813
	上位250社に占める割合（％）	100.0	4.0	25.2
	上位250社の売上高に占める割合（％）	100.0	1.5	15.4
地域・国別のグローバル化状況	小売売上高に占める国外事業の割合（％）	22.5	34.7	9.4
	平均国数（国）	10.0	11.2	3.6
	1カ国のみで営業している企業の割合（％）	33.2	0.0	47.6

出典：Tohmatsu（2018）より作成．

1. 小売業の位置づけ

　以下には，世界小売市場におけるヨーロッパ小売業の位置づけを明らかにする．

　Tohmatsu（2018）は，『世界の小売業ランキング』を毎年公表している．その 2018 年度版では，2017 年 6 月を期末とする事業年度の公表データに基づいて世界の小売企業から上位 250 社を選定し，さらにその業績を地域別・商品セクター別に分析をしている．

　ヨーロッパ小売業の国外進出（グローバル化）は 1990 年代から始まるが，その要因としては，「プッシュ要因」としての国内における法的規制の存在と市場の飽和化，「プル要因」としての海外市場の成長性が大きなものとして指摘できる（OIRM 1997）．表 2-1 は，世界の小売企業上位 250 社の地域別状況をまとめたものである．ヨーロッパの小売企業は世界上位 250 社に占める割合は低下したものの（2006 年の 39.4％から 2016 年には 33.8％へ），成熟した本国市場以外にその成長機会を求め，依然として最もグローバル化に積極的であることがわかる．2016 年度の合計売上高の約 41％を国外事業から得ており，この水準は上位 250 社全体の約 2 倍となっている．ヨーロッ

の特徴（地域・国別）

欧州	フランス	ドイツ	イギリス	その他	中南米	北米
82	82	17	12	41	8	87
18,185	29,064	25,000	17,896	12,261	7,834	24,228
32.8	4.8	6.8	4.8	16.4	3.2	34.8
33.8	7.9	9.6	4.9	11.4	1.4	47.8
40.6	45.1	47.2	16.9	42.1	23.8	13.6
16.4	30.2	14.1	16.8	13.3	2.9	9.0
15.9	0.0	5.9	16.7	24.4	37.5	42.5

パ小売企業の約85％は国際的に事業を展開しており，事業国数の平均は16カ国と，海外（本国以外）での存在感は大きい．とりわけフランスの小売企業は平均30カ国で事業を展開し，グローバルな小売ネットワークという点では群を抜いている．

表2-2は，上記「小売企業上位250社」における商品セクター別の分析である．小売売上高の半分以上を占める特定の商品カテゴリーがある場合は，その商品セクターに分類し，特定商品セクターの中で売上高の50％以上を占めるものがない場合は，「その他の商品」と見なしている．同表によれば，青果物及び食品を含む「日用消費財（fast-moving consumer goods）」セクターの小売企業は，上位250社の中で数・規模ともに大きく，その動向は上位250社の全体的な傾向にも大きな影響を及ぼす．2016年度におけるランクイン企業数は135社と上位250社の54％，売上高では3分の2を占め，小売売上高は217億米ドルに達し，同セクターの小売市場における重要性をうかがわせる．また，グローバル化の状況については，「衣料品・服飾品」には及ばないものの，国外事業の割合は21％を占めている．

しかし，2016年度は，「ハードライン・レジャー商品」及び「衣料品・服飾品」セクターに比べて対前年売上高成長率は3.8％，平均純利益率が2.4％に留まり，その収益性の低さを指摘できる（表省略）．こうした背景に

表2-2　世界の小売企業上位250社の特徴（商品セクター別）

		上位250社	衣料品・服飾品	日用消費財
商品セクター別のプロフィール	企業数（社）	250	43	135
	平均小売売上高（100万米ドル）	17,643	10,055	21,685
	上位250社に占める割合（％）	100.0	17.2	54.0
	上位250社の売上高に占める割合（％）	100.0	9.8	66.4
商品セクター別のグローバル化状況	小売売上高に占める国外事業の割合（％）	22.5	35.1	21.1
	平均国数（国）	10.0	26.5	5.9
	1カ国のみで営業している企業の割合（％）	33.2	14.0	38.5

出典：表2-1に同じ．

第2章　ヨーロッパにおける小売市場構造・環境　　　53

は，食料品を中心とした価格競争，継続的なネット食品販売の成長などがあり，より一層の規模拡大と効率性の改善をめざした小売企業の再編が進み続けている．

2.　食品小売市場の構造・環境：上位集中度と PB 比率

前節で指摘した，世界の小売市場で大きなプレゼンスを示すヨーロッパの小売業であるが，ヨーロッパ諸国の食品小売における市場構造・環境を整理するために，小売市場における上位集中度，そして小売業における市場パワーの強さを示す指標であるプライベート・ブランド（以下，PB）比率（小売市場に占める PB 商品の売上高比率）を用いて俯瞰的に整理する[1]．

図 2-1 は，矢作編（2014）により収集・整理された，2012 年時点での日米欧諸国の小売企業上位 4 社の集中度と PB 比率のデータをもとに作成したものである．横軸にヨーロッパ諸国を中心とし，比較のために日本とアメリカの両国を加えた計 22 カ国の食品小売業の集中度（上位 4 社）を，縦軸には PB 比率を，それぞれとっている．まず上位 4 社の集中度からは 2 点の傾向を読みとれる．1 点目は，フィンランドの 85.2％を筆頭に，ヨーロッパ諸国における上位 4 社の集中度が相対的に高く，アメリカは 41.9％，そして日本のそれは 21.8％に留まっていることである．そしてもう 1 点は，相対的に高い集中度を誇るヨーロッパにおいても，その状況は国によって異なり，前述したフィンランドに対してイタリアの上位 4 社の集中度は 30.5％となっている．

一方，PB 比率をみると，前述した上位 4 社の集中度が高い国ほど，PB 比率は高まる傾向があることを確認できる（図中の右上がりの傾向線）．したがって，ヨーロッパの 20 カ国の PB 比率はアメリカ及び日本に比べ相対的に高くなっている．

ハードライン・レジャー用品	その他
51	21
14,698	14,354
20.4	8.4
17.0	6.8
22.4	20.4
8.1	6.7
33.3	38.1

そうした中でもイギリス，スイス，そしてスペインにおける PB 比率が他の
ヨーロッパ諸国に比べて相対的に高い国（市場）として位置づけられる．

これは，イギリスにおいては長い歴史のなかで高品質の PB 商品が，スイ

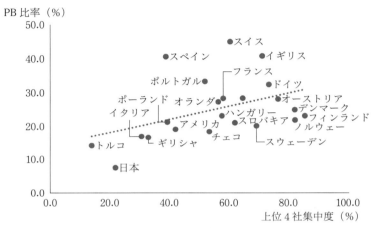

出典：矢作編（2014）p. 49 の表 1-3 をもとに作成．

図 2-1　食品小売業における上位集中度と PB 比率（2012 年）

表 2-3　ヨーロッパ 6 カ国におけるカテゴリ

	イギリス		スペイン		ドイツ	
PB 比率が高い カテゴリー	惣菜	77.3	冷凍食品	48.8	乳製品	48.5
	ベーカリー	53.9	ドライ食品	48.5	ドライ食品	48.2
	乳製品	52.5	惣菜	45.3	冷凍食品	46.3
	冷凍食品	49.6	乳製品	40.9	ベーカリー	42.2
PB 比率が低い カテゴリー	飲料（冷）	32.7	飲料（温）	29.1	菓子	31.3
	ドライ食品	32.6	酒類	21.7	飲料（冷）	30.4
	酒類	25.4	菓子	20.3	飲料（温）	29.5
	菓子	19.0	飲料（冷）	20.1	酒類	22.8

出典：矢作編（2014）p. 126 の表 3-2 をもとに作成．
注：当該国の全体 PB 比率より高い値のカテゴリーを「PB 比率が高いカテゴリー」，低い値のカテゴリ

第2章　ヨーロッパにおける小売市場構造・環境　　55

スでは生協による PB 商品が，それぞれ消費者から支持されていることが，また，スペインでは消費者の低価格指向が強いなかで，低価格 PB 商品が食品小売業の競争手段となっていることが，その要因として指摘できる．

　次に，こうした PB 商品がどのような商品カテゴリーで導入されているのかについてみる．表2-3 は，ヨーロッパの 6 カ国を対象として，PB 比率が全体（当該国市場の平均 PB 比率）を上回るカテゴリー（PB 比率の高い商品カテゴリー）と下回るカテゴリー（PB 比率の低い商品カテゴリー）を分けて整理したものである．同表より，各国で概ね共通した傾向を確認することができる．つまり，PB 比率が高い商品カテゴリーとしては，チルド温度帯を含む惣菜，ベーカリー，冷凍食品，乳製品などがあげられる．これらの商品に共通することは，大きな市場規模をもちつつも，商品のコモディティ化が進んだり，有力サプライヤーが存在しない商品群であるといえよう．また，イギリス，スペイン，ドイツではデータが得られなかったものの，データが得られたフランス，オランダ，イタリアにおいては青果物を含む生鮮食品における PB 商品の開発・導入が進み，かつその比率が高い商品カテゴリーとして位置づけられていることが注目される．青果物においては，有力サ

ー別の PB 比率（2012 年）

（単位：％）

フランス		オランダ		イタリア	
冷凍食品	47.2	生鮮食品	58.5	冷凍食品	26.6
惣菜	45.2	惣菜	51.3	生鮮食品	25.7
乳製品	40.1	ベーカリー	46.3	惣菜	25.7
生鮮食品	40.1	乳製品	30.5		
ドライ食品	26.3	ドライ食品	26.9	ドライ食品	15.8
飲料（冷）	20.8	冷凍食品	24.3	飲料（冷）	11.8
酒類	16.7	飲料（温）	20.1	酒類	4.8
菓子	11.6	菓子	19.5		
		飲料（冷）	18.2		
		酒類	12.5		

ーを「PB 比率が低いカテゴリー」として分類した．

プライヤーが存在せず，さらには積極的な広告宣伝活動を展開する主体も存在しないことから，食品小売業による PB 導入のターゲットとしての条件を満たしていると言えよう[2]．

一方，PB 比率が低いカテゴリーとしては，飲料，酒類，そして菓子などの嗜好性の強い商品が該当し，マス媒体による積極的な広告宣伝活動が展開されるナショナル・ブランド（NB）がその競争優位性を確保・維持していると言える．

さらに，1990 年代，それ以前から存在していた PB 商品は，ヨーロッパの食品小売業の競争手段として，前述した国外進出（グローバル化）とともにその性格を変化させ，今日に至っていることも注意すべきである．具体的には，それまでの価格訴求型の PB を中心としたものから，NB と同等さらにはそれを上回る品質を訴求するものや，オーガニックや健康志向などの領域（テーマ）での PB の開発・導入が進み，消費者の支持を得るようになってきている．そしてこれらの PB 開発においても，青果物が重要な位置・役割を担っていることが注目される．

なお，ヨーロッパの大手食品小売業において，市場浸透を高めるための競争戦略の手段として，同一業態内での複数のフォーミュラ（Formula）開発に力を入れていることも忘れてはならない．例えば，スーパーマーケットという同一業態でも，利用者の満足度をより高めるために特定消費者層を対象（ターゲット）とする店舗タイプを複数開発することや，国外市場に進出する際に，市場状況や消費者行動の違いに応じた店舗タイプを構築することなどである．こうした「マルチ・フォーミュラ」を競争戦略の手段とすることで，ヨーロッパの大手食品小売業では規模の経済と範囲の経済を得ることになり[3]，小売市場でのプレゼンスをさらに高めることになっている．

3. 川上との関係性：サプライチェーン・マネジメント

ヨーロッパにおける小売企業のグローバル化，そして上位企業による集中

度の上昇と市場パワーの強まりによる PB 商品開発は，当然のことながら川上のサプライヤーとの関係性にも大きな影響を与える．

　PB 比率の高いイギリスの食品小売業を例にみると，加工食品を中心とした PB 商品開発を支えるものとして，商品研究所と専門知識と能力をもった専門技術者（Technologist）の存在がある．イギリスの主要小売業では，それぞれ商品研究所を設置し，研究機能（技術情報）の内部化を図っている．そして専門技術者が PB 商品開発ではその中心的役割を果たし，①小売業が独自の品質・衛生管理基準をもち，サプライヤーとの間でその遵守に合意し，②小売業が商品開発の主導権を発揮することになる．こうした専門技術者を核とした小売業とサプライヤーとの関係性が形成され，継続的な取引が行われるようになる（清野 2004）．また，大手食品小売業では，PB 商品などのサプライヤーとの取引においては，その支払い猶予期間を長く契約（設定）すると同時に，その間に在庫回転を向上させることにより，運転資本を増加させている傾向が確認できる（ドーソン 2013）[4]．その過程においては，サプライヤーから物流センター，そして物流センターから各店舗への，それぞれのリードタイムは減少する傾向にあり，表 2-4 は，イギリスのテスコ（Tesco）における食品のその変化を示したもので，2000 年から両段階におけるリードタイムは一貫して引き下げられる（短縮化している）傾向がうか

表 2-4　Tesco（UK）における食品群のリードタイム

（単位：時間）

		常温 （日用品）	常温（動きの 遅い製品）	チルド （農産物及び 精肉を含む）	冷凍
サプライヤーか ら小売業の物流 センターまで	2000 年 2005 年 2010 年	48〜72 24〜48 36	48〜96 48〜72 24〜48	24〜48 24 6〜24	48〜72 48 24
小売業の物流セ ンターから店舗 まで	2000 年 2005 年 2010 年	18 18 12〜24	48 36〜48 24〜48	12〜24 12〜24 6〜24	18 18〜22 18〜22

出典：ドーソン（2013）p. 18 の表 8 を一部修正のうえ引用．

がえる．つまり，小売業によるサプライヤーをはじめとするサプライチェーンの調整・マネジメントを行うことが，ヨーロッパの大手食品小売業におけるビジネスモデルでの重要な構成要素となっている．

一方，前述したようにヨーロッパ小売業の PB 商品開発で，そのターゲットとして重要性が高まってきている青果物を供給する生産者・産地との関係性においては，多くの食品小売業が農産物の仕入基準として農家監査制度を実施している．そのひとつが，テスコによる「Natures Choice」という独自の監査制度で，農家が行う実施規則と，それを審査するための判定リストがあり，これにより取引農家の選定を行っていることが注目される．

しかし，グローバル化し，寡占化が進んだヨーロッパの食品小売業では，こうした農家監査制度が小売業ごとに異なり，またその基礎となる各国政府の「GAP 規範」の内容が異なるのは不都合として，EUREP（欧州小売業団体）が共通する項目をまとめ，「欧州の多くの小売店が許容できる最低限度」の遵守規則（GAP 規準）を作り，第三者認証制度で統一的に実施する「総合農場認証制度（Integrated Farm Assurance）」を開始し（Eurep GAP），さらにはグローバル GAP（以下，G-GAP）へと展開している．G-GAP は 2001 年の認証開始よりその認証数は増加し，2015 年時点において世界で計 160,452 件に達している（GLOBAL G.A.P 2016）．こうした G-GAP 認証数の増加の背景には，同等性認証制度の存在があること．そして，食品小売業等による業界フォーラムによる自主標準（Private Standard）の策定と影響力の増大がある．とくに後者では，国際小売業団体の食品安全によるワーキンググループである Global Food Safety Initiative による G-GAP の承認スキーム化がなされている．ヨーロッパをはじめとするグローバル食品小売業による PB 商品調達における同スキームの採用宣言や採用企業の増加がみられ，その浸透がなされている．いずれにせよ，青果物における PB 商品比率の高まりにより，サプライヤーとしての青果物の生産者・産地を「選別・選択」する基準として機能することになっている．

おわりに

　ヨーロッパの食品小売業は，グローバル化（国外進出）と PB 商品の導入を梃子に，その成長を図っている．とりわけその競争戦略手段として位置づけられる PB 商品においては，青果物のプレゼンスが高まっていることが注目され，ヨーロッパにおける青果物の産地マーケティングを規程する構造・環境となるものである．

　PB 商品の拡大は，サプライヤーをはじめとするサプライチェーンの調整・マネジメントへと進み，ヨーロッパの青果物産地においては，その対応戦略としては，産地の水平的統合や垂直的統合などのマーケティング革新が行われることが重要となる．また，食品小売業における青果物の PB 比率が高まることは，PB 商品と（従来の）産地ブランドとのブランド間競争が生じることになり，それにどう対応するのか，さらには，時にはグローバルな食品小売業との取引を回避するなど，産地における戦略的なマーケティング選択・対応も求められることになる．

　注
1)　小売市場における上位集中度と PB 比率の関係については，Quelch & Harding（1996）を参照のこと．
2)　イギリスの食品小売業では，市場成長率の高い分野（カテゴリー）を対象とした PB 商品開発・導入，そして PB 商品を対象とした広告宣伝活動の強化が，その経営成果（市場シェア）に関係している．詳細は，清野（2004：202-228）を参照のこと．
3)　規模の経済性については PB 商品などの購買活動（仕入れ）面で，また，範囲の経済性については「マルチ・フォーミュラ」戦略によりその間接経費がシェアされることなど，が指摘されている．詳細は，ドーソン（2013）を参照のこと．
4)　なお，「（その間の）在庫回転率の向上」には，前述した PB 商品を対象とした広告宣伝活動の強化が貢献しているものと推察される．

第3章
EUの共通農業市場制度における生産者組織

李　　哉　泫

1. 青果部門の CMO 改革：市場介入の廃止

　欧州連合 (EU) では，世界貿易機関 (WTO) の農業協定 (1993 年) の履行に際して，農産物に対する各種の市場介入の廃止ないしは縮小を余儀なくされた．これにより，青果物に関しても，すでに 1972 年に，共通農業市場制度 (CMO：common market organization) が法的根拠を与えた，輸出補助金，市場隔離補償制度，加工用果実の助成金制度といった手厚い市場介入が軒並み廃止ないしは縮小の対象となった．

　そこで，1996 年の果実および野菜部門 (fruits and vegetable sector：以下，青果部門) の CMO 改革では，市場隔離補償制度および加工用果実の助成金制度における対象品目，数量，補償のレベル，助成金の単価などに制限を設けることにより市場介入の縮小を開始した．その後，2003 年の共通農業政策 (CAP：common agricultural policy) 改革とりわけ直接支払い制度の単一支払い制度 (SPS：single payment scheme) への移行を受け，2007 年の青果部門の CMO 改革に当たって，加工原料用果実への助成金を SPS へ組み入れることにより，加工用果実の助成金は消滅することが決まった．これに加え，2007 年の青果部門の CMO 改革では，市場隔離補償制度が廃止となり，価格支持に該当する青果物への市場介入を一掃した．さらに，同改革においては，市場隔離制度の一環として長らく存置されてきた「学校や福祉施設などへの無料提供」もなくなり，事実上，価格支持をテコ入れして青果物の需

給安定化へ関与する政策的手段が失われることとなった.

2007 年の EU 青果部門の CMO 改革は,当初より,①競争力の強化,②生産者所得の安定化,③青果物消費の拡大,④環境保全型生産の拡大という 4 つの制度目標を掲げた（European Commission 2006；Bijman 2015：11）.そうした中,CMO による生産者組織（PO：producers' organization）の育成は,市場介入が軒並み廃止となった状況の下で,EU が,これら目標の達成手段として最も注目した政策手段である.

EU が運営資金（OF：operational fund）を投じながら PO の育成・強化を最も重要な青果部門の政策として打ち出したのは,市場集中度を益々高め寡占化してきた小売マーケットの大手スーパーチェーンや多国籍食品企業との取引に際して,産地における組織的出荷や集出荷施設の整備を伴った効率的なサプライチェーンの構築を進めるほか,売り手と買い手のパワー関係の不均衡（imbalance）の是正を実現するにあたって,PO の役割に期待が寄せられたからである.そのほかにも,OF の受給要件として作成が義務付けられている事業計画（OP：operational program）には,自主的な需給調整の対応や環境保全型農業への取り組みが求められていることから,出荷調整により市況の悪化を防ぐことで生産者所得の安定化を図ると同時に,環境保全型農業の拡大への貢献も期待されている.

2. 青果部門における補助金の執行推移

このような EU の青果部門における CMO 改革とりわけ市場介入が縮小から廃止へと進むプロセスを,EU が青果部門を対象に執行した補助金の推移から確認できる（表3-1）.

2016 年に EU が青果部門を対象に執行した補助金は,11 億 7,000 万ユーロであるが,欧州農業農村振興基金（EAGF）が執行した補助金の合計に占めるシェアは 4％程度である.同予算額は,2003 年までは 15 億ユーロ前後で推移してきたが,2004 年の EU の外延的拡大[1]により 17 億 5,000 万ユー

表 3-1 EU における F&V 部門への予

年度	2004	%	2005	2006	2007	2008	%
合計（百万ユーロ） 2004＝100（％）	1,577 100	100.0 6.3	1,748 111	1,372 87	1,250 79	1,153 73	100.0 6.3
PO 関連 ／ PO への OF	498	31.6	558	584	577	582	50.4
PO 認可への支援	0	0.0	5	14	16	37	3.2
新設 ／ SFC							
加工用および果実対策 ／ 加工用トマト	316	20.0	379	354	244	230	19.9
加工用柑橘	239	15.1	252	267	286	197	17.1
果実加工品	80	5.1	82	84	73	71	6.2
バナナ対策	233	14.8	175				
ナッツ対策	47	3.0	117	14	5		
乾葡萄	115	7.3	120				
隔離 ／ 市場隔離	20	1.3	28	30	20	15	1.3
無償提供	4	0.3	6	7	7	2	0.2
輸出補助	26	1.6	25	36	22	19	1.6
その他	5	0.3	1			1	0.1

出典：European Commission, Financial Report from The Commission to The European Parliament

ロへと増加したものの，その後は，上述の市場介入の縮小・廃止が漸進的に進む中で徐々に減少していることが見て取れる．青果部門の補助金は，2013年までは農産物マーケットへの市場介入（interventions in Agricultural Markets）というタイトルの下で，各々の補助制度による執行額が表示されていた．これによれば，2004年には，1996年の改革により漸次的に縮小してきた市場隔離補償金の執行額（2,000万ユーロ）は，すでに青果部門の予算執行額の1.3％を占めるに過ぎないほどの僅かな執行に留まっている．なお，市場隔離補償金は，2007年のCMO改革により2009年以降は完全廃止となった．これに対して，2004年の加工用のトマト（3億1,600万ユーロ）や柑橘（2億3,900万ユーロ）への助成金は各々19.1％と17.1％を占めており，2009年まで依然として主要な価格支持として機能していることがわかる．

算の執行（2004-16年）

2009	2010	2011	2012	%	2013	2014	2015	2016
794	837	1,128	1,071	100.0	1,138	1,011	1,119	1,173
50	53	72	68	6.3	72	64	71	74
682	690	786	723	67.5				
83	115	195	288	26.9				
	29	57	59	5.5				
24								
5								
	2	90	1	0.1				

and The Council, 各年度より.

　ところが，これら加工用のトマトや柑橘への助成金制度は，2007年の CMO 改革により廃止が決まり，数年の猶予期間を経た後に，2013年の CAP 改革に合わせて，市場隔離補償制度とともに完全廃止となっている（表3-1）．こうして，EU の青果部門に関わる政策転換は，事実上，WTO 農業協定の履行に伴い市場介入の撤廃を完了したということである．その結果，青果部門への市場介入として存置されたのは，PO への運営資金の支援，PO の設立を促すための認可支援，果実の消費拡大を狙いとするスクールフルーツスキーム（SFS）[2] の3つのみとなった．

　2013年以降には，青果部門に執行される補助金は，「農業部門の競争力向上のための農産物市場への介入（improving the competitiveness of the agricultural sector through interventions in Agricultural Markets）」というカテゴリーに一元化されたために，その細目が確認できないものの，ほとんどは後

に詳述する生産者組織への運営資金（OF）であり，僅かな金額がSFSへの補助として執行されていると言って差し支えない．

3. 生産者組織に関わる制度概要

　現在，EUが青果部門を対象に執行している補助金は，その大部分がPOの運営資金に当てられている．2014年には，青果部門に支払われた約10億1,000万ユーロの補助金のうち，約7億5,000万ユーロがPOへの運営資金の支援であったが，これが青果部門の予算執行額合計に占める割合は約74％である．

　EUがCMOに基づいて認可するPOとは，生産者自らの出資により組織する，青果物の生産から販売までを統括する出荷組織である．もともとPOは，市場隔離補償制度の実施にあたって，市場隔離補償金の支払先として位置付けられたことから政策の受け皿の性格が強く，その運営をめぐる政策的関与はなかったと言ってよい（European Commission 2007b）．

　ところが，青果部門のCMO改革では，1996年の改革により，市場隔離補償制度や加工用助成金制度といった市場介入手段の廃止が確実となったことを機に，POに再び注目されるようになった．生産者もしくは産地自らの計画的かつ組織的出荷を促し，青果物の需給調整や価格および生産者所得の安定化を図るためには，POのような青果物の産地出荷組織の育成・強化が欠かせなかったからである．そこで，2007年の青果部門のCMO改革は，生産者の組織的出荷を強化するために，POへの運営資金の支援をはじめ認可要件の緩和や設立の積極的な支援を決めた．POの新設を助長するにあたっては，設立の準備や出資金などの調達を補助するPO認可への支援（表3-1）を行ったが，主として2005年に新たに加わった東欧諸国が対象となっている．なお，POへの運営資金の効果的かつ厳格な実施のために，様々な制度整備（理事会規則No.1182/2007およびNo.1580）が行われた．

　POが運営資金を受け取るためには，その設立の目的に次の4つの事業要

件を満たすことが認可要件として定められた（理事会規則 EC No.1234）．
①需要に配慮した計画的生産と適正な出荷数量と品質の確保，②構成員の生
産物の一元的な出荷，③生産コストの低減と生産者価格の安定化，④生物多
様性，土壌および景観，水質保護に配慮した栽培および生産技術の普及であ
る．また，EU が提供する運営資金の執行に際しては，当該補助金の使途を
6 つのカテゴリー（①計画的生産，②品質改善および維持，③マーケティン
グの改善，④教育・指導・訓練，⑤需給調整，⑥環境保全）に区分した上で,
各々のカテゴリーの実行に必要な機械や施設・設備の導入をはじめ関連事業
（改植，抜根，品種改良，各種の認証取得，研修会の開催，広告・宣伝など）
の実施に必要な費用を補助することにした（後掲表 3-3）．ただし，この運
営資金の受領のためには，各々の加盟国が作成する国家戦略を反映した資金
運営に関わる事業計画を PO 自らが作成することや，加盟国に対してはその
執行状況をモニタリングした結果を評価報告書（evaluation report）にまと
めて報告することが義務づけられた．なお，事業計画の実施に必要な費用す
なわち運営資金は，EU と加盟国が折半して負担する方式（co-finance）が
採用されており，PO の出荷額の 4.1％を上限とした上で，各々 PO の支出
額の 50〜60％の範囲内で支払われる．

4. 青果部門の PO の概要

(1) PO 数および PO の出荷額シェア

　2010 年において，EU が把握する PO 数は 1,599 であり，そのメンバーは
411,400 生産者である．PO のメンバー数が EU の青果物生産者数合計
（2,491,610）に占める割合は 16.5％である．これに対して，PO による出荷
額（212 億 6,100 万ユーロ）は，EU の青果物出荷額（493 億 8,900 万ユー
ロ）の 43.0％に該当する．このように，PO のメンバー数シェアと PO の出
荷額シェアに大きなギャップが見られるが，これには PO のメンバーが相対
的に出荷規模の大きい生産者に集中していることが影響している．この点は,

EUの青果物生産者1人当たりの平均出荷額は1万9,822ユーロであること
に対して，POのメンバー1人当たりのそれは5万1,680ユーロで前者の2.6
倍も大きいことからも確認できる（表3-2）.

　PO数は2004年の1,569から翌年（2005年）に1,393へと減少した後に，
2006年以降に徐々にその数が増加している中で，2009年（1,638）をピーク
に2010年には1,599へと再び減少している．これに対して，POのメンバー
数は2004年の39万7,733人から2008年の45万7,833人へと拡大したが，
その後は減少に転じている．ただ，2009年のEUの青果物生産者数が前年
（2008年）に比べて減少していることから，POメンバー数の減少はこれを
反映していることが考えられる．また，PO数の変化には，基本的には新設
されたPOによる増加と複数のPO間の合併・統合がもたらす減少が影響し
ているほか，一部のPOは何らかの理由により認可を取り消されるケースも
散見される[3].

　いずれにせよ，POの出荷額は2004年の約14億ユーロから2010年の約
21億ユーロに至るまで専ら増加しているほか，POの出荷額シェアも拡大の
一途を辿っていることから，OFをテコ入れしたPOの育成・強化といった
政策目標は達成されつつあるといってよかろう.

表3-2　EUにおけるPOの概要

		2004	2005	2006	2007
EU 合計	青果物生産者数	3,841,645	3,591,290	3,470,690	3,350,090
	青果物出荷額（百万ユーロ）	44,711	45,601	47,013	48,557
	1生産者当たりの出荷額　A（ユーロ）	11,639	12,698	13,546	14,494
PO	PO合計	1,569	1,393	1,432	1,427
	POメンバー数	397,733	438,456	430,714	454,052
	PO出荷額（百万ユーロ）	13,886	14,641	15,486	18,087
	1メンバー当たりの出荷額　B（ユーロ）	34,913	33,392	35,954	39,835
POメンバーシェア（％）		10.4	12.2	12.4	13.6
PO出荷額シェア（％）		31.1	32.1	32.9	37.2
B/A（倍）		3.0	2.6	2.7	2.7

出典：European Commission（2014）p. 8, table1を基に作成.

第3章 EUの共通農業市場制度における生産者組織　　67

(2)　OF の執行状況

表3-3 は，2008-10 年において，EU の PO が補助金として受け取った OF の3カ年平均を，OP において実行を約した事業カテゴリー別に示したものである．OF を受給した PO は 1,187 であり，2010 年の PO 数を基準とすれば，74％の PO が過去3年間に OF 支払い（12億5,210万ユーロ）を受けていることが分かる．

OF の執行実績を持つ PO のうち 92.4％が，生産物の品質改善のために補助金を執行している．その他にも，マーケティングの改善（85.0％），計画的生産（77.8％）に OF を執行している PO は全体の約 80％と比較的に多く，品質改善と合わせ見れば，大部分の PO が OF を組織的・計画的出荷やマーケティングの強化に当てていることが見て取れる．そのために，OF の66.5％に当たる 12億5,000万ユーロが，これら組織的・計画的出荷やマーケティングの強化に集中的に投下されている．

このような，組織的・計画的な出荷やマーケティングの強化に関連する支出先を，加盟国別の評価報告から確認すれば，選別および小分け・包装施設の設置もしくは更新，ICT を活用した受発注システムの開発・普及，宣伝・広告に用いられるプロモーション，オーガニック認証やグローバル GAP など安全性・品質を保証する各種の認証取得に必要な諸活動および人材の雇用などである．ちなみに，OF を活用した研究開発，教育訓練，需給調整への取り組みは相対的に消極的であることが見受けられる．

一方，環境保全を目的する OF を執行した PO 数は 92.9％で最も多く，その支出額は OF 合計の 23.8％に及んでいる．この環境保全に該当する主な支出先は，廃棄物の削減および管理とともに，合成農薬や化学肥料の削減を図った，総合的有害生物管理（IPM）な

2008	2009	2010
3,063,930	2,777,770	2,491,610
50,216	45,625	49,389
16,389	16,425	19,822
1,549	1,638	1,599
457,833	442,605	411,400
19,484	19,503	21,261
42,557	44,064	51,680
14.9	15.9	16.5
38.8	42.7	43.0
2.6	2.7	2.6

表3-3　PO における目的別運営資金の執行実績

| | OF 受給額（3 カ年平均） | | 受給した PO 数 | |
	百万ユーロ	%		%
計画的生産	277.9	22.2	924	77.8
品質改善	254.7	20.3	1,097	92.4
マーケティングの改善	300.9	24.0	1,009	85.0
研究開発	10.7	0.9	130	11.0
教育・指導・訓練	22.8	1.8	388	32.7
リスク管理	35.6	2.8	192	16.2
環境保全	298.3	23.8	1,103	92.9
その他	51	4.1	1,063	89.6
合計	1,252.1	100.0	1,187	100.0

出典：European Commission（2014）54final p. 10, table4 を引用．

どをメンバーに統一した栽培管理システムとして導入するために必要な設備
への投資であるという（European Commission 2014）．

(3)　PO の企業形態

　PO が EU の認可を受けるためには，上述の 4 つの事業要件や OP の作成
のほかに，5 人以上の青果物の生産者からの出資が必要である．この生産者
という資格要件と出資要件は，既存の農協組織は自ずと満たされることから，
PO の大部分は協同組合であることが容易に考えられる．ただし，青果物の
生産・販売に関わりをもつ全ての農協が PO として認可を受けている訳では
なく，一部の農協は手続きの面倒さをはじめ何らかの理由により PO の資格
を得ていない．

　ところが，資格要件や出資要件さえクリアすれば，出資者に非生産者を含
む株式会社は排除されるとはいえ，任意組合のほか有限会社やその他加盟国
ごとに設ける特殊な企業形態も PO になることを妨げていない．したがって，
PO の一部には，農協に限らず多様な企業形態が含まれている．

第 3 章　EU の共通農業市場制度における生産者組織

表 3-4　出荷額規模別の PO 数および OF 受給額

| | | PO 数 | | OF 受給額（百万ユーロ） | | | | 1PO 当たりの受給額（ユーロ） |
| | | | | 合計 | | うち，EU 支払い | | |
			%		%		%	
金額規模別	50 万ユーロ未満	10	0.9	1.1	0.1	0.5	0.1	110,000
	50～200 万	160	13.7	18.9	1.4	9.0	1.3	118,125
	200～500 万	344	29.5	87.0	6.4	40.8	6.1	252,907
	500～1,000 万	262	22.4	130.6	9.5	63.5	9.5	498,473
	1,000～2,000 万	179	15.3	175.0	12.8	84.6	12.6	977,654
	2,000～5,000 万	140	12.0	297.3	21.7	144.1	21.5	2,123,571
	5,000 万ユーロ以上	73	6.3	658.9	48.1	327.9	48.9	9,026,027
合計		1,168	100.0	1,368.8	100.0	670.4	100.0	1,171,918

出典：European Commission（2014）112final, p. 10, table4 を引用.

（4）　出荷額規模別の PO の実態

　表 3-4 は，OF 支払いの受給実績を持つ PO について，出荷額規模別の PO 数と各々規模階層への OF の執行額シェアを示したものである．大半（51.9％）の PO が出荷額 200 万～1,000 万ユーロ未満である中で，出荷額 500 万ユーロ未満の比較的規模の小さい PO は全体の 44.1％を占めている．これに対して，出荷額 500 万ユーロ以上の PO（55.9％）のうち，比較的に出荷規模の大きい出荷額 2,000 万ユーロ以上の PO は全体の 18.3％である．

　一方，PO の出荷額規模階層別に見た OF の執行額は，その 69.8％が出荷額 2,000 万ユーロ以上の大規模 PO に支払われている（表 3-4）．とりわけ OF の大半（48.1％）は PO 数の 6.3％に過ぎない出荷額 5,000 万ユーロ以上の PO へ支払われていることが注目に値する．

　表 3-4 によれば，PO が EU から受け取る運営資金（OF）の平均は約 117万 2,000 ユーロである．PO の大半が 50 万ユーロ未満を受給している中で，出荷額が 2,000 万ユーロ以上である 1PO 当たりの平均 OF 受給額は 2 億ユーロとなっている．

5. 加盟国によって異なる PO の展開構造

　表3-5は，2012年にEUよりOFの支払いを受けた加盟国のPO数および
POのメンバー数とともに，各国におけるPOの出荷額シェア，運営資金の
受給実績を示したものである．これによれば南欧諸国と西欧諸国のPOの展
開構造が大きく異なっていることがわかる．

　イタリア，スペイン，フランス，ポルトガルからなる南欧諸国は，EUの
加盟国（28カ国）の中でも最も青果物の生産が盛んな地域である．これら
の国々には，運営資金を受給したPOの約85％（907PO）が集中しており，

表3-5　加盟国・地域別に異なる PO の展開

加盟国		PO 数	メンバー数	メンバー/ PO	F&V 出荷額 百万ユーロ	PO 出荷額 シェア %
南欧	スペイン	440	135,103	307	5,184	51.2
	イタリア	217	80,381	370	4,985	51.1
	フランス	194	19,378	100	2,302	45.9
	ポルトガル	56	5,363	96	234	20.0
小計（平均）		907	240225	265	12,705	—
西欧	オランダ	15	3,462	231	2,631	95.5
	ドイツ	31	7,029	227	1,193	54.5
	ベルギー	17	7,300	429	1,117	91.2
	イギリス	39	952	24	803	38.2
小計（平均）		102	18743	184	5,744	—
その他	オーストリア	10	2,361	236	219	38.1
	デンマーク	6	350	58	109	51.8
	ハンガリー	29	8,586	296	96	19.5
	チェコ	9	156	17	45	59.2
	キプロス	6	1,550	258	26	22.4
合計（平均）		1069	271,971	254	18,943	—

出典：European Commission（2014），112 final，p. 12 を基に作成．
注：2012年の加盟国ごとの評価レポートの作成により把握された PO の情報に限られており，実質的に
　　との認可 PO 数を下回っていることに注意されたい．

EUが補助する運営資金の68%が支払われている．とりわけ，イタリアとスペインのPO数および運営資金の受給実績は際立って高い．

　これに対して，西欧諸国では，オランダをはじめドイツ，ベルギー，イギリスが青果部門において比較的に大きい生産基盤や出荷実績を持っている．これらの4カ国のPO数は102であり，これらPOが受け取ったOFシェアは25.7%である．こうしてみれば，EUが青果部門のPOの育成・強化のために支払うOFの約94%は南欧諸国（4カ国）や西欧諸国（4カ国）へ支払われていることが見てとれる．

　1PO当たりのメンバー数および出荷額では，南欧諸国と西欧諸国との間に大きな相違が見られる．南欧諸国（4カ国平均）のPO当たりのメンバー数（265）および出荷額（1,400万ユーロ）に対して，西欧諸国（4カ国平均）のそれは，184PO，5,630万ユーロであることから，後者が前者より相対的に出荷規模の大きい生産者をメンバーとする大規模出荷組織がPOとして展開していることがわかる．これに加え，POの出荷額シェアについても，イタリア，スペインが50%程度であることに対して，オランダ，ベルギーは90%以上のシェアを示していることも注目に値する．

構造

出荷額/PO 百万ユーロ	OF 百万ユーロ	%	OF/PO ユーロ
11.8	176	24.4	400,749
23.0	208	28.8	960,392
11.9	96	13.3	497,008
4.2	10	1.4	185,682
14.0	492	68.0	541,954
175.4	73	10.1	4,847,317
38.5	39	5.3	1,242,930
65.7	49	6.7	2,863,367
20.6	26	3.6	669,708
56.3	186	25.7	1,823,887
21.9	8	1.1	820,177
18.2	2	0.3	364,662
3.3	4	0.5	134,970
5.0	2	0.3	214,022
4.3	1	0.1	142,402
17.7	723	100.0	676,486

OPの提出やOFの受給実績を有することから，加盟国ご

6. PO の展開をめぐる争点と課題

EU では，2007 年の青果部門の CMO 改革以降，5 カ年を事業期間とする OP の 1 期目が終了したことを機に，加盟国が提出した評価レポートを分析した 2 つの報告書が出された．1 つは西欧諸国（Bijman 2015），もう 1 つは南欧諸国（Petriccione et al. 2013）に各々フォーカスを当てたものである．これらの報告書に基づいて PO の展開構造とともに CMO 改革をめぐる幾つかの争点を以下に整理する．

近年の EU の青果物出荷組織の展開構造を捉えるに当たっては，青果物の出荷・販売を取り巻くマーケット環境の変化への理解が欠かせない．それが青果物の出荷組織の展開構造を大きく特徴づけるからである．

Petriccione et al.（2013）は，青果物マーケットの構造変化として次の 4 つを取り上げている．1 つ目は，消費行動にみる，品質・安全性に対する高い関与度，利便性の追求，付加的サービスの要求である．2 つ目は，小売市場における市場集中すなわち少数の大手スーパーチェーンによって支配・コントロールされている小売主導型流通システムの強まりである．3 つ目は，EU 域内の単一市場化，外延的拡大とともに域外の国々との間で締結される自由貿易協定（FTA）などがもたらした，青果物の販売をめぐる競争の激化である．4 つ目は，川下の利益拡大に伴う消費者価格の上昇が進む一方で，低価格を強いられている青果物の生産者価格がもたらす生産者所得の低下である．

Bijman（2015）は，このような青果物のマーケット環境の変化を踏まえて，青果物の出荷組織の展開にみる特徴を整理しているが，その多くは上のマーケット環境への対応の結果であると言ってよい．以下に，その特徴を概説した．

まず，国によって青果物の出荷組織とりわけ農協の歴史的発展や相対的重要性は異なっているために一概にはいえないものの，オランダ，ベルギーな

ど西欧諸国においては，規模の経済性，バーゲニングパワーを狙った合併が進展していることを大きな特徴として取り上げている．さらに，出荷組織間の合併や共同販売などの水平的統合に加え，青果物のサプライチェーンにおける垂直的統合すなわち青果加工事業への進出が目立っているという．なお，こうした水平的・垂直的統合の進展に伴い，複数の国に組合員を有している農協が出現しているほか，製品販売を目的に海外に支社・分社・子会社などを展開する農協も珍しくない実態をも明らかにしている．なお，このようにサプライチェーン構築を目指した水平的統合・垂直的統合を進める出荷組織をマーケティング農協と称した上で，EU には，依然としてその機能が生鮮農産物の出荷に留まっている小規模出荷組織すなわちバーゲニング農協も数多く展開している点を指摘している．

　一方，青果物の出荷組織の運営管理に関しては，西欧諸国においては農協の合併や垂直的統合により，かつて複数農協の連携組織として一定の役割を果たしてきた農協連合の解体が進んでいることや，マーケティング農協として水平的・垂直的統合を進めてきた大規模農協においては，マネージャーが組合員に代わって運営管理の主導権を握っていることも大きな特徴であるという．

　しかしながら，このような Bijman（2015）が整理した青果物出荷組織の展開にみる特徴は，西欧諸国とりわけオランダ，ベルギーに普遍的に見られる現象ではあるものの，出荷額の少ない小規模農協が数多く展開している中，依然としてバーゲニング農協が多数を占めている南欧諸国にはごく一部の大規模出荷組織に限って当てはまる特徴であることは否めない．

　そこで，Petriccione et al.（2013）は，南欧諸国では，小規模農家が多様な流通ステージに関わりを持つ無数のサプライヤー，仲買とともに成長してきたことから，この複雑な流通構造は，チェーン・アクターの低い生産性に起因する構造的非効率性を呈するものであったと指摘した上で，小規模生産者にとっては，如何にして出荷組織を通じてサプライチェーン機能の一部を担えるかが重要な課題であるという．このことは，南欧諸国の青果物出荷組

織の特徴は，西欧諸国の青果物出荷組織のように，水平的・垂直的統合により大手スーパーチェーンとのサプライチェーン構築を進めているケースは一部の大規模出荷組織に限られており，今後，多数を占める小規模バーゲニング農協を大規模マーケティング農協へと導くことが大きな課題となっていることを意味する．

　最後に，Bijman（2015）は，オランダ，ベルギー，ドイツなどの西欧諸国においては，国境を跨いでメンバーを迎え入れている多国籍農協とともに，青果物の販売拡大のために，直営農場はじめ物流機能や商社機能を有する子会社を海外に設けて，仕入れ・販売事業をグローバルに展開している大規模農協が少なくないことに触れ，これらの農協に対する制度面の配慮を訴えている．具体的には，国内法を優先する協同組合法や仕入れにおける組合員外からのカバー率に対する種々の規制に触れ，青果部門の農協が採るグローバル戦略の実行に合わせて，EU の共通農業市場制度の見直しを求めている．

注

1) EU は，2004 年 5 月 1 日，10 カ国（キプロス，チェコ，エストニア，ハンガリー，ラトビア，リトアニア，マルタ，ポーランド，スロバキア，スロベニア）を加盟国として新たに受け入れた．
2) スクールフルーツスキームについて詳しくは第 5 章を参照されたい．
3) 例えば，第 7 章のフレスキューがこれに該当する事例である．

第4章

青果物の販売をめぐる競争と生産者組織の可能性

李　　哉法

　本章は，世界有数の柑橘類果実の集散地であるスペイン・バレンシア州において，柑橘の仕入れ販売をビジネスとするプライベート企業と，欧州連合（EU）が認可する農協をはじめとする生産者組織（PO）が直面しているマーケット環境とともに，柑橘の集荷・販売をめぐる両者の競争の実態にアプローチした．前章（第3章）に述べたPOの出荷額シェア拡大の実現可能性を検証するために必要であったからである．調査にあたっては，生産者が出荷のさいに持ち得る選択肢を，生産者組織と非生産者組織に大別し，各々に該当する出荷組織を選定した．それによって得られた事例が，①「フォンテスタート（Fontestad）」，②「フルッソル（Frutsol）」，③「コープカーレット（Coop Carlet）」，④「アネコープ（Anecoop）」の4つである．これらのうち，①は自ら柑橘園を経営しつつ，周辺の生産者より柑橘を仕入れて販売している大規模販売企業であり，②は第10章に詳しく述べるSATという企業形態を持つPO，③はSCAという伝統的農協としてのPO，④は複数の単協が組織する農協連合である．

1.　スペインにおける柑橘生産・出荷の概況

(1)　スペインの柑橘生産の概要
生産量
　スペインは，イタリアと並ぶEU最大の果実生産国である．とりわけ，年間約550万tを生産している柑橘は，EU全体の生産量（約1,100万t）の半

表 4-1 スペインにおける柑橘の出荷実態

種類	年産	出荷量および出荷先別シェア				隔離数量（千t）B	隔離数量シェア B/A（%）
		出荷量合計（千t）A	輸出シェア %	国内シェア %	加工シェア %		
オレンジ	2003	3,052	47.6	36.3	16.1	1.1	0.04
	2004	2,767	38.3	41.0	20.7	9.7	0.35
	2005	2,376	37.0	42.1	20.8	3.5	0.15
	2006	3,397	39.6	31.8	28.6	25.9	0.76
	2007	2,740	38.3	42.9	18.8	0.2	0.01
クレメンティン	2003	1,683	70.2	19.7	10.1	5.3	0.32
	2004	2,091	65.3	23.9	10.8	15.5	0.74
	2005	1,300	65.4	19.5	15.1	5.0	0.39
	2006	1,652	60.1	19.6	20.3	19.0	1.15
	2007	1,335	70.7	17.9	11.4	4.6	0.35
レモン	2003	1,130	57.0	30.5	12.5	2.4	0.21
	2004	810	50.8	38.3	10.9	1.8	0.22
	2005	945	40.5	42.9	16.6	5.8	0.62
	2006	877	49.6	32.6	17.8	2.9	0.33
	2007	507	50.2	40.3	9.5	0.2	0.04

出典：MARM, Anuario Estadistica Ministerio de Medio Ambiente y Medio Rurul y Marino, 各年度ほか FEGA の関連通達より作成.

分を占めるほどである.

　近年（2000-07 年），スペインの柑橘類の品目別の生産量は，オレンジが270〜340 万 t，クレメンティンが130〜210 万 t，温州みかんが17〜30 万 t，レモンが50〜110 万 t で推移している（表 4-1）.

　一方，本研究において現地調査を行ったバレンシア州は，スペイン最大の柑橘産地である．同地域のもつ柑橘類の面積シェア（2008 年）は約 57 %（18 万 8,650ha）であり，同シェアが 2 番目に大きいアンダルシア州（約25 %）との間に大差をつけている.

仕向け先別の出荷量

　スペインの柑橘類は，その仕向け先として輸出向け，国内向け，加工原料

用，市場隔離という4つの選択肢をもつ．ちなみに，スペインの柑橘の輸出は，その輸出量の90％以上がEU域内市場に送られているが，主要な輸出国はドイツ（23.6％），フランス（23.6％），オランダ（11.2％），イギリス（6.9％）である．

　一方，表4-1からは，国内市場向けの出荷数量に大きな変動が見られない中で，輸出数量の拡大を目指しつつも，過剰による価格下落が懸念される年度においては加工用と市場隔離数量を増やしている実態を垣間見ることができる．とりわけ生産量の1％に満たない僅かな市場隔離数量に比べて，加工用出荷シェアは10〜20％を占めるほど大きい．

価格の動向

　図4-1は，スペインの柑橘生産量と価格（ユーロ/100kg）との相関を1985年以降の5年刻みで捉えたものである．図4-1によれば，1980年代か

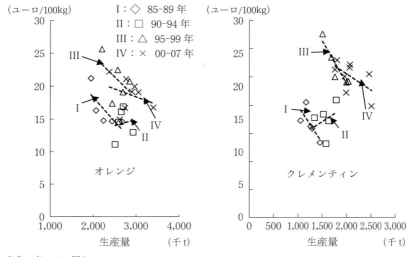

出典：表4-1に同じ．

図4-1　柑橘類の生産量および価格の動向

ら生産量が総じて右へシフトしている．価格に関しては，年次変動が激しい中で，1990年以降は価格上昇が見受けられるものの，2000年以降のそれは下落局面を迎えている様子が示されている．こうした傾向からは，柑橘の需給バランスによって短期的な価格変動は見られるにせよ，EUの拡大に伴う輸出市場の広がりが生産量の拡大と価格の上昇をもたらしてきたが，近年においてはEUの柑橘市場がやや過剰基調にさしかかっていることが見てとれる．

(2) 柑橘の出荷経路

生産者組織の推移

スペイン（2006年）にはEUの認可を受けた628のPOがあり，これらのPOが有する出荷額シェアは42.3％である（表4-2）．また，1PO当たりの出荷額は930万ユーロ（約12億円）である．POの数は，2000年（568）に比べて約10％の増加を示しているものの，2004年以降においては足踏み状態にあることが見て取れる．ただし，近年はPOの出荷額シェアとともに1PO当たりの出荷額が徐々に大きくなっていることから，加入農家数もし

表4-2 生産者組織の出荷額および
出荷額シェアの推移

（単位：％，百万ユーロ）

年度	出荷額合計	POの出荷額シェア	前年比％	PO数	前年比％	PO当たり出荷額	前年比％
2000	10,087	34.5	—	568	—	6.1	—
2001	10,524	34.2	−0.9	566	−0.4	6.3	3.8
2002	10,403	36.7	7.3	526	−7.1	7.3	14.2
2003	12,783	32.5	−11.5	579	10.1	7.2	−1.1
2004	13,344	33.0	1.6	628	8.5	7.0	−2.2
2005	14,366	35.3	7.0	622	−1.0	8.2	16.3
2006	13,800	42.3	19.8	628	1.0	9.3	14.0
2000-2006増減率	—	—	22.6	—	10.6	—	51.9

出典：MARM（2008）．

第4章　青果物の販売をめぐる競争と生産者組織の可能性　　　　79

くは構成農家1戸当たりの出荷額が拡大していることが推測できよう．

柑橘の出荷経路

　柑橘類の集散地機能を果たしているバレンシア地域には，産地集荷業者または輸出商社などが柑橘の集出荷・販売に携わっている．これらの PO 以外の集荷業者や商社（仕入れ・販売業者）を経由する出荷経路と，PO を経由する出荷経路とを区分して示したのが図 4-2 である[1]．

　スペインの柑橘出荷量のうち，約6割が仕入れ・販売業者を経由しており，残り約4割は生産者自らが運営する出荷組織（PO）の取り扱いシェアである．なお，柑橘の販売に関しては，集出荷施設を単位に系列化が図られてい

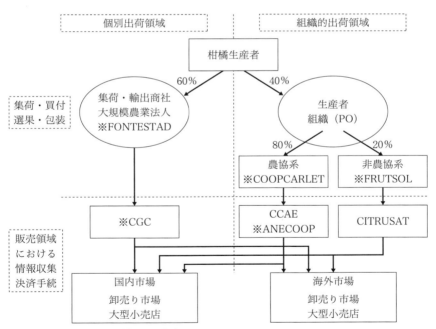

出典：調査先での聞取りに基づいて作成．
注：※を付しているのは本稿において取り扱っている事例である．

図 4-2　バレンシア地域における柑橘の出荷経路

る場合が多い．柑橘の出荷・販売をめぐる系列化は，各々出荷組織が属す関連団体の形成にまで及んでいる．図4-2のCGC，CCAE，CITRUSATがそれに該当する．これらの組織はマーケット情報の収集および加工，取引に関わる諸手続き，資金繰りのための与信活動，プロモーションなどのマーケティング活動の支援を行う役割を有している．

　一方，スペインの農協には，第10章に詳述するように，伝統的な協同組合（SCA）とハイブリッド農協に近い（SAT）という2種類の組織形態がある中で，柑橘についていえば，両者を合わせたPOが出荷する柑橘の約80％はSCAがCCAEを通して販売しているものであり，残り20％をSATがCITRUSATに柑橘を集めて販売しているということである．

2.　生産者組織を取り巻く環境とその変化

(1)　共通農業市場制度改革の余波

　かつて，加工用柑橘への助成制度は，加工原料用柑橘の内外価格差を埋め合わせる重要な補助金であると同時に，柑橘生産者を生産者組織へ誘導する1つの政策手段でもあった．当初，加工原料用出荷は，生産者組織を介した長期安定的な取引を助長するために，生産者個々人による出荷と生産者組織を経由しかつ複数年の加工向け出荷契約を結んでいるケースとの間に助成金単価の格差を設けていた（表4-3）．

　ところが，この加工用柑橘への助成制度が単一支払い制度（SPS）へ組み入れられたことを受け，スペイン農業保証基金（FEGA）は，もともと2010年に実施を予定していた制度の移行を2009年度に前倒しで実施した．これによりかつての加工用果実への助成金は生産者組織を経由せずに直接生産者に支払われるようになった．その品目別の内訳は表4-3に示した通りである．なお，直接支払いの受給資格をもつオレンジ・クレメンティン（13万4,370ha）の面積が作付面積合計（21万1,200ha）に占める割合は63.6％であり，レモンの同割合は27.3％である[2]．

第 4 章　青果物の販売をめぐる競争と生産者組織の可能性　　81

表4-3　柑橘への補助単価

種類	加工用補填および単一支払い単価				市場隔離補償の単価 （ユーロ/100kg）
	2007年産まで （ユーロ/100kg）			2008年産 （ユーロ/ha）	
オレンジ	PO 経由	短期契約	9.8	支払面積：134,370ha 支払額：80,333,000€ 支払単価：600€/ha	19.6
		長期契約	11.3		
	生産者個別		8.2		
クレメンティン	PO 経由	短期契約	8.0		13.6
		長期契約	9.2		
	生産者個別		7.2		
レモン	PO 経由	短期契約	9.1	支払面積：10,979ha 支払額：13,333,000€ 支払単価：1,214€/ha	13.4
		長期契約	10.5		
	生産者個別		8.2		

出典：FEGA（スペイン農業保証基金）の関連通達より作成.

　このような制度改革は，柑橘市場や出荷組織の運営に一定のダメージを与えることが懸念されている．1つ目は，加工用柑橘への助成金制度の廃止により加工用出荷を需給調整の手段として用いることが困難となったからである．2つ目は，従来，加工用柑橘の助成金を目的に出荷組織のメンバーとなった生産者が少なくないことから，受給資格を有する生産者に直接支払われる直接支払い制度の仕組みは，出荷組織が生産者に与えうるインセンティブを弱める働きをするからである．

(2)　大手スーパーチェーンの産地展開

　EU の青果部門の CMO 改革において，PO の育成・強化が政策目標として掲げられた背景に，国境を跨がって展開する大手スーパーチェーンのバイイングパワーに対抗しうる「産地の一元的かつ組織的な出荷」への取り組みが求められたという経緯があることは第3章においてすでに述べた通りである．本章で考察する事例においても，いずれの出荷組織も大手スーパーチェーンとの取引を拡大している中で，取引企業によって異なる多様なパッケー

ジへの対応がもたらす問題を取り上げていた．以下ではその実態の理解を助けるべく，フォンテスタートの選果ラインを取り上げて詳述する．

フォンテスタートの経営概要

　フォンテスタートは，年間約6万5千tの柑橘（オレンジ，クレメンティン，レモン）を販売し約6千万ユーロを売り上げているプライベート企業である．フォンテスタートが販売している製品は，直営園地（700ha）の生産物のほかに，周辺の生産者との契約栽培により仕入れているものがある．なお，これらの柑橘は，EU全域に輸出しているが，主な輸出先国はフランス，イギリスである．

　フォンテスタートの集出荷施設は，4,500m^{2}の敷地に，1万4,100tを貯蔵しうる低温倉庫とともに，1千t/日を処理可能な選果ラインを設けている．そこから出荷する製品の多くは，スペイン国内の大型小売企業（メルカドーナ MERCADONA，エロスキーEROSKI など）はもちろん，ヨーロッパ全域に展開する大手スーパーチェーン（カルフール Carrefour，オーシャン Auchan，テスコ TESCO など）や多国籍企業ドール（Dole）に販売されている．

選果・包装ラインの詳細

　柑橘の選果・包装ラインは，3つのゾーンからなっているが，「手作業ゾーン」，「自動梱包ゾーン」，「ネット包装ゾーン」がそれである．自動梱包ゾーンでは，選別が済んだものが箱の中に自動的に詰まれる仕組みとなっている．手作業ゾーンは，受注した企業やそれによって異なるブランドに応じて数種類の製品ケースが梱包作業台の上を回転しており，作業員は受注企業の指定通りにケースを選んで箱詰め作業を行う仕組みとなっている．ちなみに，手作業ゾーンには，ケース内のオレンジの一部を紺色の紙で包み，模様を形づけるような工程が含まれていた．また，ネット包装ゾーンでは，1.8〜2.5kg ネット袋にオレンジを詰め込む作業を行っているが，比較的に自動化

の程度は高いものの，販売企業または小売店のブランドラベル（フィルム）
を頻繁に張り替える作業が厄介であるという．

　品質の基準については，共通農業市場制度の定める3つのクラス（クラス
I，クラスII，エキストラクラス）を適用している．また，糖度基準による
足きりが行われているが，その基準は8度以上であった．ちなみに，糖度の
測定は携帯用糖度測定器を用いたサンプル検査に依存している．

　大型小売企業が求めるパッケージの種類は，販売先企業は1社であっても，
製品の品質基準（等級），包装の単位（重量・個数），包装資材の種類，ブラ
ンド名が異なるために，その種類の多い企業においては20種類以上のパッ
ケージのオーダーに対応しなければならない．フォンテスタートにおいては，
全ての取引先企業に販売している製品のパッケージ数は，約1,000通りに上
るという．

3. 生産者組織の展開構造と特徴

(1) フルッソルの概要

　フルッソルは，1993年に設立されたが1996年にEUの認可を受けたSAT
という組織形態を持つ生産者組織である．バレンシア地域を中心とする約
1,700人の出資者からなる出資額（2007年）は約245万ユーロであり，同年
産の製品売上は4,100万ユーロである．

　この出荷額規模は果実・野菜部門の生産者組織の平均出荷額（930万ユー
ロ）の約4.4倍に該当する．製品別の出荷数量は，オレンジが約36,000t,
クレメンティンが約45,000t，温州ミカンが2,900tである（図4-3）．なお，
オレンジやクレメンティンの60%以上，温州ミカンの40%以上を輸出して
おり，その主たる輸出先国には，ルーマニア，フランス，ポーランド，イギ
リス，ハンガリーといったEU域内市場のほかにアメリカが含まれている．

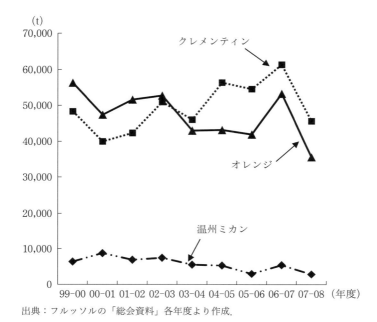

出典：フルッソルの「総会資料」各年度より作成．

図 4-3　フルッソルの品目別出荷量推移

(2) 運営収支と運営資金の働き

　EU の認可を受けた生産者組織は，市場隔離を含むマーケティング活動に費やされるコストの 50％を欧州農業農村振興基金（EAGF）からの運営資金によって賄われている．フルッソルが EU およびスペイン政府より受ける支援には，融資（1,060 万ユーロ）と無償の補助金（580 万ユーロ）の 2 つがある．前者は，そのほとんどが機械・設備などの資産形成に充てられるものであり，いずれは償還しなければならない資金である．後者はスペイン農業保証基金（FEGA）が支払う運営資金として品質改善，ブランド開発，プロモーション，出荷調整などに要される費用に充てられる．

　貸借対照表（B/S）には，年々の出資金の変動が見られるが，2008 年度には 39,606 ユーロの出資増に対して，それを上回る 21 万 6,420 ユーロの出資額の払い戻しが行われている．このことから，新規加入と脱退が比較的頻繁

に行われていることがわかる．こうした加入脱退の繰り返しが品目別の出荷
数量の変動（図4-3）にも現れている．

　同社の損益計算書（P/L）によれば，「加工用出荷に対する補塡（約180万
ユーロ）」，「市場隔離に対する補償（約6万7,000ユーロ）」，「プロモーショ
ン商品の提供に対する補償（約8万3,000ユーロ）」，「輸出補助金（16万
3,000ユーロ）」の合計196万ユーロ（2007年産）が「その他の事業収益」

表4-4　フルッソルの運営収支（2007年度）

			金額（ユーロ）	%
B/S	自己資金	合計	3,856,104	26.7
		構成員による出資金	2,445,890	16.9
	CMO関連 補助金	合計	10,607,494	73.3
		出資補助	255,458	1.8
		投融資部門	10,352,036	71.6
		オペレーショナルファンド	5,799,017	40.1
	資本金合計		14,463,598	100.0
P/L	営業 収入 A	製品売上	40,992,690	94.8
		製品在庫	0	0.0
		その他事業収益	2,256,352	5.2
		うち, 補助金	輸出補助	163	0.0
		市場隔離	66,579	0.2
		加工用出荷	1,810,984	4.2
		プロモーション関連	83,227	0.2
		合計	1,960,953.0	4.5
		収入合計	43,249,042	100.0
	費用合計　B		44,250,063	
	営業利益（損失）　A−B＝C		△1,001,021	
	営業外利益（損失）　D		△580,748	
	経常利益（損失）　C＋D＝E		△1,581,769	
	特別収益　F		1,583,117	
	うち，補助金の割合		99.2	
	税引き前の利益　F−E		1,348	

出典：図4-3に同じ．

として計上されている．これらFEGAからの補助金が営業収益（4,430万ユーロ）に占める割合は4.5％である（表4-4）．

フルッソルの同年度の営業収入（4,325万ユーロ）より営業支出（4,425万ユーロ）を差し引いた営業利益は約100万ユーロの赤字となっており，これに営業外支出とりわけ支払い利子まで加えた経常赤字は156万ユーロへと拡大する．ところが，この経常赤字を上記の運営資金の一部（157万ユーロ）をもって相殺していることに注意が必要である．その結果，辛うじて1,348ユーロ（約18万円）の（税引き前）当期純利益を残している．

(3) 出荷経費の内訳

このような赤字決算が発生する理由を探るべく，費目別の支出額に占めるシェアを確認したのが図4-4である．まず，仕入れ原価（1,790万ユーロ）が製品売上げの43.7％を占めることから，販売価格が仕入れ価格の約2倍となっていることが推測できる．ところが，営業支出額が売上げを上回るために営業利益の赤字を招いている．その支出額の費目別詳細を見ると，固定

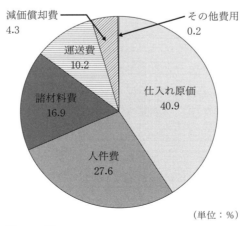

（単位：％）

出典：図4-3に同じ．

図4-4 フルッソルの支出額の費目別シェア（2007年度）

資産の減価償却費を除く出荷経費（諸材料費，人件費，運送費）に該当する費用が支出額合計の 54.7％ を占めている．とりわけ，人件費シェアは27.6％ と際立って高い（図 4-4）．

このような仕入れ原価に匹敵する出荷経費の背後には，多様な販売チャネルに対応したきめの細かいパッケージングに要される労働力需要が益々大きくなっているという実態とともに，遠方の輸出先市場までの配送を出荷組織が担う受注の仕組みがある．ところが，大型小売企業のバイイングパワーに充分に対応しきれない生産者組織は，全ての出荷経費を回収できない安い販売価格を強いられているのである[3]．

(4) 農協連合による組織化

出荷規模の零細な生産者組織の多くは，フォンテスタートのような大型かつ高度な小分け包装ラインを持っていないほか，プライベート企業のような迅速な意思決定が困難である[4]．そこで，複数の農協が出資により設立する農協連合がマーケティング機能を遂行しているケースがある．

以下には，アネコープというスペイン最大規模の農協連合の有するマーケティング戦略に触れ，柑橘の生産者組織の競争戦略を確認した[5]．

アネコープは，スペイン農協法上の二次組合（Second grade）として位置づけられ，経済事業その他付帯サービスを出資組合のために実施することが事業目的となっている．

アネコープには，果実や野菜を取り扱う 85 の農協系生産者組織が出資しており，年間の売上げ（2008 年度）は 4 億 3 千万ユーロである．また，EUの 6 カ国のほかアメリカ，ロシアに支店を展開しており，系列企業として柑橘ジュースや缶詰加工企業を傘下に抱えている．また，アネコープは，個々の単協の製品ブランドの乱立を止揚した上で，農協連合として用いるブランドの開発と管理に積極的に取り組んでいる．

まず，表 4-5 によりアネコープに出資しているメンバー農協を確認した．アネコープは，85 の農協（単協）を出資者として擁している．このメンバ

88

表4-5 アネコープの概要

A 出荷規模別のメンバー

出荷数量規模	組合数	取扱数量シェア（%）
6,000t<	16	56.3
3,000〜6,000t	18	25.3
1,500〜3,000t	14	11.4
1,000〜1,500t	12	4.7
500〜1,000t	6	1.4
250〜500t	5	0.6
0〜250t	14	0.4
合計	85	100.0

B 製品カテゴリー別の販売額

事業カテゴリー		07-08
柑橘類	MT	283,933
	千ユーロ	189,742
	販売額%	44.4
その他果実	MT	152,186
	千ユーロ	121,390
	販売額%	28.4
生鮮および サラダ用 カット野菜	MT	110,395
	千ユーロ	100,022
	販売額%	23.4
果実・野菜合計	MT	546,514
	千ユーロ	411,154
	販売額%	96.2
ワイン	MT	185,454
	千ユーロ	16,185
	販売額%	3.8
販売額合計	千ユーロ	427,339
	販売額%	100.0

出典：ANECOOP, Memoria Report-07-08 over 30years of bringing colour into your life, 2009 より作成.

一農協の出荷数量規模を見ると，6,000t を超える農協は19％に過ぎず30％の組合は出荷量が1,000t に満たないことから，単協レベルの出荷規模の零細さが窺われる.

　次に，表4-5 には事業部門（＝製品部門）別の取扱い数量と売上げ，品目別出荷量の詳細を示したが，柑橘を中心にその他の果実と野菜が加わった生鮮青果物の販売事業からなる売上げが4億1,115万4千ユーロである. その他にワイン製造・販売が事業部門に含まれているが全体売上げに占めるシェアは4％弱である. ちなみに，柑橘類の売上げ（1億9千万ユーロ）は，先述のフォンテスタートの約3倍，フルッソルの約4.5倍に当たる.

　アネコープのマーケティングの特徴は，1つに，ほかの販売企業や輸出商

社などの追従を許さない数十万 t の出荷ロットの確保が可能であること，2
つに，複数の品目の組合せによる製品ラインの拡張が容易であること，3つ
に，加工事業の導入により規格外の処理や市場隔離が自社内で可能であるこ
とといった3点が挙げられる．こうした中，アネコープのマーケティング戦
略では，個々の零細な生産者組織の有する選果ラインの設備限界と，生産物
の無差別な受け入れを強いられるために，フォンテスタートのような最先端
の受注システムの構築が困難な状況を，出荷ロット，製品企画力，交渉力，
加工部門を生かした自主的な出荷調整をもって克服しようとしている．

おわりに

　EU の果樹政策には，長らく構造改革の視点が欠如していた．その背景に
は，市場介入に大きく傾斜した果樹政策の特性が働いている．このことは，
「果樹生産者は市場に出荷するためよりも，市場隔離制度による買い上げを
期待して生産を続けている（フェネル 1999：156-158）」という指摘に象徴
的に現れている．ところが，果実に対する市場介入に関連する制度の廃止な
いしは縮小を求める WTO 農業協定の履行に際して，EU の果樹政策は，産
地マーケティングの強化を含む果樹産地の構造改革への方向転換を図ってい
る．そして，生産者組織は，その構造改革に用いられる諸施策の受け皿とし
て，また構造改革の実質的な担い手として位置づけられている．
　本章においては，スペインの柑橘の出荷実態，生産者組織の出荷額シェア
とともに，柑橘生産者組織の運営実態を捉えた．それによると，1つに，柑
橘の加工原料用への出荷は，市場隔離と同様な効果をもっており，スペイン
の場合は生産量の 10〜20％が加工用として出荷されてきた実績がある．2つ
に，スペインの生産者組織の拡大は未だ足踏み状態にある．3つに，生産者
組織は輸出商社や販売専門企業との間に競争を強いられている中で，大手ス
ーパーチェーンが求めるきめ細かい発注に充分に対応できない体質を持って
いる．4つに，生産者組織の運営収支は運営資金がなければ，赤字を強いら

れる状況にあることといった事実が確認できた．

　このような実態を踏まえれば，加工用としての出荷義務を課さない単一支払い制度は，生産者組織の収入減少につながるほか，かつての加工用出荷量の一部が生鮮用出荷に回される可能性が排除できないために，柑橘の市場を不安定にさせる重要な要因になりかねないであろう．また，柑橘価格が低迷している中で，生産者自らがマーケティング費用の一部を負担しなければならない生産者組織にとって，近年の大手スーパーチェーンとの取引拡大は，生産者の生産者組織離れを助長している．とりわけ，プライベート・ブランド（PB）を含む多様な製品パッケージを要求する大手スーパーチェーンの発注システムに応えうる最先端の選果・小分け・包装ラインの構築には，多くの追加投資を必要とする．しかしながら柑橘の流通環境の変化に応じた生産者組織の出荷体制の再編のために，価格低迷に苦しんでいる生産者自らの投資を誘導することは容易ではないことが察せられる．こうした問題は本書第2部にみる EU の大規模青果農協の組織再編を促す要因にほかならない．

　　注

1)　バレンシア州政府，CGC，アネコープなどの調査先における聞き取り調査により確認した情報である．

2)　スペインの農業統計年報（MARM, Anuario Estadistica Ministerio de Medio Ambiente y Medio Rural y Marino, 2008）より標本農家の農業所得を使用した．一方，柑橘経営の1ha 当たりの販売額（2007 年，約 7,200 ユーロ/ha）や所得（4,320 ユーロ）に占める直接支払額（600 ユーロ/ha）の割合は各々 8.3％，14％である．

3)　MARM（2009）は，その実態，すなわち大手スーパーチェーンと取引している出荷組織の流通段階別の出荷コストと価格を調査した報告書である．その中に，パッケージングにかかる費用が年々増加しているが，必ずしもその増加分が価格に反映されていないことが指摘されている．

4)　現地調査では Coop Carlet という農協の選果場を訪れた．クレメンティン1万2千 t，オレンジ 4,600t，温州ミカン5万 t を出荷しているアネコープのメンバー農協でもある．ところが，フォンテスタートとは，さほど変わらない出荷規模ではあるものの，多様なパッケージ対応が可能な設備は見当たらなかった．その理由を尋ねると，設備投資のための資金力がないほか，新規投資に対する組合員の

合意が得られないという回答が得られた．こうした事情は，出荷規模の零細な生産者組織であるほどもっと深刻であるという．

5) 第9章には，近年のアネコープの動向をさらに詳しく分析している．ここでの情報は，現地調査が行われた2009年の時点のものとなっている．

第5章

EU の果樹政策：スクール・フルーツ・スキーム
―イタリアの SFS への取り組み―

李　　哉　法

　欧州連合（EU）が青果物を対象に執行する予算に，スクール・フルーツ・スキーム（School Fruit Scheme：以下，SFS）という補助制度がある．一言でいえば，小学校の生徒に果実を無料で提供するプログラムである．当初，SFS の目的は，2007 年のホワイトペーパー（European Commission 2007b：7）に実施を約束した「肥満や過体重の解消のための戦略」とともに，果実および野菜部門（fruits and vegetable sector：以下，青果部門）の共通農業市場制度（CMO）改革（2007）への対応という 2 つであった（European Commission 2009：5）．なお，前者の目的から SFS をヘルシー政策として位置づけている．

　一方，SFS 制度の目的が青果部門の CMO 改革（2007）に伴う市場介入手段の撤廃への対応であったということは，同制度が果樹政策でもあることを意味する．このことは，SFS には，当初より，「果実の消費拡大」という経済効果（European Commission 2008：29）を期待していたことや，もともと青果部門の CMO には市場隔離に回される果実を学校や福祉施設に無料で提供する事業が運用されていたことから，同制度の有する政策的含意を読み取ることができる．

　しかしながら，SFS に関しては，ヘルシー政策としての意義に注目し，果実の摂取が子供の健康に及ぼす影響の計測をテーマとする関連研究（Karen 2008；Francesco 2000；Karen & Martin 2005）が多く，SFS を果樹政策として取り扱っている先行研究は余り見当たらない．ちなみに，日本においては SFS に関する具体的な情報は乏しいために，その存在が広く知られてい

ない.

　そこで，本章においては，SFS の有する果樹政策としての意義に注目した
上で，1 つに当初，SFS が想定していた経済効果は，どのような仕組みの中
で，その実現が図られているのか，2 つに，その仕組みが SFS の実施過程に
おいて，果実の消費拡大や果実産業の振興にどのように貢献しているのか，
3 つに，市場隔離制度の廃止により需給調整の政策的手段を失った現在にお
いて，SFS には，果たして果実価格の安定化に寄与する働きが期待できるの
かという 3 つの疑問に答えることを課題として設けた.

　これらの研究課題にアプローチするために，EU の加盟国（member
state：以下に，MS）の中で SFS に最も積極的に取り組んでいるイタリアの
実態調査を行った．イタリアの SFS プログラムは，厳格なルールの下での
多彩な果実の提供が評価され，EU の当初予算が増額されたが，これがイタ
リアの SFS に注目した理由である（後掲表 5-1）.

　現地調査では，SFS プログラムの下で果実を供給している 3 つの出荷組織
（アポフルーツ APOFruit Italia，キウィソーレ KIWI SOLE，ウナプロア
UNAPROA）とともに，SFS より果実の提供を受けている小学校（ピステリ
Pisteli）を訪ねた.

1.　EU における SFS について

(1)　実施背景

実施背景と SFS の位置づけ

　EU の青果部門の CMO 改革（2007）において，市場隔離補償制度が廃止
されたほか，加工原料用果実への助成制度が単一支払い制度に組み入れられ
たことは第 3 章にすでに述べた通りである．これにより，年々果実の消費減
少（Palou & Thielen 2008）が続く中で，これまで出荷停止や加工用出荷に
より市場から隔離されていた果実が生鮮用として市場に出回る可能性が高ま
り，供給過剰がもたらす果実の価格低下が恒常化するかも知れないという懸

念が強まった.

一方, 青果部門の CMO 改革 (2007) は, 従来の市場介入制度を手放す代わりに, 産地における生産者組織 (PO) に運営資金 (OF) を投入し, 生産者自らの自主的な出荷調整や産地マーケティングの強化を図っていることも周知の通りである. ところが, PO に支払われる OF 以外にも, 補助金を投じて果実を買い上げる制度があるが, それが SFS である. SFS は, EU が補助金を投じて買い上げた果実を小学校の生徒に無料で供給しているプログラムである. 但し, EU は SFS を果実の摂取を促すことにより, 肥満や過体重など後天性成人病を防ぐことを目的とする制度であるという. その背後には, 数量・価格政策を中心とする農業政策から環境政策やヘルシー政策への大きな転換を図っている, EU の共通農業政策 (CAP) 改革が関係している (平澤 2009). とはいえ, 同制度は, 当初より, 青果部門の CMO 改革 (2007) に伴う市場介入手段の撤廃に対応し,「果実消費の拡大がもたらす果実価格低下の防止」,「果実の提供をめぐるイノベーション」という 2 つの経済効果を発揮できるという想定がなされていた (European Commission 2008: 29). このことから, SFS は, EU のヘルシー政策の一端を担いつつ, 果樹政策としての性格を色濃く残しているといってよい.

SFS が期待する経済効果

EU の試算 (European Commission 2008: 30) によれば, SFS による果実の提供は, 短期的には, 毎年, 97,500t の果実の追加的な供給に留まるが, 長期的には, 子供の果実消費量を, 現在の 1.7 倍に引き上げる働きをし, やがては, 域内において約 80 万 t 程度の「果実消費量の追加的な拡大」が見込まれるという. さらに, このような SFS がもたらす果実消費の拡大は, 需要の低下に敏感に反応する果実価格の安定化に寄与するのであろうという推測を加えている.

一方, SFS が期待している, もう 1 つの経済効果に, 果樹関連産業が享受しうる「果実提供をめぐるイノベーション」効果がある. これは, SFS は子

供に喜ばれる製品および包装形態の提供を求めることに鑑み，それに対応するための包装資材，包装機械，カットもしくは搾汁機械などの開発が技術革新をもたらすことを想定した経済効果である．

表5-1　MS別のSFS補助金のEU支払額

MS	EU支払いシェア（％）	6〜10歳生徒数（人）	EU支払額（ユーロ）		B−A（ユーロ）
			当初予算 A	確定額 B	
オーストリア	50	439,035	1,320,400	1,000,000	△ 320,400
ベルギー	50	592,936	1,782,500	1,782,500	0
ブルガリア	75	320,634	1,446,100	2,118,620	672,520
キプロス	50	49,723	175,000	175,000	0
チェコ	73	454,532	1,988,100	1,988,100	0
デンマーク	50	343,807	1,034,000	1,755,124	721,124
エストニア	75	62,570	282,400	282,400	0
フィンランド	50	299,866	901,200	—	—
フランス	51	3,838,940	11,778,700	11,778,700	0
ドイツ	52	3,972,476	12,488,300	20,820,441	8,332,141
ギリシャ	59	521,233	1,861,300	1,861,300	0
ハンガリー	69	503,542	2,077,900	2,077,900	0
アイルランド	50	282,388	849,300	500,000	△ 349,300
イタリア	58	2,710,492	9,521,200	15,206,370	5,685,170
ラトビア	75	99,689	450,100	—	—
リトアニア	75	191,033	861,300	304,100	△ 557,200
ルクセンブルク	50	29,277	175,000	175,000	0
マルタ	75	24,355	175,000	226,084	51,084
オランダ	50	985,163	2,962,100	1,250,000	△ 1,712,100
ポーランド	75	2,044,899	9,222,800	9,222,800	0
ポルトガル	68	539,685	2,199,600	3,331,572	1,131,972
ルーマニア	75	1,107,350	4,994,100	4,994,100	0
スロバキア	73	290,990	1,276,500	1,276,500	0
スロベニア	75	93,042	419,200	614,353	195,153
スペイン	59	2,006,143	7,161,900	5,915,837	△ 1,246,063
スウェーデン	50	481,389	1,447,100	—	—
イギリス	51	3,635,300	11,148,900	1,343,200	△ 9,805,700
EU-27	58	25,920,489	90,000,000	90,000,000	0

出典：理事会規則 No288/2009 および Commission Decision（2009）5514Final より．

実施までの経過

当初，SFS は 9 千万ユーロをシーリング（上限）とする予算を確保し，MS 別の 6〜10 歳の生徒数に合わせて傾斜配分をすることを提示した．SFS の執行予算は，一定の比率に基づいて，MS と EU が共に出し合う，いわゆるコ・ファイナンス（Co-finance）方式を適用することや，先進国であるほど MS の負担率が高いことが大きな特徴である．なお，SFS への参加を辞退する MS（フィンランド，ラトビア，スウェーデン）もあって，配分調整が行われる中で，より積極的なプログラムを用意した MS に対して当初予算の増額がなされたが，イタリアはその増額を受けた 1 つの MS である．

(2)　SFS プログラムの概要

SFS は理事会規則 No.1234/2007 の 108 条により法的根拠が与えられ，委員会規則 No.288/2009 に基づいて実施されている．同規則には，まず，効果的な制度の実施のために用いる具体的な制度の仕組みを明示した，MS 別の国家戦略（以下 MS 戦略）の作成が義務づけられているが，その戦略は，EU が予め提示する実施モデルが要求する条件を満たさなければならない（European Commission 2009）．そのモデルの中には，1 つに，SFS に提供する果実は，安全性および品質の高い果実・野菜を優先的に提供すべく，有機生産物もしくは総合的有害生物管理（IPM）を遵守した生産物の使用を推奨しているほか，2 つに，最低でも 28 回の提供回数を確保すること，3 つに，①農場訪問，②スクールガーデン，③教材の開発，④教員による教育・指導，⑤ご褒美（記念品の贈呈）といった食育（Food Education）のプログラムを実施することが義務づけられている．また，食する時間や提供果実において，通常の給食との差別化が求められるのも SFS の大きな特徴である．

2. イタリアにおける SFS の実施体制

(1) イタリア果樹農業の概要

イタリアの青果物の生産額（2007-09 年の 3 カ年平均）は，112 億ユーロであり，（馬鈴薯を除く）野菜が約 64 億ユーロ，柑橘類が 12 億ユーロ，柑橘を除く果実が 36 億ユーロとなっている．農業総生産額（470 億ユーロ）に占める青果物の生産額シェアは約 23.8％，柑橘を含む果実の生産額シェアは 10.3％である．加工品を含む青果物の輸出額は約 60 億ユーロであり，

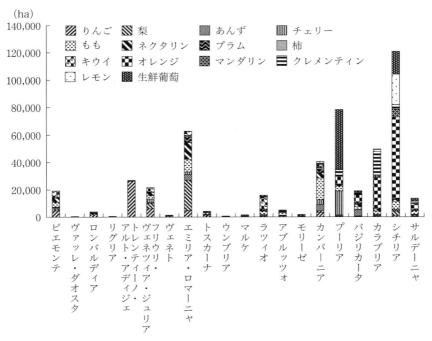

出典：ISTST（Instituto Nazionale di Statistica）より．

図 5-1　イタリアの州別果実収穫面積（2010）

これは青果物生産額の半分以上であることから，青果物の輸出が大きな産業を成していることがわかる（INEA 2011）.

　果実の品目別の収穫面積を州別に示したのが図 5-1 である．南部の諸州において，柑橘と生鮮葡萄の生産が盛んであり，りんご，梨，桃については北部エリアを中心に生産が行われていることが分かる．その他のキウイ，あんず，プラムなどは産地が点在している.

　現在（2010 年），イタリアでは EU の認可を受けた 282 の PO が青果物を出荷している．イタリアの青果部門の PO の平均出荷額は，約 2,113 万ユーロであるが，全体 PO の 71％が出荷額 1 千万ユーロに満たない出荷組織となっている．これに対して，出荷額が 1 億ユーロを超える，比較的大規模な出荷組織は全体の 4％である．PO 間の出荷額規模の格差が見て取れよう（表 5-2）.

　PO の合計出荷額は約 46 億ユーロであるが，これがイタリアの青果物生産額に占める割合は約 41％である．青果物の生産額の残り 59％は，個人生産者による市場出荷と見なしても差し支えない.

(2)　イタリアの SFS プログラム

　イタリアの SFS プログラムによれば，2010 年度の対象生徒数は 130 万人であり，そのうち約半数（50％）の生徒が SFS によって果実の提供を受け

表 5-2　イタリアの青果部門の PO の
概要

（単位：PO，百万ユーロ）

出荷額規模	PO 数	％	合計出荷額	出荷額/PO	OF受領額	出荷額に占めるOF の割合
1 億ユーロ以上	8	3.7	2,424	303	221	9.10％
1 千万〜1 億ユーロ	55	25.2	1,485	27	132	8.89％
1 千万ユーロ以下	155	71.1	698	5	61	8.80％
合計	218	100.0	4,606	21	414	8.99％

出典：MIPAAF, SINGLE CMO-Fruit and Vegetables Sector：Implementation in Italy, 2011.

る．これを初年度（2009 年度）についてみると，各々 87 万人，33％であることから，SFS の事業規模が幾分か拡大していることが分かる．表 5-3 は，全国を 8 つのブロック（以下 Lotto）別の生徒数，予算について示したものである．州別の公平・平等性を保つために，400 万ユーロ強の予算がほぼ均等に充てられており，生徒 1 人当たりの納品単価が 25 ユーロ程度に，予め決められている．また最低回数（28 回）を満たすために，1 回につき 1 ユーロ分の果実・野菜が提供されている．

　イタリアの MS 戦略によれば，SFS に用いる果実は 20 種類（あんず，すいか，オレンジ，チェリー，クレメンティン，イチジク，いちご，キウイ，レモン，柿，マンダリン，リンゴ，メロン，梨，桃，栗，プラム，生鮮葡萄，ベリー類）であるが，これに 4 種類の野菜（にんじん，セロリー，フェンネル，トマト）が加わっている．これらの果実・野菜の提供方法については，①丸ごと，②カット，③ジュース，④左 3 つの組合せに限定され，これらの提供回数を最低 28 回と義務づけている．

　SFS の実施において，果実のサプライヤーは入札方式で選定するが，応札にあたっては，果実別の提供（月別）スケジュール表，用いる製品の品質（PDO，PGI，IPM，有機），製品別の提供回数とともに，食育の一環として行われるイベントや教育プログラムの一覧を提出しなければならない（後掲表 5-5 参照）[1]．この一覧表において，SFS の求める条件すなわち安全性・品質の高い果実・野菜の提供回数が多く，かつ食育として提供される付加的サービスの質やその提供回数の多いサプライヤーと判断された場合に，高い点数が得られる仕組みとなっている．

3.　SFS プログラムにおける果実供給の実態

(1)　アポフルーツ
アポフルーツの概要
アポフルーツは，EU の認可（1997 年）を受けた，PO の資格をもつ青果

表5-3　SFSプログラム実施におけるブッロク別の
対象生徒数および予算額（2010年度）

Lotto No.	該当州名	就学児童数（人）	補助金（千ユーロ）				生徒1人当予算額（ユーロ）
			活動費用 A	うち，間接経費	設備など B	合計	
1	ピエモンテ リグリア	109,320	2,754.9	82.6	29.4	2,784.3	25.5
2	ロンバルディア ヴァッレ・ダオスタ	187,824	4,733.2	142.0	50.5	4,783.7	25.5
3	トレンティーノ・アルト・アディジェ ヴェネト フリウリ・ヴェネツィア・ジュリア	145,339	3,662.6	109.9	39.1	3,701.6	25.5
4	エミリア・ロマーニャ トスカーナ ウンブリア	160,330	4,040.4	121.2	43.1	4,083.5	25.5
5	マルケ ラツィオ サルデーニャ	185,325	4,670.2	140.1	49.8	4,720.1	25.5
6	カンパーニャ バジリカータ	152,895	3,853.0	115.6	41.1	3,894.1	25.5
7	アブルッツォ モリーゼ プーリア	202,787	5,110.3	153.3	54.5	5,164.8	25.5
8	カラブリア シチリア	199,361	5,024.0	150.7	53.6	5,077.5	25.5
合計		1,343,181	33,848.5	1,015.5	361.0	34,209.6	25.5

出典：MPAAF（2011）より引用．

部門の大規模農協である．4,000人強の組合員を擁し，年間19万5,000tの果実・野菜を出荷している．2010年の販売額は2億4,000万ユーロである．このような，組合員数，売上げ規模は，イタリアに展開する青果農協の中で最大の事業規模を誇る．主要な果実・野菜を売上げシェアより示すと，桃・ネクタリン（30％），キウイ（13％），梨（9％），馬鈴薯（6％），りんご（5％），プラム（4％），玉葱（3％），アンズ（2％），クレメンティン（2％），メロン（1％），チェリー（1％），柿（1％），生鮮葡萄（1％），野菜類（3％），缶詰その他果実調製品（17％）である．桃やキウイなどソフト果実を主力品目としながら，多様な果実や野菜を出荷している実態が窺われる．

　アポフルーツは，2010年度にはLotto4，2011年度現在にLotto4，5のサプライヤーとして選定された．当初，SFSへの入札にあたっては，20種類の果実品目を揃えるほか，広いエリアに点在する小学校までのデリバリーシステムの構築のために，アポフルーツ以外の複数のPOに提携を求めた．そこで，コンソーシアム形式で参加を希望するPOを募り，アポフルーツほか4つのPO（アポコネルポApo Conerpo，オリゲール・フレスコORIGEL fresco，アポットAPOT，南チロール果実農協連合VOG）と物流センターを有する販売企業（アレグラAlegra，ナチュイタリアNaturitalia）が加わった．これらのうち，アポットとVOGは有機りんごの出荷組合である．

SFSへの果実提供

Lotto4は，エミリア・ロマーニャ州（414校，73,652名），トスカーナ州

表5-4　Lotto4の州別の対象学校数および生徒数

	エミリア・ロマーニャ	トスカーナ	ウンブリア	合計
学校数　A	414	461	139	1,014
生徒数	73,652	67,307	17,276	158,235
配達回数　B	12,516	13,913	4,175	30,604
B/A（回）	30	30	30	30

出典：APOの業務資料より．

102

表 5-5　SFS に提供する果実の

		丸ごと	カット果実		果汁	栽培方法	
			1 ピース	2 ピース		有機	減農薬
果実	アンズ	○					○
	オレンジ	○			○	○	
	クレメンティン	○				○	
	イチゴ	○					○
	キウイ			○			○
	柿	○					○
	マンダリン	○				○	
	リンゴ	○	○	○			○
	梨	○					○
	桃			○			○
	プラム	○					○
野菜	にんじん	○		○			○
	フェンネル			○			○
	トマト	○					○

出典：表 5-4 に同じ.

（461 校，67,307 名），ウンブリア州（139 校，17,276 名）の 1,104 校の小学生（158,235 名）を対象とする SFS プログラムである（表 5-4）．APO が提供する果実の種類や，その果実の季節別の提供スケジュールを表 5-5 に示した．製品形態は，丸ごと，カット，ジュースがある．また，有機製品の提供はオレンジ，クレメンティン，マンダリン，りんごに限られている．ほかの果実については，減農薬果実[2] が用いられている．また，シーズンのうち，週 1 回のペースで 30 回にわたり果実が届けられた．果実・野菜はシーズンを通して，生徒 1 人当たりの生鮮果実の摂取量は 5kg 程度，ジュースに関しては約 2kg である（表 5-6）.

　一方，提供する果実・野菜のパッケージを 1 個ずつ包むことが原則であり，用いる包装材はコンポストに生ごみとして廃棄できるものが使われる．ラベルには，SFS のロゴマークとともに，品目，栽培方法，原産地名，重量などが記入される.

第5章　EUの果樹政策：スクール・フルーツ・スキーム　　　103

品目と時期

配布予定回数	月別								
	10月	11月	12月	1月	2月	3月	4月	5月	6月
1								○	○
6			○	○	○	○	○		
2		○	○	○					
1								○	○
2									
2	○	○							
10					○	○			
4			○	○	○	○	○		
1	○	○	○	○					
1	○								○
1	○							○	
1							○	○	
								○	
1									

食育プログラム

　食育（Food Education）プログラムについては，EUやMS戦略の示す5つの手段を実施している．（I）農場訪問による体験学習，（II）学校の庭園に果樹を植樹し育てる活動，（III）果実の有する健康増進効果，国内果実産地の特徴などを教える授業の実施，（IV）果実に関する各種情報をまとめた教材開発・配布，（V）ロゴマーク入りの各種記念品などの提供が行われている．表5-7をみる限り，現場学習や特別な授業形式で行われる活動は，対象となる生徒の一部のみが参加していることが分かる．ちなみに，これらの活動は，APO自らが出資した子会社（アリモースAlimos）が担当している．

(2)　ウナプロア

ウナプロアの概要

　ウナプロアは，複数POの連合体である．傘下には150余りのPOに属す

表 5-6　品目別・製品形態別の実績

種類	品目	品種	属性	パック重量	数量合計 kg　A
生鮮果実	あんず	—	減農薬	200g	34,848
	オレンジ	Tarocco	減農薬	200g	31,307
		Tarocco	有機	200g	51,936
		Valencia	有機	200g	50,515
	チェリー	—	減農薬	150g	4,446
	クレメンティン	—	有機	200g	38,022
	イチゴ	CONDONGA	減農薬	120g	20,886
	柿	Rosso Brillante	減農薬	200g	32,108
	マンダリン	—	有機	200g	100,865
	リンゴ	Res. Fuji	減農薬	200g	44,502
		MODI'	減農薬	200g	78,862
		Golden	有機	200g	13,494
		Ernali	有機	200g	16,100
	梨	Kaiser	減農薬	200g	35,210
	プラム	Angeleno	減農薬	175g	27,733
	計				580,834
カット 野菜	リンゴ	Tagliata	減農薬	150g	156,662
	リンゴ＋キウイ	—	減農薬	200g	33,185
	リンゴ＋桃	—	減農薬	200g	38,062
	計				227,908
ジュース	オレンジ	Tarocco	減農薬	—	13,293
		Tarocco	有機	—	72,954
		Valencia	有機	—	75,859
		Nabel	有機	—	6,944
	計				160,050
生鮮野菜	にんじん	—	減農薬	200g	34,445
	トマト	—	減農薬	150g	26,053
	計				60,498
カット 野菜	にんじん＋フェンネル	—	減農薬	200g	33,434
	にんじん	—	減農薬	150g	1,624
	計				35,058
合計					1,073,348

出典：表 5-4 に同じ．

受取人数（人）B	kg/1人
174,240	0.2
156,534	0.2
259,680	0.2
252,576	0.2
29,640	0.2
190,110	0.2
174,048	0.1
160,540	0.2
504,324	0.2
222,510	0.2
394,311	0.2
67,470	0.2
80,500	0.2
176,050	0.2
158,474	0.2
3,001,007	0.2
1,044,411	0.1
165,924	0.2
169,164	0.2
1,379,499	0.2
26,586	0.5
145,908	0.5
151,718	0.5
13,888	0.5
338,100	0.5
172,224	0.2
173,688	0.2
345,912	0.2
167,172	0.2
10,824	0.2
177,996	0.2
5,242,513	0.2

45,101 名の生産者を構成員として抱えているが，イタリア最大の PO 連合である．ちなみに，加盟 PO の生産者の合計面積は 193,144ha である．EU の CMO 改革以降に産地マーケティングの強化を促され，PO 数が増加する中，多くの PO がウナプロアに集まってきている．

SFS 実施初年度（2009 年）は，ウナプロアが加盟 PO を対象に説明会を行い，SFS 参加を促した．国民の健康増進という本来の趣旨もさることながら，果実の消費拡大，各々 PO が出荷する果実のプロモーション効果を期待したからであるという．

2009 年度は，ウナプロアによる SFS への誘いに 5 つの PO が参加したというが，落札には至らなかった．2010 年度は，品揃えや配送システムに PO 単独での対応が困難であるために，ウナプロアが入札の代表となり，20 の PO が連携したコンソーシアムを結成した上で，すべての Lotto にエントリーした．その結果，Lotto4 と Lotto1 を除く，6 つの Lotto においてサプライヤーとなった．SFS に参加するウナプロアに属す PO は，出荷規模からみて相対的に規模の大きい 20 の PO が揃っているという．

ウナプロアは，SFS 実施体制においては，コールセンターに受発注機能を統合した上で，各ブロックの拠点物流センターに前日集荷し，翌日には小学校に届けられる配送システムを構築していることが特徴である．但し，果実のカット工場は，PO に内部化することができず新たに提携先を設けて外注している．

2011 年度については，4 つの Lotto に落札したが，

表5-7　SFS における食農教育の実施状況（Lotto4）

	当初計画			実績		
	実施回数 （回）	参加生徒数 （人）	参加率 （%）	実施回数 （回）	参加生徒数 （人）	参加率 （%）
I	81	16,200	10.1	81	16,373	10.35
II	165	8,250	5.15	181	8,349	5.27
III	1,003	20,060	12.51	1,001	20,713	13.09
IV	1セット /1生徒	158,235	100	1セット /1生徒	165,760	104.75
V	1セット /1生徒	158,235	100	1セット /1生徒	165,760	104.75

出典：表 5-4 に同じ.

現在は，ウナプロアがサプライヤーにはなっていない．Lotto ごとに，複数
の PO がコンソーシアム形式で参加し，1 つの Lotto に，1 つのコンソーシ
アムが対応する仕組みを構築しているという．

キウィソーレ

　キウィソーレは，キウィソーレとフルトバ（Frutuba）という 2 つの出荷
組合が統合（1997 年）して誕生した農協である．当該農協への出資者数は
約 300 人，収穫面積は 1,168ha である．取扱い品目の出荷量を見ると，キウ
イが 18,000t，梨が 14,000t，ネクタリンが 890t として主力品目となってい
る中で，りんご（1,800t），プラム（120t），もも（59t），柿（32t），アンズ
（21t），いちご（11t）が加わっている．2010 年度の販売額は約 3,500 万ユー
ロである．

　このキウィソーレは 2010 年度に Lotto2, 3, 5 の小学校にりんご，キウイ，
梨，もも，プラムを提供した．2011 年度は同じ品目を Lotto2, 3 に供給して
いる．キウィソーレが SFS に提供したキウイの数量は，2010 年度に約 150t,
2011 年度に 90t と集計されている．その販売金額は各々 13 万 4,000 ユーロ，
12 万 8,000 ユーロである．

　キウイは，シーズンを通して 28 回提供される果実・野菜の中で，1 回の

第5章　EUの果樹政策：スクール・フルーツ・スキーム　　　107

表5-8　SFS向けキウイの日別出荷実績（2011年）

出荷日	出荷量 （kg）　A	販売額 （ユーロ）　B	B/A （ユーロ/kg）
1月13日	900	1,200	1.33
1月19日	860	1,204	1.40
1月25日	199	263	1.32
1月27日	10,000	13,582	1.36
1月31日	4,000	5,475	1.37
2月2日	4,000	5,466	1.37
2月2日	4,000	5,466	1.37
2月4日	5,000	6,833	1.37
2月5日	5,000	6,833	1.37
2月7日	4,000	5,600	1.40
2月7日	3,932	5,505	1.40
2月8日	6,000	8,211	1.37
2月9日	6,000	8,211	1.37
2月9日	4,042	5,659	1.40
2月12日	4,975	6,889	1.38
2月16日	6,000	8,211	1.37
2月18日	2,000	2,737	1.37
2月19日	5,000	6,843	1.37
2月23日	8,000	10,948	1.37
2月25日	8,000	10,948	1.37
3月10日	1,600	2,173	1.36
合計 （3カ月，21日）	93,508	128,254	1.37

出典：Kiwi Sole の業務資料より．

み配布される．キウイの場合は，皮をむきスライスしたものを提供している
ために，カット工場での加工が必要であったが故に，SFSへの参加を機に果
実の加工企業と提携がスタートしたことを特記しておきたい．

　SFSに提供するキウイはラティーナキウイ（Latina KIWI）というPGIの
ラベルを付したもののみに限定している[3]．丸ごとではなくスライスしたも
のを提供するために，歩留りの最も大きいサイズとりわけ重量が90g/1個以
上を選別して納品している．

　SFSへの出荷単価は1.4ユーロ/kgとなっている．この単価は，1月から2

月のキウイの出荷最盛期の最も高い出荷価格に該当する．ちなみに，3月から4月にかけてのシーズン終値は0.80ユーロまで低下するという．なお，生果で納品されたものは，スライスの工程を経ることにより，最終的な納品単価は4.7ユーロに引き上がる（表5-8）．

キウィソーレは，SFSへの参加意義を，ラティーナキウイのPRとともに，加工や物流を含むサプライチェーンの構築に求めている．とりわけ，適度の熟度を保つ食べ頃のキウイを，スライス状態で食べやすくし，子供に提供すれば，将来の消費拡大やブランド認知の向上につながると考えている．

一方，表5-9には，キウィソーレがSFSに提供する果実の出荷単価とISMEAが集計する月別果実価格を比較したものである．りんご，なしについては，出荷期間中の平均出荷価格の2倍以上の単価となっており，そのほかキウイは1.6倍，プラムは2.6倍，メロンは1.3倍程度の価格差を示している．

このように，SFSへの提供果実を相対的に品質の高いものに限定し，比較的高い価格で，かつ安定的に販売できるということは，景気に左右されやすいほか，シーズンによって価格変動が激しい高級品の販売先を安定的に保つことに貢献しているという．

表5-9 SFSへの提供果実の単価

	SFS出荷期間[1]	単価 A（ユーロ/kg）	1月平均価格（ユーロ/kg） B	A/B（倍）
りんご	1/17〜2/11	1.22	0.59	2.07
梨	1/24〜5/23	2.13	0.97	2.20
プラム	1/4〜6/6	1.82	0.69	2.64
メロン	1/31〜2/15	1.17	0.91	1.29
キウイ	1/13〜3/10	1.37	0.84	1.63

出典：K.S業務資料およびISMEA, News, Mercati；il Sttimanale Ismea di in formzione sui proditti agricoli e agroalimentari, 2011の1月号，5月号，6月号より．

注：1) Kiwi Soleの出荷伝票より確認したSFSへの提供果実の出荷期間である．なお，同期間において単価は一定であった．

（3） ピステリ小学校

　ピステリ小学校は，ローマ市の中心部にある小学校である．小学校の生徒数は1年生から5年生まで約942人が在学している．SFSは全ての生徒を対象に実施されている．

　ピステリ小学校にはSFSの担当教員を設けているが，その役割は，2，3日前に届く，納品計画書の受付，その情報の全教員への伝達や，プログラムの実施に必要な教材，記念品，ジュース絞りの事前準備や支度などである．また学校の新聞などにも記事を掲載しているが，この新聞は保護者への情報伝達ツールとして重要な役割を果たしている．

　果実を配布する時間は，毎週水曜の午前10：30であるが，もともとMS戦略が単に食事を提供する給食との差別化を義務づけているほか，果実のみを食しながら食育を展開する時間帯を用意する必要があるからである．SFSは，クラスの生徒が一緒に食べることを教員が確認するプロセスであるために，必ず食べることが前提となる．

　ピステリ小学校では，食育に関連するプログラムとして，低学年（1〜3年生）の生徒を体育館などに集め，果実に関するテーマソングを歌ったり，ダンスを踊ったりして楽しんだ後に，SFSのロゴ入りのノートや鉛筆などの記念品を配っている．高学年（4，5年生）には，特別な教材にそって具体的な知識とりわけ果実の産地，旬，健康増進効果などについて学習する．またイベントの際にはオレンジの果汁絞りの体験が実施されている．

　一方，ピステリ小学校は，市街地の中心部にあるために，果実の生産現場との距離が遠く，なかなか体験学習にでかけるチャンスが作れない．担当教員によれば，予算などの都合がつけば実施を希望しているという．そのほかの改善を希望するものとしては，カットしたリンゴの変質防止のために使用されているレモンにより，りんご本来の味が邪魔されていることや，メニューが果実に偏っており，野菜をもっと増やしてほしいとの意見が出された．

4. SFS の有する果樹政策としての特徴

(1) 提供果実と製品形態にみる特徴

イタリアの SFS においては，1 つに，入札制度を設け，最も安全性・品質面に配慮した納品企画を提示した応札者をサプライヤーとして選定していること，2 つに，20 種類の果実を 28 回にわたって計画的に提供していること，3 つに，果実の物性や食べ方に配慮した製品および包装形態が工夫されていること，4 つに，果実のパッケージには，SFS のロゴマーク，生産者もしくは産地情報，多様な表示（規格・品質）や認証マーク（有機認証，地理的表示）などが付されていることを確認した．

子供達の果物の摂取に関しては，親世代の好みによって食した経験のない品目があるほか，所得レベルの制約により高級果実の購入が避けられている家庭の子供がいる．また，バラで食する果実からは，EU が設ける品質，安全性に関する標示および認証マークに接する機会を失ってしまうことがある．SFS はこうした事情を考慮し，安全性や品質の高い，多様な果実を計画的に提供することにより，品目や品質の両面において選択の幅を広げている．このような取り組みから，果実の消費拡大や新しい需要の創出が期待できるというのが，SFS の有する制度目的に他ならない．さらに，EU が認証制度をもって運用している地理的表示制（PDO・PGI），有機認証制度のプロモーション効果が発揮できれば，地域ブランド製品や有機果実の消費を助長することができると考えている．とりわけ，サプライヤーとしての果実出荷組織は，SFS への参加目的を自社ブランドや地域ブランドの認知度向上に求めている．

(2) 多様なビジネス主体間の連携促進

イタリアにおいては，SFS に果実を提供するサプライヤーが複数の PO と加工企業などが連携したコンソーシアムであることが分かった．品目別にみ

た果実の産地がイタリア全土に分散しているほか，出荷規模の零細な出荷組織が多い中で，SFSが求める果実の種類，加工やパッケージングを必要とする製品形態，デリバリーシステムに対応するためである．

イタリアの事例においては，上述のコンソーシアムの中に，パッケージやカットフルーツの提供をめぐって，新しいビジネス主体と果実の出荷組織との提携が実現されている．アポフルーツが用いる環境に負荷をかけない包装材，キウィソーレが提供するスライス・キウイ，いずれもSFSの実施を契機に開発したものである．SFSが期待している，果実の提供をめぐるイノベーション効果に該当する取り組みにほかならない．

一方，コンソーシアムは，今後の大手スーパーチェーンとの取引において，効率的なサプライチェーンの構築に役立っているというのが，インタビュー先の果実出荷組合の共通した見解であった．一定の出荷ロット，複数品目による棚割り，売場への提案力が求められる，大手スーパーチェーンとの取引に，個々の出荷組合による対応は容易ではない．こうした理由により，目下，EUのCMOでは複数POの提携によるサプライチェーンの構築が唱われている（JRC 2005：32）．SFSプログラムの実施をめぐるコンソーシアムの結成は，出荷組織，包装・加工ライン，運送業者，取引先の小売企業をつなぐ，サプライチェーン構築のきっかけを提供したといってよい．

(3) SFSにおける教育プログラム

EUは，委員会規則NO.288/2009（前文第2条）において，SFSの実施に関するMS戦略には，単に食事の提供に留まっている学校給食では得られない，付加的価値を確保しうる手段を設けることが義務づけられている．イタリアのSFSにおいては，その手段が給食とは異なる時間帯に，5つにカテゴライズされた食育プログラムを用意した上で，生徒らに果実を食する楽しみや意義をアピールすることであった．このような，果樹栽培の体験，果樹農場の訪問，果実の効能や産地に関する学習，テーマソングや記念品による食する場の演出は，学校外また卒業後における果実離れを防止するための仕掛

けであるといってよい.

(4) 市場介入との類似点と相違点

EU が青果物の市場隔離補償に投入した補助金は, 最盛期（2000 年度）において 1 億 8,900 万ユーロであったが, これが青果部門に支払われる補助金総額に占めるシェアは 28.3％であった（European Commission 2007：3）. しかしながら, WTO 農業協定の履行にあたって, 同補助金は市場介入の典型として廃止の対象となり, EU は青果物の市場隔離補償金の廃止を約した上で, 段階的に縮小してきた. その結果, 2008 年には 1,450 万ユーロ（1.3％）へと大幅に縮小し, 現在は完全廃止となったことは第 3 章に述べた通りである.

一方, CMO 改革により新たに設けられた SFS の執行予算は, EU が助成する 9 千万ユーロに, 各々の MS が負担する補助金を加えれば, 約 2 億ユーロが補助金総額となる. SFS の予算には, 果実の加工や物流に関わる費用がすべて含まれるために, 単純な比較は困難であるが, SFS の執行予算はピーク時の市場隔離補償金を上回っていることはたしかである.

市場隔離制度と SFS は, 果実を EU が買い上げるという点や, その役割が, 果実の受給バランスを維持することによる価格下落の防止にある点において共通性をもつ. 但し, 前者は, 廃棄による市場隔離といった直接的な介入を手段とすることに対して, 後者は, 市場への供給を通じて消費拡大を図るといった間接的な手段を用いている違いがある. この違いにより, 前者は出荷停止に値する規格外品が補償の対象となるが, 後者は, 市場評価の最も高い高級果実が買い上げられている. さらに, 前者は WTO 農業協定に反する補助金として廃止に追い込まれているが, 後者は健康政策として国内補助（AMS）の削減対象から逃れ, 新しく加わった補助金として注目されている.

おわりに

　以上のように，EU がヘルシー政策の象徴としてアピールしている SFS は，健康増進という役割もさることながら，独特な仕組みにより果実の消費拡大や果実産業におけるイノベーションを刺激する働きを予め想定して実施しているユニークな果樹政策である．そして，果実の消費拡大を期待効果として掲げている理由は，WTO 農業協定の履行により市場隔離補償のような市場介入手段を失ったことを受け，果実の需給バランスを保ち果実価格の安定化を図るためには，果実消費量の維持もしくは拡大が必要であったからである．

　とはいえ，SFS は，市場隔離制度が用いる果実の需給調整方式とは全く異なる仕組みであることは，すでに，イタリアの SFS の制度仕組みや実施実態から確認した．とりわけ，イタリアの SFS の実施プロセスにおいては，安全性や品質の高い果実の提供により学校外や将来の消費拡大を刺激する仕掛けが用意されており，予め提供果実の種類や製品形態を指定することにより，サプライヤーにして複数の果実出荷組織，果実加工企業その他関連企業の連携もしくは提携を促している点は注目に値する．

　最後に，日本においては，果実の需給バランスを保ち，果実価格の下落を未然に防ぐために，指定果実を対象とした「果実需給安定対策」が施されている．とはいえ，補助金を投じた市場介入はなく，基本的には作況と需要を勘案した産地の計画的な出荷体制の構築に依存している．その背景には，財政状況の悪化もさることながら，WTO 農業協定の履行による国内補助の削減が意識されているからである．また，日本においても果実の消費拡大への取り組みがなされているものの，一過性もしくは局地性のキャンペーンやイベントが中心となっている．これに対して，EU の SFS は，果実の買上げを伴う政府レベルの果樹政策であるものの，WTO 農業協定には抵触しないものである．また，安全性や品質の高い果実を，子供達に喜ばれる製品形態や食する環境の下で，計画的かつ戦略的に提供することにより，果実消費の促

進や果実産業の振興を同時に図っている．日本の果樹政策に示唆を与える点である．

注

1) EU は，農産物の品質向上に向けた政策手段として原産地呼称保護制度（PDO），地理的表示保護制（PGI），有機認証制度を活用している．SFS に提供する果実に関しては，これらの認証を取得している果実を求めている．なお，これら品質政策としての各種認証制度の詳細については第 11 章を参照されたい．
2) ここでは，IPM の規定を遵守して生産した果実を減農薬果実と表現している．
3) Latina KIWI は EU の PGI として登録されている（登録番号：IT/PGI/0005/0295）．その品質基準や地理的範囲などについては，EU のホームページ（http://ec.europa.eu/agriculture/quality/door）より確認することができる．

第 2 部　青果物のサプライチェーン構築と農協の組織再編

第6章
ドイツの野菜需給構造と青果農協の展開構造

森 嶋 輝 也

1. 野菜の需給構造[1]

(1) ドイツの農業

　日本より僅かに狭い35万7千km^{2}の国土に，日本の3.7倍に当たる1,666万haの農地面積を持つドイツ連邦共和国（以下，ドイツ）は欧州連合（EU）有数の農業大国であり，その生産額はフランスに次ぐEU第2位で，EU全体の14.8%を占める（2012年）．もっとも，地目の点でドイツにおける農地面積の3割近くは永年採草・放牧地であるため，農業総産出額に占める畜産の割合が高く，とりわけ豚肉やチーズについては世界1位（2011年）の輸出額を誇っている．一方，耕地の利用に関しては，小麦を中心とする穀類の作付が多く，野菜や果実の生産は少ない．

　その農業構造の特徴を日本と比較することで具体的に明らかする．2013年の日本の農業総産出額は8兆4,123億円であり，一方ドイツのそれは424億3,400万ユーロであった．参考までに同年の年間平均為替レート（TTS）である131.2円で換算すると，ドイツの農業総産出額はおよそ5兆5,665億円となる．そのうち穀類に関しては，日本は米で，ドイツは小麦と，それぞれ主要作物は異なるが，構成割合自体はおよそ2割強とそれほど変わらない（表6-1）．また農産物ではいも類と花き，畜産物では牛肉と鶏肉・鶏卵についても，それらの占める割合は日独で大きな差はないが，野菜・果実・工芸作物，および生乳と豚肉ではかなり異なる様相を見せる．上述した豚肉とチ

表 6-1 農業総産出額の日独比較

	日本	ドイツ
穀　類	22.5%	20.8%
いも類	2.40%	2.5%
野　菜	26.8%	3.4%
果　実	9.0%	1.7%
花　き	4.1%	3.1%
工芸農作物	2.20%	10.1%
その他作物	0.8%	1.0%
牛　肉	7.3%	9.7%
生　乳	8.1%	27.1%
豚	6.80%	13.4%
鶏	3.80%	4.2%
鶏　卵	5.5%	1.5%
その他畜産物	0.60%	1.5%
	100.0%	100.0%

出典：農林水産省「平成 25 年生産農業所得統計」．
　　　BMEL「Statistisches Jahrbuch 2014」より "Produktionswert der Landwirtschaft 2013".

注：1)　比較可能にするため，日本の統計からは「加工農産物」を除く一方で，ドイツの統計からは「飼料」と「苗木」を除いて集計した．
　　2)　表中の網掛けは，5%以上構成割合に差のあった項目を示す．

ーズの輸出状況から分かるように，ドイツ国内でのこれらの生産は盛んで，日本と比べてもその構成割合は高い．また工芸作物もドイツの方が主要生産物となっているが，これは菜種などの油糧作物とワイン原料の生産がこのカテゴリーに含まれるからである．一方，野菜類と果実に関しては，ドイツ国内での生産は少なく，輸入に頼っている部分が大きい．

(2)　ドイツの野菜生産

　EU に加盟している 28 カ国の内，ドイツの野菜生産量 341 万 t（2013 年）は第 7 位で，EU の平均値である 213 万 t を上回ってはいるが，ドイツは人口も多いことから，その需要を全て国内生産で満たすことはできず，自給率は 41% となっている（図 6-1）．生鮮野菜に関しては，ドイツに輸入される野菜の約 95% が EU 加盟国からのものであり，とりわけオランダとイタリ

第6章　ドイツの野菜需給構造と青果農協の展開構造　　　　119

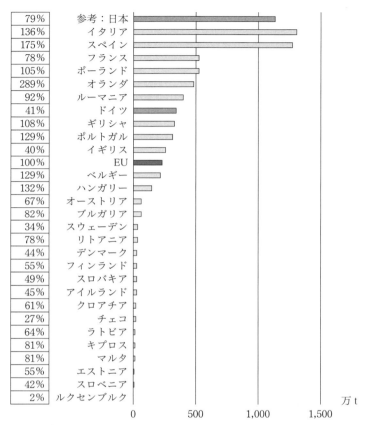

出典：生産量 FAOSTAT / Production / Crops / 2013．
　　　自給率/Food Balance / Commodity Balances‐Crops Primary Equivalent / 2011．

図 6-1　EU と日本の野菜生産量と野菜自給率

アで合計約67％のシェアを占める．しかしまた，フランス，スペイン，ベルギーからの供給も多く，近年はポーランドからの輸入が重要性を増している．

　ドイツにおける野菜生産は露地が主流であり，温室等の保護された施設での栽培は1～1.5％程度である（図6-2）．その生鮮野菜の屋外栽培は気候の

関係でドイツではただ限られた期間でのみ可能であり，冬の間，野菜生産量は夏のシーズンと比べて大幅に落ちる．これが輸入に頼らざるを得ない低自給率の理由の1つである．もっともドイツでは1980年代初頭から連続して露地野菜の作付面積は拡張してきた．この発展の決め手は，成長する消費と縮小する他の農産物の代替的選択の結果，より高い販売機会が得られたことにある．東西統一後しばらくの間は本格的な面積の変化はなかったが，1997年以来，露地野菜の面積は再び増加する傾向を見せ，2014年には11万5,201haと史上最高の作付面積が達成された（図6-2）．

露地野菜に関してはノルトライン＝ヴェストファーレン州がドイツの全栽培面積の19％（2013年）を占め，ラインラント＝プファルツ州，ザクセン州，バイエルン州およびバーデン＝ヴュルテンベルク州がこれに続く．一方，温室での野菜作についてはドイツの温室面積の35％はバーデン＝ヴュルテンベルク州にあり，約20％のバイエルン州が第2位，約15％のノルトライン＝ヴェストファーレン州が第3位の地位を占める．ドイツにおける野菜の生産に関して最も重要な品目の1つといえるアスパラガスは，収穫中の作付

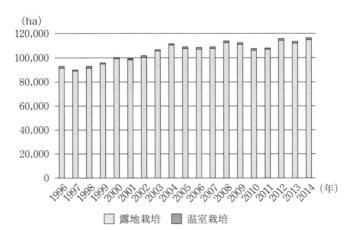

出典：BMEL「Statistisches Jahrbuch 2014, 2007, 2001」「Statistischer Monatsbericht 03.2015」

図6-2 ドイツにおける野菜作付面積の推移

面積だけでも 2 万 ha を超えている（表6-2）．次いでタマネギやニンジンの作付面積が 1 万 ha を超えるほど多く，またこれらは何れも 5 万 t を超えるその収穫量の観点からも，ドイツの農業において特に重要な野菜となっている．これらに加えて各種のキャベツや漬物用のキュウリは，栽培と収穫の面で機械化しやすいため，園芸を伴う農業経営において重点的に作付けされている．一方，ほぼ例外なく園芸経営により行われる施設野菜の栽培は，特にトマト，サラダ用キュウリ，パプリカなど果菜類の生産面で露地野菜作を補完している（表6-2）．

　アスパラガスは，特にシーズンの初めには，消費者の選好により比較的高いサーチャージが受け入れられる非常に少数の国産野菜の一種である．そのためフィルムと不織布を用いた収穫の早期化が進み，ギリシャ，フランス，スペインからの供給の一部を市場から追い出し，取って代わるようになっている．さらなる早期化のために，温室園芸に匹敵する最大 3 層の積層膜フィルム・システムが数多くの生産者によって用いられ，その結果 1990 年から 1992 年の期間平均では，シーズン中 68 日だったミュンヘン卸売市場のアスパラガス取引日は，2009 年から 2013 年の期間は 109 日にまで延長されている．また同時に白と黒のフィルムの使用により初めて重粘土と砂粘土地でのアスパラガスの生産が可能となり，このような技術進歩は 1995 年には 34.8t/ha だったアスパラガスの単収を 2014 年には 56.7t/ha まで増加させることにつながった．

（3）　ドイツの野菜加工需要と消費

　他の EU 加盟国に比べてドイツでの簡便食品への需要は後発的に発展したが，近年着実に伸びている．例えば，パッケージ内の空気が制御されたフレッシュカット・サラダのような簡便製品の生鮮市場への参入に伴い，野菜の利用可能性は少人数の家庭用にも大幅に改善された．これによって，現在，ドイツの野菜生産の本質的な部分は冷凍食品やピクルス製品などの加工品に転換しつつある．加工産業のための原料生産は主に農業経営による露地野菜

表6-2 ドイツにおける野菜生産（露地/施設，2014 年）

露地栽培 種類	(ha) 作付面積	(t) 収穫量	施設栽培 種類	(ha) 作付面積	(t) 収穫量
キャベツ類			ノヂシャ	265	2,406
キャベツ	5,815	477,816	サラダ菜	77	3,076
カリフラワー	4,057	121,406	他の葉菜	163	4,205
紫キャベツ	2,128	147,684	ラディッシュ	49	1,191
ブロッコリー	2,082	27,757	パプリカ	72	8,416
コールラビ	1,885	68,128	生食用キュウリ	206	52,275
その他	3,563	109,260	トマト	330	84,496
葉茎菜			他の野菜類	110	5,301
アスパラガス	20,122	114,090	合計	1,273	161,366
（ 〃 収穫前）	5,213	―			
レタス	3,772	129,815			
ほうれん草	3,103	62,939			
ノヂシャ	2,441	16,094			
ネギ	2,346	108,149			
サラダ菜	1,644	56,625			
その他	7,022	158,778			
根茎菜					
タマネギ	10,224	500,472			
ニンジン	10,111	609,353			
ラディッシュ	3,498	82,923			
葉タマネギ	2,191	89,245			
レッドビーツ	1,692	73,353			
その他	2,214	114,980			
果菜					
カボチャ	3,229	69,859			
漬物用キュウリ	2,618	197,878			
スイートコーン	1,919	28,338			
その他	1,155	42,018			
豆類					
エンドウ豆	4,041	25,131			
ササゲ	3,980	44,770			
その他	1,216	6,934			
その他の野菜	1,922	54,956			
野菜総計	115,201	3,538,753			

出典：BMEL「Statistischer Monatsbericht 03.2015」.

生産で，通常，非常に高い割合で直接，加工企業との間で結ばれる栽培供給契約に基づいて行われる．この契約栽培を通して，水煮缶詰，ピクルスもしくは冷凍食品の何れかに加工される量的に最も重要な野菜は，近年，エンドウ豆，ニンジン，ササゲ，キャベツ，紫キャベツ，漬物用キュウリおよびほうれん草である．

ドイツ連邦統計局の資料に基づく，LEL（バーデン＝ヴュルテンベルク州農業・農村振興局）とLfL（バイエルン州農政局）の推計結果によると，2013年のドイツで食料消費，ドイツ国内の加工および生鮮品と加工品の輸出のために利用可能な野菜の量は，生鮮品または生鮮同等品（FAE）換算でいえば，およそ860万tであった．これらのうち約38％に当たる324万tはドイツ国内で生鮮野菜として生産されたものであり，36％は生鮮品としてドイツに輸入されたものである（図6-3）．この輸入生鮮野菜は総額で37億ユーロとなり，これは1,209ユーロ/tに当たるため，良くて800ユーロ/tの国産野菜よりも明らかに高い価値が認められている．その原因は，特に高価な果菜類（ピーマン，トマト，サラダ用キュウリ）の輸入割合が高いことに基づいている．

生鮮及び加工された形態で利用可能な野菜860万tのうち約5.4％は，主に近隣のEU加盟国に生鮮品（主にドイツで生産されたキャベツ，タマネギ，ピクルス用キュウリ）として輸出された．

加工野菜については，ピクルス用キュウリとキャベツ（ザワークラウト，紫キャベツ）の輸出は，注目に値する重要性を持つ．ザワークラウトとピクルスでは，輸入より多くの製品が輸出されている．ドイツでの野菜加工会社は2013年に重量で約116万tの製品を製造した．その生産額は約16.7億ユーロと推定することができる．重点は乳酸発酵製品を含む低温殺菌の野菜や漬物の生産で，冷凍野菜がそれに続く．とりわけニーダーザクセン州では冷凍野菜の生産が，南ドイツでは漬物の生産が重要な役割を果たしている．

生鮮および加工野菜の1人当たり消費量はほぼ連続的に21世紀の初めまで上昇し，1970年代の初めは年間65kg/人であったが，2011/12年には

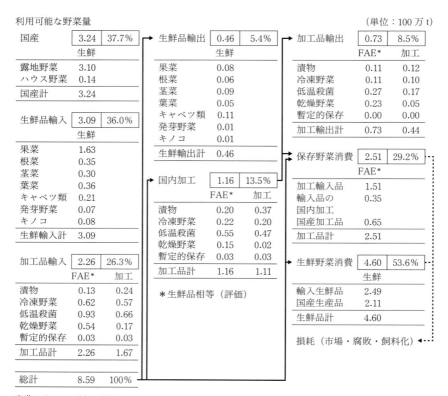

図 6-3 ドイツにおける野菜の物流分析結果

96kg/人にまで増加した．2013/14年の1人当たり消費量90.6kgの中で最も多いのはトマトの24.1kgであるが，生鮮及び加工トマトの自給率は全体で約5％，生鮮で約9％しかなく，国産品は輸入に比べて副次的な役割である（表6-3）．EU全体で見ても，収穫されたトマトの半分以上は加工目的で使用され，ドイツにも低温殺菌トマト，濃縮トマト，トマトジュースなどの加工製品の形態で輸入されている．ドイツにおいてトマトに次いで消費の多い野菜はニンジンであり，その1人当たりの消費量は1992年の5.9kgから

第 6 章　ドイツの野菜需給構造と青果農協の展開構造　　　125

表 6-3　ドイツの野菜種別供給量（2013/14 年）

(単位：1,000t)

種類	収穫量	市場出荷量	輸入	輸出	市場利用可能量	市場損耗	消費	1 人当たり消費（kg）
キャベツ	534	480	16	89	407	74	333	4.0
コールラビ	148	133	109	20	223	34	189	2.3
芽キャベツ	7	6	29	2	32	4	28	0.3
カリフラワー	169	153	66	19	199	31	168	2.0
ニンジン	633	570	310	90	790	110	680	8.3
セロリ	83	75	21	4	92	14	78	0.9
ネギ	111	100	32	7	125	19	106	1.3
ほうれん草	53	48	67	11	104	14	90	1.1
アスパラガス	103	93	58	8	142	17	125	1.5
エンドウ豆	26	24	97	19	102	4	98	1.2
ササゲ	50	45	146	22	169	10	160	1.9
レタス	195	176	91	5	261	28	234	2.8
他の葉菜	152	137	205	36	306	46	260	3.2
タマネギ	493	444	355	103	695	93	602	7.3
トマト	69	62	2,350	327	2,086	99	1,986	24.1
キュウリ	223	201	513	99	615	90	525	6.4
計	3,052	2,746	4,464	862	6,349	686	5,663	68.8
他の野菜	305	274	1,931	435	1,770	116	1,654	20.1
キノコ	62	62	104	10	156	16	139	1.7
野菜総計	3,418	3,083	6,499	1,307	8,275	818	7,457	90.6

出典：表 6-1 に同じ．

2014 年には 8.3kg へと大幅に増加した（表 6-3）．ニンジンは典型的な貯蔵野菜であるため，国産の生食用ニンジンが年間を通じて利用できるが，国内供給の弱い期間中はイタリアやスペイン等の外国産が多くなる．ニンジンの半分は生鮮市場を意図し，約 3 分の 1 は加工向けで，残りは飼料用として販売されている．特にニーダーザクセン州では加工用ニンジンの栽培が非常に重要であり，外国産も大半が搾汁のためドイツに輸入されている．

2. 野菜生産者組織の役割[2]

　日本に先駆けて欧州では買収，合併，合弁，提携など様々な形で小売業界の再編が進み，特に1990年代初頭からは小売売上高の一般的な成長率以上に大手企業が販売量を伸ばしている現象，つまり市場集中化の傾向が見られる（ドーソン2013）．この傾向は食品小売業界において最も顕著であり，欧州各国において上位企業による市場の寡占化が進展しており，ドイツにおいても上位5社（エデカEdeka・シュバルツSchwarz・レーヴェRewe・アルディAldi・メトロMetro）の食品市場シェアは合計で73％に達している（図6-4）．

　2008年の経済金融危機はEUの消費者の購買力に大きな影響を与え，低価格の訴求が，多くのEUの消費者にとって優先事項となった．そのため，食品小売業の各種業態の中でもディスカウントストアやハイパーマートの形態が販売エリアを増加させている．ドイツではシュバルツ・グループのリドル（Lidl）やエデカのネット（Netto），レーヴェ（Rewe）のペニー（Penny），それにアルディなどが代表的なディスカウント・チェーンであり，これらデ

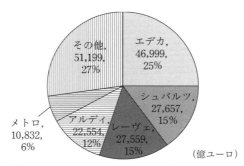

出典：LebensmittelZeitung.net 2014年．

図6-4　ドイツの食品小売部門における上位企業のシェア

第6章　ドイツの野菜需給構造と青果農協の展開構造

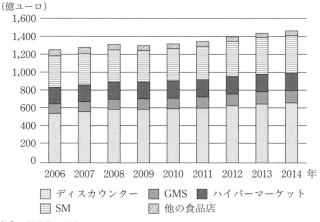

出典：EHI Retail Institute.

図 6-5 ドイツにおける業態別食品店売上げの推移

ィスカウンターのシェアは他国以上に伸び続けた結果，2014年には食品店売上げの42％を占めるに至っている（図6-5）．また，商品を低価格で提供するディスカウンターにとっては，より高い小売マージンを得るための手段として，プライベート・ブランド（PB）の開発が重要となっており，それは低価格帯を主戦場としながらも有機食品など高品質な製品にまで及んでいる．このような複数の階層的PB製品ラインとアイテム数を絞り込む商品政策が相まって，ディスカウンターの中にはアルディのように取扱商品の80〜90％がPBとなっている企業も現れている（Schneider 2009：11）．

このような小売環境の変化は，それを支持するものにとって，消費者のためにより低価格で良い品が提供される多くの機会を意味する．他方で，あまりにも過度の集中は，費用を低下させることさえ可能であれば，グローバル化したサプライチェーンのどこからでも商品を調達することを通じて，農業と工業生産者の提示する価格に圧力を掛ける．この小売の集中による買い手パワーの高まりがもたらす問題点として，生産者に対する優越的地位の濫用，具体的には棚配置への追加料金や支払い遅延等が挙げられる．

(1)　市場構造法と生産者協会

　上記のような小売環境を取り巻く状況は，近年特に先鋭化してきたものであるが，寡占化の傾向自体はかなり以前から見られていた．そこでドイツでは1969年に「市場の要求に対する農業生産の適応に関する法律」通称「市場構造法（Marktstrukturgesetz）」が成立し，高まりつつある買い手のパワーに小規模な農家が対抗すべく，共同行動によって農産物の供給とマーケティングを市場の要求に合わせてより良く調整することが許可されるようになった．この許可は，アグリビジネス部門における反競争的行為の一般的な法律の例外を認めるものであるため，それを得るためには当該生産者団体が一定の条件を満たしていることに対する国家的承認が必要になる．その条件とは，例えば，当該団体は私法上の法人格を持つこと，最少入会期間（少なくとも3年），最小規模（生産量・耕地面積・7人以上），会員から会費を徴収すること（公的扶助に頼り切らないようにするため），集団販売のための規則，市場での競争を排除しないこと，等である．これらの要件を満たした上で，国家的承認を得られた生産者の団体は，「生産者協会（Erzeugergemeinschaft）」と呼ばれ，団体での販売交渉の権利をもつ．

　これらの生産者協会は，共同販売を通じて，農産物の販売および輸送を組織化するだけでなく，市場主導型の製品を確保するため農家によって生産された製品の品質および均一性を向上させるルールを設定する．さらに協会は農家と密接な関係を確立し，販売のため全ての生産物を出荷するよう義務づけている．ドイツの法律上，生産者協会はいくつかの法的形態をとることができるが，そのうち90％のシェアを持つ支配的な法的形態は，理事会と総会で構成される，いわゆる「経済協会（Wirtschaftlicher Verein）」である．それ以外では5〜6％が登録協同組合（e.G.）として編成され，残りは有限責任会社（GmbH）となる．したがって，これらの組織は，法的な観点からは，基本的には協同組合としてではなく，営利目的型組織として登録されている．それにもかかわらず，その主な目的は，協同組合運動のものと非常に類似しているので，生産者協会は販売協同組合の特別な形とみなされている．

(2) ドイツの農業協同組合

1969年の市場構造法を背景とする生産者協会に対して，ドイツの農業協同組合は1889年制定の「産業および経済協同組合に関する法律（協同組合法）」を基にしている．とはいえ，この法律は農業協同組合だけでなく，全ての協同組合組織の根拠となるものであるため，各事業領域に固有の活動については，個別に定款を定めることで対応している．ドイツでは協同組合は広く普及しており，ほぼ全ての農家は資材購入，製品販売，銀行，住宅など何らかの協同組合のメンバーになっている．農業協同組合に関しては，各地域レベルで活動する日本で言うところの単協を基礎に，州レベルでの中央会や全国レベルでとりまとめる連合会も存在する．しかし，これらの協同組合組織は中央集権的というわけではなく，それぞれの役割は補完原理に従って分割されており，上位の中央協同組合は地元のレベルで行うことができないか，あるいは効率が悪いようなことにのみ従事している．

ドイツの協同組合システムの中心的組織はドイツ組合ライファイゼン（Raiffeisen）連盟（DGRV）であり，その傘下には銀行系のBVR，商業系のZGV，農業系のドイツ・ライファイゼン連盟（DRV），それに消費者協同組合のZDKの4団体が参画している．これら4つの協同組合を1つのグループとする協同組合システムは，2,000万人以上の会員を持つドイツ最大の経済団体となっている．これらの協同組合は何れも有利な共同購買と販売条件，共同サービスの提供によるコスト削減，事業または市場アクセスの必要最小サイズの保証などを通じて，法的に定義された経済活動とそのメンバーの利益促進を目標としている．その中でも1948年に設立された農業系のDRVは，商品取引と協力銀行を含む農村における商品サービス協同組合をサポートしている．

その主な機能は，経済的，法的および財政政策の分野でメンバーの利益を代表することにあり，そのため政府，議会，行政や各種団体に対処するだけでなく，法的，財政上の問題に関して助言を行い，協同組合機関の保護と促進のためのファンドを設立・管理し，訓練施設の維持と補助，国内外で他の

組織との接触および関係の維持などを行っている．20世紀半ば以来，ライファイゼン協同組合は組織構造に重大な変化を遂げている．一般的な集約化プロセスの過程で，一次レベルの組合は，そのメンバーをサポートできるようにするために，より大きな組織規模を形成したが，それが競争力の向上につながった．ライファイゼン協同組合は，農村部では重要な経済主体であり雇用主でもある．2010年には，ライファイゼン協同組合は410億ユーロの総売上高を達成し，約10万人を雇用している．

（3）　生産者組織（PO）

　上述したような小売業者の集中化による買い手パワーの高まりは，ドイツのみならずEU全体に見られる傾向でもある．この状況に対抗すべく，供給をグループ化することにより，市場における生産者の地位を強化することを目的として，POがEUレベルで制度化されていることは第3章で述べたとおりである．この組織は，製品の流通とマーケティングを支援するために，農家や生産者によって法的に構成された集団であり，メンバーにGAPの採用を奨励することで，製品の高品質化を促進している．この制度は果物や野菜部門で2001年から，牛乳部門は2011年以来振興されるようになった．この制度は，プログラムの運用ファンドへ財政的な貢献をすることで，認定されたPOによって実装されるオペレーショナル・プログラム（OP）をサポートしている．そして，その地位を得るために生産者のグループは，自発的であること，制度の一般的な目標に貢献，会員に提供するサポートの範囲と効果によって，その有用性を証明すること等の要件を満たしていることを国家的に認証されねばならない．

　認証されたPOは，そのOPの資金調達のために，会員（または生産者組織自体）の出資とEUの資金援助（通常最大50％，特例で60％まで可）によって賄われる運営資金（OF）を積むことができる．生産者が組織を大きく形成していない地域では，各国政府（または部分的にはEU）は，OFに加えて国家資金を提供することができる．ドイツにおけるこの援助は総額で

2000 年の 1.27 億ユーロから 2012 年には 4.38 億ユーロまで継続的に増加した．国家当局は，サポートの対象とする措置を定義するために，持続可能な OP のための国家戦略を設定する必要があり，PO の OP は，関連する国家当局によって承認されなければならない．さらにプログラムと国家戦略の両方は，成果指標の共通セットに基づいて，欧州委員会によって監視され評価される．

　EU の加盟国（27 カ国）では，2010 年に約 1,600 の PO があった．これら PO の平均会員数は約 300 の生産者で，それらの平均売上高は 1,100 万ユーロである．ドイツでは 2010 年には 10,000 人以上の生産者が参加する総計 32 の PO があり，その組織化率は EU の計算によると 2010 年に約 55％であった．ドイツにおいて基本的にこの PO の母体は生産者協会か農業協同組合であり，32 のうち 12 は有限責任会社（GmbH）の法的地位を持っており，19 は協同組合であり，1 つは協議会である．またこれらを品目別に見ると，協議会を除き，果物と野菜の両方を扱う団体が 13 で，野菜のみが 7，果物のみが 11 となる．

3. 野菜農協の事例：ファルツマルクト

(1) 概要

　ファルツマルクト（Pfalzmarkt für Obst und Gemüse eG）は，ドイツ協同組合法に基づく登録組合であり，果物と野菜のための共通市場政策に関する EU 規則 1580/07 による PO でもある．このためファルツマルクトは施設建設のための財政支援を得ており，維持費用についても補助金を得ている．その本部はラインラント＝プファルツ州のムッターシュタットに位置し，全体で約 150 人の従業員が働いている．ファルツマルクトでは年間 12,000ha 以上の総面積で 20 万 t 以上の青果物を生産しており，それは増える傾向にある．2013 年には 1 億 3,300 万ユーロの売上げがあった（表 6-4）．

　その名前に「果物と野菜のための」と入っていることから分かるように，

表6-4 ファルツマルクトの事業領域および事業年ごとの販売額と販売量

	2013年		2012年	
	dt	ユーロ	dt	ユーロ
野菜	2,069,362	129,671,648	2,037,956	116,384,933
果物	40,328	3,021,964	25,783	2,587,380
商品総額	2,109,690	132,693,612	2,063,739	118,972,313
手数料		1,219,973		1,160,936
空箱,資材		36,733,747		37,987,208
サービス		13,566		19,597
控除		−603,408		−608,321
売上総額		170,057,490		157,531,733
前年比		7,95％		31,1％

出典：ファルツマルクト年次報告書2013年.

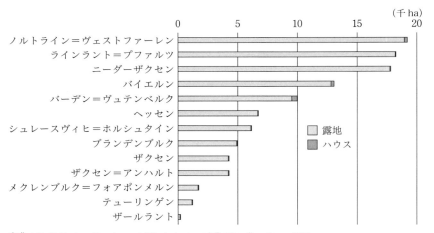

出典：Statistisches Bundesamt Wachstum und Ernte -Gemüse - 2011.

図6-6 ドイツ州別野菜作付面積

青果物の生産と販売に重点を置いているが，その取扱量の95％は野菜で，80種類以上の品目を取り扱っていて，特にラディッシュ，ニンジン，カリフラワー，レタス，ネギなどの生産が多い．ファルツマルクトが位置するラインラント＝プファルツ州はノルトライン＝ヴェストファーレン州に次いで，ドイツ国内では野菜の作付の多い地域である（図6-6）．上述したようにド

イツでは野菜の施設栽培が占める割合は小さく，他方で露地栽培に関して，平均気温は約 10℃ で，日照時間は 1,800 時間を超えるこの州の気候条件が野菜作に向いており，他産地より 1 カ月早くシーズンを始められることが野菜作振興の一因となっている．州内で栽培される野菜の 90％ 以上は，ファルツマルクトの集荷圏内となっていて，会員数は約 1,400 名に上るが，野菜のシーズン中アクティブなのは 720 名だけであり，それらのうち約 40 戸で，売上高の 80～90％ を占める．

　ファルツマルクトの歴史を繙けば，そもそもは 1951 年にシファーシュタットに大根，カリフラワー，レタス，キュウリ，豆，キャベツなどを扱う青果卸売市場が設立されたことに端を発し，その後 30 年の間にハイリゲンシュタイン，ルードヴィヒスハーフェン，シュパイヤー，リンゲンフェルトの青果市場との合併を繰り返してきた．しかし，州内の競争の激化，食品小売業での集中増加および海外からの圧力により行動を余儀なくされ，1985 年にはシファーシュタット青果卸売市場と南ファルツ・ランダウ青果卸売市場の間に合併契約が結ばれることで，ハッツェンビュールに最大のまとまった露地野菜栽培面積が誕生した．さらに 2011 年にはマックスドルフ・ラムスハイム青果卸売市場とファルツマルクトが協力協定に署名した．それは 5 年間有効とされていたが，最終的には両方の市場は 2013 年 9 月に合併した．これによりファルツマルクト・グループの総売上げは 30％ 上昇し，過去最高販売額の記録を更新した．自己資本割合も 40％ を超えファルツマルクトは堅牢な基盤を得た．

(2)　集出荷の仕組み

　1985 年以降，3 つの市場が合併して生まれたファルツマルクトでは，商品の集荷場所も複数箇所存在し，その拠点の間の距離は 30～50km である．その中でも最も重要な集出荷施設は，1989 年に新しくムッターシュタットに優れたインフラストラクチャを伴って新たに建設されたものである．この施設はファルツマルクトの栽培区域の中央に位置し，かつ高速道路 A61，A65,

A650 号線から数分で到達できるため，サプライヤーと顧客の双方にとって有利な立地条件となっている．農家の庭先で積まれるもの，顧客に直接配送されるものを除いて，商品のほとんどはファルツマルクトの大型トラックによって集荷され，この場所に配送される．

ファルツマルクトの従業員によって荷降ろしされた商品を各顧客のために確保された場所に運ぶ前に，何人かの特別な訓練を受けた品質検査官による品質検査がなされなければならない．検査官は商品の品質が買い手の望むものと同等であるかどうかを確認するために，添付のフォームをスキャンし，農家名，配達日，商品の数量と名前と品質表示などの情報を得る．その際，彼らは商品の正しい仕分け方法を知る必要があるが，ファルツマルクトが取り扱う 84 品目の野菜と 21 品目の果物のうち 50 種は，UNECE（国連欧州経済委員会）の規範に従って分類されなければならず，18 種は通常の EU 規範で，22 種には商業規範が存在し，その他は特段の規範なしで販売される．

商品を伴う各ボックスは，販売する前にラベルを付ける必要がある．通常それは，売主の名前または番号，商品の名前と数量，記号や番号の形式での品質，主に GGN（GLOBAL G.A.P. Number）であり，一部の顧客は税申告とトレーサビリティのため独自のシステムを使用している．ファルツマルクトは，その物流のために国際食品規格（International Food Standard : IFS）に応じた販売および貯蔵の特定要件を満たしており，その結果，ファルツマルクトは，顧客のために，グローバル GAP，QS，IFS または環境優良生産や産地起源のための証明書に基づいて，そのナンバーの製品を証明することができる．

ファルツマルクトでは最初は競売により販売を始めたが，このシステムは2009 年に断念した．顧客が毎日市場まで来ることにあまりにも多くの時間を要したため，これ以上興味を示さなかったからである．今日ではファルツマルクトは，週に 1 度のガイド価格を通知するが，ほとんどの重要な買い手とは価格を交渉している．ファルツマルクトに配送されてくるすべての商品

は既に買われたものであり、農家は市場に販売された後に作物を収穫する。そしてファルツマルクトは彼らに3週間以内に売上金額を支払う。組合員は、彼らの生産物の25％を他所に売却することが許可され、もし彼らが自己の農場の直売店で販売する場合は40％まで許される。

　顧客数は約200社であり、それらのほとんどは、ドイツ全土に商品を届ける卸売業者である。ただし、大手小売業者のメトロ、レーヴェとエデカはファルツマルクトから直接購入している。農家の畑からドイツ国内のスーパーマーケットや果物と野菜の販売業者まで商品の配送には24時間以上はかからず、輸出は36時間以内が目標である。果物と野菜で満載のパレットを合計8,000個積んだ250台のトラックが、毎日欧州の各地域に向けてファルツマルクトを出て行く。これらの商品のほとんどは早朝収穫され、ピッキングのためだけにファルツマルクトを通過していく。ファルツマルクトには9,000パレットの保管容量を持つ7万m^2の倉庫（そのうち24,000m^3の低温貯蔵室と6,000m^3のCA貯蔵室）があるものの、通常商品の70％はその日のうちに出荷される。

(3)　組織戦略の特長

　巨大化する大手小売業者による大量かつ高品質な農産物の安定供給という要望に応えるため、ファルツマルクトでは、組合員による生産と販売面に関して、以下のような組織戦略を採っている。

生産支援

　ラインラント＝プファルツ州は、上述したように高温で日照時間が長く、野菜栽培に向いた気候であるが、降水量は年間550mmしかなく、この点については野菜の集中的な栽培にとって十分ではない。昔の農家は、自分の所有地に井戸を掘って使っていたが、水管理規制の強まりを受けて、今日では彼らはもはやそれを使用することは許されない。そこで、1960年代の終わりに導入された中央灌漑システムが、年々拡張され、現在では灌漑面積は1

万 3,000ha 以上となっている．水はライン川の旧分流から来ていて，各ポンプ室から水は農家が自分の可動水管と給水塔をつなげる給水栓へと導くより小さなパイプに押し出される．この給水栓は，主な農業道路に沿って互いに72m 離れて畑の中にあり，水を通すパイプは全長で 600km が導入されている．ファルツマルクトはこの水利施設の管理を請け負っており，地元の保健当局に代わって 1〜2 週間ごとの水質検査も行っている．

　厳格な野菜の品質管理と言う意味では，使用する農業資材はもとより，作付ける土壌の状態を把握しておくことは重要である．ファルツマルクトには土壌試験所があり，年間 2,000〜3,000 の土壌サンプルが専任の従業員によって各畑から採取され，分析されている．公的な普及組織が弱体化しているドイツでは，農業コンサルティングも基本的に有料となっているが，ファルツマルクトにはフィールドマンが存在し，メンバーに対して栽培・収穫に関する助言を与えている．そして彼らは試験所の職員と連携して，畑で栽培されている植物の品質調査も行っている．

規模拡大

　規模が益々大きくなっているドイツの小売業者からは，取扱品目の拡大や国外店舗への配送などを求められることがある．これに対応するため，ファルツマルクトはドイツ国内の卸売業者や大手小売業者に商品を販売するだけでなく，子会社を通じてほとんどのヨーロッパ諸国といくつかの欧州外諸国に商品の輸出を行っている．特にサンクトペテルブルクには，ロシア市場を開発するためのオフィスもある．一方で，顧客へのサービスとして彼らの品揃えを完了させるために国外から商品を輸入することを目的としている子会社もある．

　このような事業領域の拡大に加えて，ファルツマルクトは取扱量と品目の拡大のため，既述したような市場間の合併による規模拡大を繰り返してきた．その結果，ファルツマルクトは青果物取扱高に関して，農業協同組合の中ではドイツにおいて 2 番目の規模を持つ組合となっている（表6-5）．なお，

第6章　ドイツの野菜需給構造と青果農協の展開構造　　　　137

表6-5　ドイツの農協の青果部門における売上高（2010年）

（百万ユーロ）

組合名	売上額
1　ラントガルト	1,663
2　ファルツマルクト	102
3　ラングフェルデン-オルデンブルク生産者卸売市場	84.1
4　ミッテルバーデン果実卸売市場	46.5
5　ボーデン湖市場組合	40.3

出典：Kühl（2012）pp. 21-23より作成.

青果物販売に関してドイツで最も規模の大きな農協はシュトレーレン・ヘーレンゲンのラントガルト（Landgard）登録組合であるが，2006年にファルツマルクトはこの農協とマーケティングに関して協力関係を持つように協定を結んだ．しかし，花きの取り扱いが中心であるラントガルトは，その規模が2位のファルツマルクトの10倍以上あることから，対等な関係の維持が困難となり，現在ではこの協力関係は休止中である．

設備投資

　ファルツマルクトでは大規模量販店への対応として，上述したムッターシュタットの集出荷施設をはじめとする数々の設備投資を行っている．例えば，このムッターシュタットの施設に近年新たに建設されたホールは，主にエデカと輸出向けの商品を一時的に保管するものである．ここには水冷式の大型タンクが備えられ，全ての品物をすぐに低温で格納するために，全空間が冷却および保湿される．ここと他の場所での全冷却面積は9,000パレット分あり，これらの冷蔵室はすぐに集荷・配送される商品を数時間貯蔵するために導入されたものなので，ドッキングポイントの背後には，大型トラックへ直接積み込むだけでなく，左右に動かすための十分なスペースがある．

　配送に使用するコンテナには，木箱と段ボール箱それにプラスティックでできたユーロプール・ボックスの3種類がある．このうち，前2種は使い捨てであるが，ユーロプール・ボックスは循環システムで使用される．これは

EU で規格が統一されており，ヨーロッパ全体では 40 デポがある．ファルツマルクトはドイツの 10 デポの 1 つとして機能していて，このボックスの洗浄プラントの従業員はファルツマルクトに属していない．このユーロプールの従業員は，年中 3 交代で働き，それぞれのシフト間に 30,000 箱を洗浄する．ユーロプールは衛生基準の最も厳しい規則に従うとともに，HACCP（危害分析重要管理点）のルールに従う．そのため洗浄水は，定期的に分析され，温度も制御されている．ファルツマルクトでは 300 万のユーロプール・ボックスを保存することができる．

　競売での取引を中止して以来，ファルツマルクトでは基本的に予約相対での取引となっている．そのためには出荷量の予測と調整が重要になってくるが，その作業を行うために数年前からファルツマルクトは専用のコンピューターシステムを導入している．これは地域内で数千件のテスト結果をプログラマーと共に調整しつつ，追加することによって開発された．このプログラムは収穫の予定日と予定量を算出し，例えば極端に低温または高温に生育条件が変更された場合，フィールドマンが予報を修正する．この知識をもって売り手はより早くより良い立ち位置から顧客との交渉が可能になる．水曜日には来週中に取り扱われる商品のおおよその量がすでに農家と顧客に知られている．推定値は農家側の要望によって精緻化され，決定した量が市場に提供される．その際，ファルツマルクトは生産者に委託されて，交渉を行う．

　生産者は必要とされる量を前日に通知される．農家は播種または植栽の日付について畑ごとの印刷されたフォームに記入する必要がある．事前に印刷されたフォームは，全ての野菜に関する様式があり，それらには既に肥料の系統と認可された農薬の名前が含まれている．今日ではいくつかのラベルには QR コードが印刷されていて，例えばスマートフォンでそれをスキャンした場合，使用した農家の住所および農場の地図上の場所等の情報を見ることができる．

　このような最新の設備への投資は，ますます大量のロットを扱うためのみならず，商品の品質に関しても大規模量販店と EU の求める厳格な規準に対

応するために必要となっている．これは例えば，グローバル GAP，QS，IFS のような生産・流通の各段階で使用する資材の種類や量の記録と管理に伴うものである．そのため投資が嵩む一方で，PO としてこれらの設備投資には EU から補助が受けられるので，ファルツマルクトではさらなる拡張のため，既に 20ha の用地を取得済みであり，新しいホールの建設予定もある．

注

1) 本節の記述は Bayerische Landesanstalt für Landwirtschaft & Landesanstalt für Entwicklung der Landwirtschaft und der Ländlichen Räume (2014) Agrarmärkte 2014 および Kühl (2012) によるところが大きい．
2) 本節の記述は Bijman (2012b) によるところが大きい．

第7章

オランダ青果農協にみるグローバル化・ハイブリッド化
―グリーナリーとフレスキューを事例に―

李　　哉泫

　オランダは，施設野菜とりわけ加温設備を備えたガラスハウス栽培による野菜生産が世界で最も盛んであり，その施設野菜の多くは輸出用として供されている．2012年において，これらの野菜の出荷額の95％はわずか15の生産者組織によって出荷・販売が担われている（第3章表3-5）．

　本章は，オランダの青果農協では，最大規模を誇るコフォルタ（Coforta）とともにフレスキュー（FresQ）という事例を取り上げ，各々の農協が，序章に述べたビジネス環境の変化に応じた共販体制の見直しに伴い，どのような組織形態，ガバナンス，ネットワークを選択してきたのか，またその選択がどのような結果をもたらしたかについて整理したものである．

　バーゲニング農協（Cook 1995：1156；Bijman 2015：24）の典型とも言えるオークションの統合からスタートしたコフォルタは，マーケティング農協への転換を図るに当たって，販売事業の遂行を子会社に委ねたが，この子会社の経営をめぐる紛争が勃発する中，資産の所有に関しては伝統的な協同組合からハイブリッド農協へと進むものの，ガバナンスについては生産者による経営への関与を強める方向を目指してきた．これに対して，フレスキューは，施設園芸経営の中で最も規模の大きい少数の生産者がオークションを離脱し，大口需要者との相対取引を進めるために，新しく設立した専門農協である．当初より販売に関連する各種施設・設備は各々のメンバーが所有・運営する方針を堅持している中で，組合の総会における議決権は，各々のメンバーの施設面積に応じて傾斜配分している．

　このような，単協としてのコフォルタとフレスキューは，EUの青果部門

の生産者組織（PO）の中でも，その集荷および販売の地理的範囲が複数の国に及ぶグローバル農協の典型であるほか，組合資産の所有および議決権の配分に関して，ハイブリッド化への道を歩んできたことから，伝統的な農協に留まる単協が，販売事業を連合農協に依存している南欧諸国の農協とは一線を画す存在であるといってよい．

表7-1 オランダにおける野菜経営および面積の概要（2015年）

		合計	野菜合計	うち，園芸専門経営	%	うち，施設栽培	%
生産者数		45,970	8,050	2,770	100.0	1,520	100.0
%		100.0	17.5	34.4[1]		54.9[2]	
面積（ha）		1,037,860	83,280	24,090	100.0	4,890	100.0
%		100.0	8.0	28.9[1]		20.3[2]	
面積規模別生産者数および面積	50a 未満 生産者数	520	520	320	11.6	230	15.1
	50a 未満 面積	2,670	130	60	0.2	50	1.0
	0.5〜1ha 生産者数	370	370	190	6.9	190	12.5
	0.5〜1ha 面積	2,780	270	120	0.5	120	2.5
	1〜2ha 生産者数	660	660	300	10.8	290	19.1
	1〜2ha 面積	6,790	980	380	1.6	360	7.4
	2〜5ha 生産者数	1,880	1,880	560	20.2	400	26.3
	2〜5ha 面積	44,470	6,500	1,630	6.8	1,060	21.7
	5ha 以上 生産者数	4,610	4,610	1,420	51.3	420	27.6
	5ha 以上 面積	274,540	75,410	21,900	90.9	3,300	67.5
販売金額規模別生産者数	1万5千ユーロ未満	5,010	160	100	3.6	20	1.3
	〜2万5千ユーロ未満	2,610	170	100	3.6	20	1.3
	〜5万ユーロ未満	3,990	460	200	7.2	50	3.3
	〜10万ユーロ未満	4,380	920	330	11.9	100	6.6
	〜25万ユーロ未満	9,600	2,370	710	25.6	220	14.5
	〜50万ユーロ未満	11,750	1,800	620	22.4	250	16.4
	〜50万ユーロ以上	8,620	2,170	700	25.3	880	57.9

出典：Euro Stat.
注：1）　野菜合計に対する割合である．
　　2）　園芸専門経営に対する割合である．

以下には，具体的な事例分析に先立ち，オランダ農業における青果部門の特徴とともに，これまでの青果農協の変容のプロセスを概括する．

1. 青果物の生産と生産者組織の動向

(1) 園芸経営体および面積

オランダは，日本の国土面積（3,780万ha）の約11％（415万ha）を有する小さい国であるが，耕地率（44.3％）は比較的に高く，日本（454万ha）の40.5％に該当する184万haの農用地を有している．

これら農地面積のうち，永年作物を除く耕地は104万ha（約57％）であり，その約8％（83,280ha）が野菜の生産に供されている（表7-1）．ただし，穀物農場などの輪作体系の中で生産される野菜を除けば，園芸専門経営が有する面積は24,090haに限定されている．野菜生産に特化している園芸専門経営（2,770）は農業経営体の6％，それらの園芸専門経営が用いる生産面積は耕地面積の2.3％に過ぎない．

園芸専門経営の約55％（1,520），園芸専門経営が有する生産面積の約20％（4,890ha）は，加温設備を有するガラス温室で野菜生産を行っている経営体および面積である．表7-1にみる園芸専門経営の1経営体当たりの平均面積は8.7ha，施設野菜経営のそれは3.2haである．ちなみに，この施設野菜経営の平均面積は，日本（23a）の約14倍である．

園芸専門経営の大半（51.3％）は5ha以上の規模となっており，これらの5ha以上の経営体が有する面積シェアは90.9％である．また，施設栽培については，その経営体の大半（53.8％）が2ha以上であり，これら2ha以上層の面積シェアは89.2％である．さらに，5ha以上層の経営体数および面積シェアは各々27.6％，67.5％となっており，5ha以上層の1経営体当たりの平均面積は約8haである．

園芸専門経営のうち73.3％が年間10万ユーロ（約1,300万円）を売り上げている中で，25.3％の経営体は50万ユーロ（約6,500万円）以上の販売

額を得ている．これに対して，施設栽培の場合は57.9%の経営体が50万ユーロ以上を販売額としており，10万ユーロ未満の販売額を有する経営体はわずか12.5%である．

(2) 青果物の生産額

以上のように，オランダの青果部門が有する地位は，農業経営体数の6%，耕地面積の2.3%に過ぎないものの，青果物の生産額（2017年）は国内農業生産額（256億ユーロ）の約40%を占めるほど大きな地位を有している（図7-1）．ちなみに，耕種部門の生産額（139億ユーロ）に占める青果部門のシェアは75.5%である．ただし，その生産額の93%は野菜が占めており，果実の存在は乏しい．

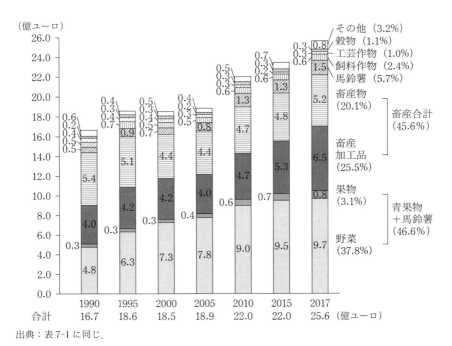

出典：表7-1に同じ．

図7-1　オランダの農産物生産額の推移

144

表7-2 オランダの農産物交易の

		輸入（億ユーロ）						
		合計	%[1]	EU域内	%[2]	EU外	%[2]	スペイン	%[3]
合計		46,179.7	100.0	21,169.3	45.8	25,010.4	54.2	772.8	3.7
食料（家畜を含む）		4,143.3	9.0	2,406.6	58.1	1,736.7	41.9	155.0	6.4
野菜（馬鈴薯を含む）		220.3	5.3	163.4	74.2	56.9	25.8	54.8	33.5
主要輸出野菜	トマト	22.1	10.0	18.9	85.6	3.2	14.4	11.3	59.8
	ペッパー類[5]	15.3	6.9	12.0	78.7	3.3	21.3	7.5	62.9
	きゅうり	8.9	4.1	8.9	99.8	0.02	0.2	6.3	70.4
	なす	1.5	0.7	1.4	93.0	0.1	7.0	1.2	84.1

注：1) 食料については，輸入・輸出額合計に占める割合，野菜については，食料輸入・輸出額合計に
　　　である．
　　2) 左の合計に対するEU域内・外の輸入・輸出額の割合である．
　　3) EU域内からの輸入額に占めるスペインからの輸入額の割合である
　　4) EU域内への輸出額に占めるドイツへの輸出額の割合である．
　　5) ピーマン，パプリカ等のベル型唐辛子のことである．
出典：表7-1に同じ．

オランダの野菜生産額は1990年の48億ユーロから2017年の97億ユーロ
へと，約30年間に2倍ほど拡大した．生産額の伸びが足踏み状態にある穀
物および工芸作物，微増に留まる畜産部門とは対照的に成長を続けているこ
とが見て取れる（図7-1）．

(3) 青果物の交易構造から見た主要品目

オランダ（2015年）は，約6千億ユーロの食料を輸出し，約4千億ユー
ロの食料を輸入している．食料の輸出に関しては，ドイツ（33.6％）をはじ
めEUの加盟国に輸出先国（79.1％）が集中していることに対して，輸入は，
EU外の国々を輸入元国とする金額が41.9％を占めている（表7-2）．

同年の食料輸出額に占める（馬鈴薯を含む）野菜の輸出額（640億ユー
ロ）シェアは10.7％である．この野菜輸出額の品目別シェアを確認すると，
トマトが24.0％（154億ユーロ），ペッパー類が13.5％（86億ユーロ），き
ゅうりが6.0％（38億ユーロ），なすが1.1％（7億ユーロ）であり，これら
4つの施設野菜の輸出額シェアは約45％と比較的に高く，輸出の主力品目で

概要（2015年）

	輸出（億ユーロ）						
合計	%[1]	EU域内	%[2]	EU外	%[2]	ドイツ	%[4]
51,430.9	100.0	38,964.4	75.8	12,466.5	24.2	12,713.1	32.6
5,994.1	11.7	4,744.0	79.1	1,250.1	20.9	1,593.1	33.6
640.1	10.7	523.7	81.8	116.4	18.2	213.8	40.8
153.9	24.0	143.5	93.2	10.4	6.8	76.0	53.0
86.2	13.5	72.2	83.8	14.0	16.2	29.8	41.2
38.1	6.0	37.1	97.2	1.1	2.8	21.8	58.8
7.3	1.1	6.5	89.6	0.8	10.4	2.7	41.9

占める割合，主要輸出野菜については，野菜の輸入・輸出額合計に占める割合

あることがわかる．また，これら施設野菜の80％以上はEU加盟国に仕向けられている中で，その大半をドイツが輸入している．

　一方，野菜の輸入額（220億ユーロ）は，640億ユーロの同輸出額に比べて少ない．とりわけ上の4つの輸出の主力品目に関しては僅かな輸入金額が示されている．ところで，野菜の輸入について注目すべきは，スペインへの輸入依存度である．特に，輸出主力品目については，軒並み輸入額の80％以上をスペインに支払っている．

　これらスペインから輸入するトマト，ペッパー類，なす，きゅうりは，いずれもオランダ国内産の出荷が困難な端境期に行われるものであり，その多くは，野菜の出荷組織の品揃えや周年販売のための製品として用いられている．なお，その一部は再び国外へ輸出されることもしばしばある．

　この施設野菜のユニークな輸出実態を確認すべく，図7-2にはトマトの国内生産量，輸出量，輸入量を同時に示した．

　まず，トマトの輸出量については，4カ年（2000，2005，2010，2017）においていずれも国内生産量を上回っていることが注目される．これは，輸出

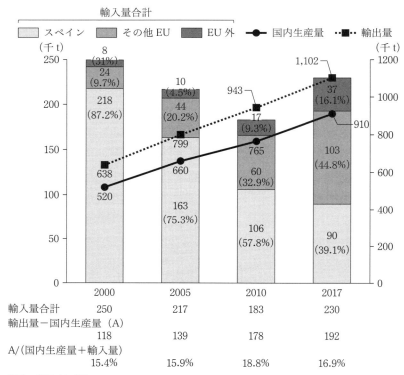

図 7-2 オランダにおけるトマトの輸出入の推移

量の一部が輸入によって賄われていることを意味する．図 7-2 によれば国内に仕向けられたトマト（国内生産と輸入）のおよそ 15〜19％ が輸出に供されている実態が見て取れる．

一方，2000 年にオランダが輸入したトマトの 87.2％ はスペイン産であった．2005 年には同シェアがやや低下したものの，依然として 75.3％ とスペインへの輸入依存度は極めて高いことが分かる．ところが輸入トマトのスペイン産シェアは，2005 年以降に下がりつつ，スペイン以外の EU の加盟国や EU 域外からの輸入量シェアが高まっている．とりわけ，2017 年に至っ

ては，スペイン産のシェアが39.1％へと著しく低下しており，2000年と比べれば，スペイン産の輸入量は218万tから90万tへと約60％が減少した．

その背景には，複合的な要因が作用しているが，1つは，スペイン自らがオランダ以外の輸出先市場を積極的に開拓した結果であり，2つは，オランダが仕入れコストの節約のためにスペイン以外の輸入国を探し求めた結果であると言える．とりわけ，近年は，相対的に低い賃金をテコ入れして，EUの加盟国より安くトマトを供給してくれるEU域外の国々（トルコ，モロッコなど）が主要な輸入国として浮上している．

2. オランダにおける青果農協

(1) PO＝農協の動向

かつて，EUが認可するオランダの青果部門の生産者組織（PO）数はオークションの数と一致していた．それには国内法（オークション法1934）により青果物はオークションを通してのみ販売が許され，かつオークションは生産者組織のみに設立資格が与えられていたことが作用している．さらに，オークションをユニットとする青果物の生産者組織は全てが協同組合としてカウントされている．オークションの設立のためには生産者自らの出資が必要であるほか，民主的な運営の仕組みが協同組合の基本原則にほぼ一致していたからである．

ところが，19世紀末からスタートして長らく青果物販売の機能を担ってきたオークションは，1965年のオークション法の廃止を機に次第にその数が減少する中，残されたオークションも合併を繰り返すようになった[1]．その結果，1945年には162を数えたオークションは，1970年には88へ，1980年には55へ，1990年には28へ，2001年には6つへと急激に減少した後に，現在に至ってはセリ取引に基づいて生産者自らが運営する青果部門のオークションは消滅している[2]．

しかしながら，オークションの解体・消滅は単にセリ取引の廃止を意味す

るものであり，オークションのメンバーの大部分は新しい農協などの出荷組織を立ち上げ，依然として生産者組織のメンバーとなっている．

　オランダの生産者組織は，1990年代に大きなマーケット環境の変化を経験した．その1つが，国境を跨いで店舗を展開する大手スーパーチェーンが，一定の品質や安全性が備わった大量の野菜の安定的確保や，少ない取引先による仕入れコストの節約を目指して，荷口の大きいサプライヤーとの直接取引へと急旋回したということである．これにより，オークションの場内に完結する需要と供給のマッチング機能に留まり，営業力を持たないが故に，大口需要者の需要や品質・規格に関するニーズへのアクセスが困難なオークションの仕組みは次第に機能不全を起こし始めた．もう1つの環境変化は，1985年にECの加盟国として新たに加わったスペイン，ポルトガルに加え，コールドチェーンの構築により南米の国々までもがオランダへの輸出攻勢を強めるようになったということである．それら輸入野菜の上場を拒めないオークションの仕組みが多くの生産者にストレスを与えたことも，生産者をオークションから離脱させた主要な要因であった．ちなみに，この他にも，Bijman & Hendriske（2003）は，大手スーパーチェーンとの相対取引が進む中，オークションが露呈した問題として，オークションが設ける規格が生産者の品質改善へのインセンティブを阻害するほか，顧客にアピールできる新しい製品開発の困難，出荷者の規模や品質を問わず一律に適用する手数料への不満などを取り上げている．

　その結果，1993年から2000年にかけて，多くの生産者のオークションからの離脱により新しい出荷組織の設立が盛んとなった．Bijman & Hendriske（2003）によれば，この期間中に74の品目別の生産者組織が出現したが，協同組合の企業形態を有するものと，任意組織の2つに区別できる．これら出荷組織の大部分は，大手スーパーチェーンや大規模卸売業者との相対取引を有利に進め付加価値を高めることを事業目的とするマーケティング農協である．ちなみに，後述するフレスキューは，これらの新たに設立されたマーケティング農協が複数集まって誕生した大規模農協である．

第7章　オランダ青果農協にみるグローバル化・ハイブリッド化　　149

　一方，空洞化・解体の危機に直面した，残されたオークションは大きな組織再編を余儀なくされた．そこで，1996年には当時28あったオークションのうち，比較的に規模の大きい9つのオークションが合併して誕生したのがコフォルタである．

(2)　生産者組織の現況

　前述のように，第3章の表3-5によれば，2012年において，オランダでは15のPOが国内の青果物出荷額の95％をカバーしている．このことから，1990年代を通して新設された農協や残存のオークションが何らかの形で統廃合を繰り返した上で，15のPOに収束されたことが推測できる．

　表7-3は，EUが認可する15のPOについて，2012年の出荷額，メンバ

表7-3　オランダの生産者組織（PO）の概要（2012年）

No	PO	出荷額 （百万ユーロ）	メンバー数	面積 （ha）	1メンバー当たり	
					面積 （ha）	出荷額 （ユーロ）
1	Coforta	797	881	9,443	10.7	904,654
2	FresQ	441	79	783	9.9	5,582,278
3	ZON	211	392	3,450	8.8	538,265
4	Best of Four	160	135	2,103	15.6	1,185,185
5	Funghi	143	78	415	5.3	1,833,333
6	BGB	106	48	423	8.8	2,208,333
7	Versdirect	106	62	352	5.7	1,709,677
8	Komosa	57	39	464	11.9	1,461,538
9	Nautilus	45	79	1,886	23.9	569,620
10	Fssa	42	27	1,464	54.2	1,555,556
11	Zaltbommel	35	201	718	3.6	174,129
12	FPG	29	6	85	14.2	4,833,333
13	De Schakei	27	441	7,754	17.6	61,224
14	Sunquality	24	17	120	7.1	1,411,765
15	Zuid-Limburg	20	138	970	7.0	144,928
	合計	2,243	2,623	30,431	11.6	855,128
	15PO 平均	280.4	327.9	3,803.8	13.5	1,564,309.3

出典：Stokkers, et al.（2012），pp. 81-82 より．

一数，面積を示したものである．前掲表 7-1 と合わせてみれば，メンバー数や面積は園芸専門経営数や園芸専門経営が有する野菜生産面積をやや上回っていることから，ほとんどの園芸専門経営がどれかの PO に属していることが考えられる．

　表 7-3 に示した PO は，①メンバー数と②1 メンバー当たりの出荷額から 4 つの類型に区分できる．まずは，①が多く，②が高い PO であり，それには No. 1，3 が該当する．また，①は少ないが，②が群を抜いて高い PO すなわち No. 2，12 である．一方，①は 100〜200 と比較的に少ないという共通点を持つものの，②が相対的に低い PO（No. 9，11，13，15）と，それが相対的に高い No. 4，5，6，7，8，12，14 である．こうした類型化に基づいてみれば，最も出荷額の大きい No. 1 のコフォルタと No. 2 のフレスキューは，対照的なメンバー構成であることが注目される．

　一方，フレスキューは，2014 年に PO の認可を取り消された．DPA（オランダ生産者組織協会）によれば，「製品集荷におけるメンバー外のカバー率」が 50％を超えていたからであるという．その結果，DPA が 2014 年に把握しているオランダの PO リスト（① The Greenery，② ZON fruit & vegetables，③ Fruitmasters，④ Best of Four，⑤ Fossa Eugenia，⑥ Nautilus，⑦ Veiling Zaltbommel，⑧ De Schakel，⑨ Veiling Zuid-Limburg，⑩ Kompany，⑪ Funghi，⑫ DOOR，⑬ Harvest House，⑭ Van Nature）は 2011 年（表 7-3）のそれと若干異なっている．

　以上のように，オランダの青果農協は，1990 年に入ってから幾度かの地殻変動を経験したが，それは，1 つにオークションから離脱した新設農協の出現，2 つにオークション同士の大規模合併がもたらしたメンバー同士の葛藤に起因する分裂，3 つに生産者組織の員外取引の拡大に伴う PO の認可取り消しという 3 つに要約できる．

3. マーケット環境の変化に応じた農協の組織再編

(1) コフォルタ＝グリーナリー
グリーナリーの誕生と経過

コフォルタは，1996 年に 9 つのオークションが合併して誕生したが，設立当初は 7,000 人の生産者をメンバーとする巨大な農協であった[3]．なお，グリーナリー（The Greenery：以下，TG とする）は，コフォルタが 100％の出資によって設立した子会社であるが，親会社の販売機能のみを担う青果販売会社といって差し支えない．

1990 年代に入り，大手スーパーチェーンが，センター仕入れに基づき，少数の大口サプライヤーへと仕入先を急旋回させることにより，それにビジネスチャンスを見出した一部の大規模生産者のオークション離脱が続いたことはすでに述べたとおりである．そうした中，残されたオークションが生産者を引き止め，規模の経済性と適切なマーケット対応という 2 つの目的を同時に達成するための選択がコフォルタによるオークションの合併であった．なお，コフォルタのマーケット対応において，組合員には生産に専念できる環境を提供すべく，専門的なマネージャーを雇った上で，彼らの意思決定権に販売事業を委ねた方がより効果的であるという判断の下で，新たに設立した販売事業に特化した子会社が TG である．

TG のメンバー数および販売額の変化を図 7-3 から確認すると，1996 年には，7,000 人のメンバー，22 億ユーロの販売額を誇っていた組織規模は，2000 年には約 4,000 のメンバー，17 億ユーロへと縮小され，その後においても専ら減少の一途を辿り，2010 年にはメンバー数が 1,000 を下回った後に，現在（2017 年）は，419 人へと急速に減少した．このような，組合員数の減少には，かつて TG に与えた販売事業に関する強い権限をはじめ複合的な要因が働いているが後に詳述する．

一方，販売額については，2010 年（18 億ユーロ）が 2000 年（17 億ユー

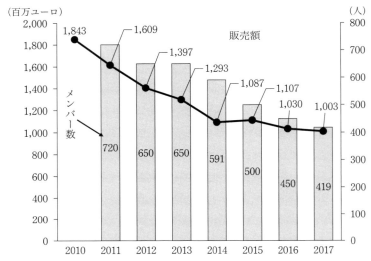

出典：The Greenery, Annual Report, 2010-2017.

図 7-3 コフォルタのメンバー数および TG の販売額の推移（2010-17 年）

ロ）を上回っている．これには後にみる TG のビジネスモデルが仕入れ・販売をめぐって国際化を辞さない積極的なマーケティング戦略を実行したことが関与している．ただし，長期的にみれば販売額も専ら減少している中で，2017 年の販売額（10 億ユーロ）は 2010 年の半分程度に低下している．

TG の組織と戦略

①マーケティング戦略

TG のマーケティング戦略においては，多様な青果物からなる周年販売体制を整え，顧客のニーズにあった品質・安全性を有するコンシューマー・パック製品を定時・定量を満たして，顧客に安定的に供給することを戦略目標として掲げてきた（The Greenery, Annual Report, 2017）．この目標を達成するに当たっては，生産者全員のグローバル GAP の取得を完了するほか，集荷およびコンシューマー・パックへの製造効率を高めるために，国内外に

商社機能やロジスティック機能を有する複数の子会社を設立した．また仕入れ・配送センターにおいては，多くの従業員を雇用してコンシューマー・パックの製造のために小分け・包装作業を行っている．さらに近年は製品の付加価値を高めるべく，有機製品の仕入れ・販売のほか，多様な品種，包装資材やパッケージの開発を通して，製品差別化にも積極的に取り組んでいる．

TGにおいては，ヨーロッパ全域に国境を跨いで店舗を展開する大手スーパーチェーンとその大手スーパーチェーンや大規模食品企業に青果物を供給する青果卸売企業や商社が主たる販売チャネルとなっている．こうした中，TGは，子会社を通して流通機能の多くを内部化しており，その機能をヨーロッパ全域で発揮していることも大きな特徴である．この流通機能の内部化は，チャネル管理を容易にしていることから，TGのチャネル戦略の実行に当たって大きな役割を果たしている．

②コフォルタ＝TGの販売事業の体制

現在（2017年），TGの販売額（10億300万ユーロ）のうち92.5％（9億3,000万ユーロ）は青果物の販売額であり，残りの7％（7,050万ユーロ）は輸送車両および関連施設から，0.5％は研究開発部門（480万ユーロ）から収入を得ている．このように，TGは青果物の集荷・販売に大きく傾斜したビジネスモデルを採用している，いわば青果会社である．なお，TGが販売する青果物は，419のコフォルタの組合員のほかに，国内50の生産者や海外500の生産者から集荷した265品目からなっている．TGが販売する品目カテゴリー別の販売額シェアを見ると，トマト，きゅうり，パプリカ，なす，ズッキーニなどの果菜類野菜が全体の53％を占めており，そのほかに多様な露地野菜が22％，果実が20％，キノコ類が6％を占めている（Hendrikse 2012：9）．

TGは，青果物販売事業を遂行するために，組織構成において4つの異なる業務（「集荷・貿易」，「サプライチェーン」，「直販」，「業務提携」）に区分している（図7-4）．

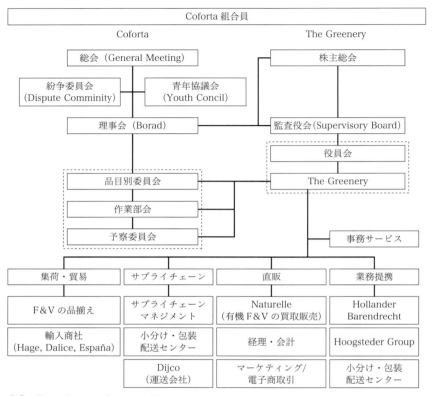

出典：Https://www.coforta.com/the-greenery

図 7-4 コフォルタおよび TG の組織機構図

　まず,「集荷・貿易」部は, 青果物の品揃えおよび集荷に関連する業務を掌握するパーツである. TG は青果製品の品揃えのために, オランダ国内では生産が困難な品目, 端境期には供給ができない品目は輸入によって確保している. そのために, 集荷業務の一部には貿易業務が含まれている.

　TG は, オランダ国外からの集荷のために商社機能を有する 3 つの会社を運営している. Hagé International は, 世界の 50 余りの国々から, オランダでは生産が困難な品目を中心に輸入を行っている商社であり, The

Greenery España は，柑橘やソフト果実を南欧諸国から調達しており，Dalice は中国の青島に営業所を置き，主としてにんにくや生姜の調達を行っている．

　TG が集荷した青果物の大部分はバルク状態で仕入れ・配送センターに届けられ，取引先が求める製品形態に合わせて，すぐにスーパーの売場に陳列可能なコンシューマーパックに製造された後に取引先に納品される．この仕入れ・小分け・包装，配送に関わる業務のために 1,062 名の従業員を雇っており，彼らが年間製造するパッケージ数は 2 億 5,000 万個に上っている．また，原体の搬入と製品の納品は，TG が保有する Dijco という運送会社が担っている．以上のような，野菜・果実の集荷，製品への小分け・包装，取引先への納品といった，一連の業務は「サプライチェーン」と名づけた部署でマネジメントしている．

　図 7-4 の「直販」部は，有機青果物の買取販売に特化した業務を行っている部署である．コフォルタの組合員ほか員外の生産者から直接仕入れた有機野菜および果実は，その集荷・選別，小分け・包装を慣行農産物と区別して行う必要があるほか，委託販売と異なる買取販売であるために営業活動や決済システムを「サプライチェーン」部と切り離している．なお，TG の有機製品は，Naturelle という別会社により，卸売会社などを経由せずに有機専門店を含むスーパーマーケットや有機食品加工企業に直接販売されている．

　一方，TG は青果物販売のために 3 つの企業と提携している．Hollander Barendrecht は，オランダの大手スーパーチェーン（PRUS Retail）が運営する運送会社である．Hoogsteder Group は，南欧諸国，中東地域，北米，日本などに野菜を供給している大手青果卸売会社である．Wagenaar は，加工用の青果物をオランダ全域に供給する大手の青果卸売会社である．これら 3 つの企業とは，資本参入を含むパートナーシップの下で業務提携が行われている．

　以上のような TG の販売体制からは，青果物の集荷や製品販売の地理的範囲はオランダ国境を越えグローバルに展開しており，川下の小売企業の店舗

表 7-4 TG 製品の販売先

(百万ユーロ)

販売先	年度	2017 販売額	2017 %	2010 販売額	2010 %
取引先	小売への直接販売	473.5	47.2		
	商社・卸売会社への販売	454.4	45.3		
	その他	75.2	7.5		
ヨーロッパ	オランダ（国内）	648.7	64.7	864.6	46.9
	ドイツ	130.6	13.0	242.4	13.2
	イギリス	41.5	4.1	252.8	13.7
	その他ヨーロッパ	165.5	16.5	388	21.1
小計		986.3	98.3	1,747.8	94.9
ヨーロッパ外諸国		17.4	1.7	94.8	5.1
合計		1,003.2	100.0	1,842.6	100.0

出典：図 7-3 に同じ.

に近づいていくサプライチェーンの垂直的統合を完結していることが分かる.

　その結果，TG が取り扱う 265 品目からなる青果物販売額の 47.2％は大手スーパーチェーンとの直販によって得られており，青果卸売会社や商社などへの販売額シェアは 45.3％となっている. また，TG の販売額の 64.7％はオランダ国内，残りの 35.3％は国外へ輸出しているが，その大部分はドイツ，イギリスをはじめヨーロッパ域内に留まっている（表 7-4）.

組合員の離脱と組織再編

　コフォルタは，上に述べたマーケティング戦略の実行に必要な出荷組織間の合併（Horizontal mergers），マーケティング機能および権限の TG への移譲，最終需要者への直接販売のための卸売機能の内部化および川下に向けた前方統合（forward integration）をめぐって，幾度かのガバナンス構造の変容を余儀なくされた. 以下には現在（2017 年）のコフォルタのガバナンス方式から過去に遡って，これまでの組織再編のプロセスを確認する.

①意思決定における権限構造の変化

現在，コフォルタは組合員全員が議決権をもつ総会を最高の意思決定機関に位置づけ，その総会で選出された理事(会)が，子会社であるTGの監査役会のメンバーを兼ねている．またコフォルタの理事はTGの役員とともに子会社や提携会社の代表をメンバーとする株主総会において議決権を行使し，TGの経営に直接関与している（図7-4）．なお，TGの販売に関する意思決定については2人のCEOをメンバーとする役員会が権限を持つものの，この役員会の意思決定はコフォルタの理事会の承認を必要とする．

ところで，1998年まで，コフォルタは組合員自らがTGの経営をコントロールする手段を手放していた．Veerman（1998）によれば，従来のオークション取引では，セリ取引の運営が理事会に一任されていたが，上に述べたマーケット環境の変化に対応すべく，TGにはコフォルタの理事会および監査役会の権限が及ばない，6名の専門経営者からなる役員会に販売事業に関する意思決定が委ねられたという．ちなみに，TGには，販売に関する諸決定については，コフォルタの理事会における事前協議の義務はなく，決定もしくは実行後の事後報告（ex ante）が認められていた．

また当時は，7,000人を数える生産者を一度に集めることは困難であったために，15の産地から選出された105名の代議員が総会を構成していた．なお，これら代議員が組織する総会は，後に生産者委員会（grower's council）として，2016年までコフォルタの最高意思決定機関として機能した．ところが，2017年からは，この代議員会は全ての組合員が議決権を行使する総会によって代わられたことを特記しておきたい．

一方，Kalogeras（2007）では，1999年のコフォルタの組合員数は，合併当初（1996年，約7,000人）より約4,000人へと大幅に減少した．これには，以下に述べる4つの問題が関係している．

1つ目は，生産者が販売過程にコミットできる手段を失ったことによって生じる情報の非対称性の問題が発生したということである．事前協議の手段を持たないまま，TGへ過度に集中する意思決定権は，マーケティング戦略

とりわけ取引先の選択や価格決定方式をめぐり，生産者と TG の間に葛藤を増幅させる要因であった．そこで，TG が一方的に進める販売事業に不満を持つ一群の生産者がコフォルタを脱退する事態となった．

2つ目は，セリ取引に代わって特定の取引先との相対取引が拡大するにつれ，取引先，荷姿，品質によって品目間，また同種品目の製品間の価格差が顕著になったということである．これにより，相対的に品質の高い製品を出荷する生産者に加え，最終需要者のニーズを満たした上で，より付加価値の高い製品づくりを目指している，一部の大規模生産者がコフォルタを離れた．

3つ目は，協同組合の基本理念としての組合員同士の相互扶助が新たな投資を伴う資産の確保を妨げたということである．コフォルタが国境を跨いで展開する大手スーパーチェーンへの直接販売を拡大させるためには，豊富な品揃えに基づく周年販売体制の整備，売り場への陳列を可能とするコンシューマーパックへの加工センターの運営，物流および商社機能を有する新しい事業体が欠かせなかった．そこで，こうした新しい施設・設備，子会社の設立に必要な投資を組合員の増資に求めたが，これに納得しない一部の生産者が脱退への道を歩むことになった．なお，この問題の根底には，出資額に応じた配当権，出資権譲渡，出資権の買戻しを認めないといった，組合資産に対する個別の所有権を制限する「伝統的協同組合」の組織形態が作用している．すなわち，小規模生産者が多数を占める構図の中で，利用高に応じた増資にもかかわらずその見返りとしての利益配当が制約される仕組みは，大規模生産者にとって投資へのインセンティブとして働かず，差し迫る投資への要求に際して退会の選択を辞さなかったということである．

さらに，TG の販売方式がセリ取引から直接販売に変わるや，販売先の確保をめぐって，かつてのセリ取引の顧客であった多くの卸売業者は次第に競合相手になり，組合員の減少による販売額の低下に加え，販路確保にも苦戦を強いられる状態が続いた．この販売不振も生産者のさらなる離脱を促したが，これが4つ目の問題である．これに加え，オークションの高い手数料に不満を持って離脱する生産者も少なくなかったという．

第7章　オランダ青果農協にみるグローバル化・ハイブリッド化　　　159

　こうした問題に直面したコフォルタは，1999年以降，ガバナンス方式を見直し新しい組織構造へ移行した．その見直しは次の3点に要約できる．

　まず，1点目は，コフォルタの組合員によるTGの運営への関与を高めたことである．具体的にはコフォルタの理事会メンバーがTGの監査役会のメンバーを兼ねることにより，コフォルタの生産者に完結するTGの監査役会にTGの役員会の決定事項を承認する権限を与えたということである．

　2点目は，コフォルタは1999年にDutch Van Delt（オランダ国内の大手青果卸売会社）とFresh Produce Division of Perkins Food（イギリスの食品卸売会社）の買収に際して，その資金を集めるべく，出資の一部を個別化（individualized）する措置を断行した．まず，TGの有する資産（equity）を清算し，各々の組合員に合併前の過去3年間の貢献に2.5％を乗じた金額を配分した後に，残りをTGの内部資金として留保した．そして，個別の組合員に配分された資産を再びTGの出資額に優先株として転換させた上で，これらの出資に対しては出資額に応じた利益配当および議決権配分を可能としたのである．

　3点目は，品目別に生産者をグループ分けすることにより，生産者自らが訴求する価格とともに，品目によって異なる生産環境および出荷体制をTGの販売事業に反映させる取り組みがなされた．図7-4にみる品目別委員会は，各々品目部会の代表が参加し，製品ごとの品質格差，作況に伴う収穫量の変動および選別施設の稼働状況などの情報をTGと共有している．

(2)　新しい農協の台頭とその特徴：フレスキューを事例に

　オランダでは，1990年代に，オークションから離脱した生産者が，品目別の生産者グループや農協を数多く設立したことはすでに述べた通りである．その一部をリストアップしたのが表7-5である．フレスキューは，これらの生産者組織の一部を統合し，コフォルタに次ぐ2番目に大きい組織へと急速な成長を成し遂げてきた農協である．しかも，フレスキューに統合されたメンバーの一部は，TGの運営や成果に満足せずにコフォルタから離脱した生

160

表7-5 1993年以降に設立した青果農協

農協名	設立年次	メンバー数	主要品目
Unistar	1993	35	果物
Cherrytomaat	1995	3	トマト
Rode Parels/Red Pearl	1995	0	トマト
Gartenfrish	1995	65	トマト
Prominent	1995	22	トマト
Present	1995	10	トマト
Quality Queen Growers Group	1996	27	ペッパー，きゅうり，トマト
Frutanova	1996	7	トマト
De Smaaktomaat	1996	81	トマト
Komosa	1996	89	きゅうり
Oranje Paprika	1996	29	ペッパー
Rainbow Growers Group	1997	7	施設野菜
Sweet Color Pepper	1997	22	ペッパー
Witte Paprica	1997	4	ペッパー
Spruiten	1997	417	Sprouts
Greenco	1997	9	トマト
CCH	1998	5	キノコ
Fossa Eugenia	1998	18	トマト，ナス，レタス
Rijko	1998	280	加工用野菜
Green Nature Group	1998	5	トマト
While Pearl	1998	16	カリフラワー
Nature Best	1998	9	きゅうり
Fresh Orange	1998	7	ペッパー
Best Growers Benelux	1999	50	施設野菜
Diana	1999	5	トマト
Rainbow Paprika Telers	1999	7	ペッパー
Vers Direct Teelt	1999	33	施設野菜
Quality Growers Holland	1999	3	チコリ
Green Connection	2000	23	ペッパー

出典：Bijman & Hendriske（2003）Appendix1 に加筆.
注：網かけはフレスキューに統合された農協である.
　　ペッパーにはパプリカ，ピーマンが該当する.

産者が少なくない.

フレスキューの設立と経過

　フレスキュー[4]は，1997年に出現した Rainbow Growers Group という，

ピーマン，パプリカなどのペッパー類の品目に特化した，7つの大規模施設園芸経営が集まる生産者グループからスタートした．この生産者グループは，高品質の施設野菜の高付加価値販売を図り，栽培方法の統一や品質管理の標準化を目的に設立したものである．

当初は，1996年にEUのPOとして認可を受けたが，任意組織であったために，1998年には，Read Star Trading と Green Nature Group という2つの生産者グループを迎え入れる際に，より多くのメンバーを包摂すべく，Cooperative Growers' Association Rainbow（CTR）という農協へと組織替えを行った．こうした結果，1999年には，組合員数は21へ，販売額は4,300万ユーロへと各々拡大した．

2000年には，さらに Action Pearl（トマト），Sweet Color Pepper（ペッパー），Looije，Van Vliet，Harting Vollebregt（以上，チェリートマト），および Gresnigt Brothers（トマトとペッパー）が加わり，2001年のCTRは，71の生産者，250haの施設面積からなる販売額1億3,000万ユーロを有する大規模出荷組織へと成長した．

これを機に，それまでは各々のメンバーの自主販売に委ねていた販売事業に，規模の経済性や範囲の経済性を発揮させるべく，EUのOFを活用して共同販売のためのマーケティング・スタンダードや受発注システムの統一を図った．それと同時に，Qulity Queen（QQ）という比較的に規模の大きい生産者グループとの共同販売を開始した．その際に，United West Growers を立ち上げ，United Flavours という共通ブランドを展開した．この販売活動が一定の成果をもたらし，やがて2003年にはCTRとQQが統合し，フレスキューという農協が誕生したのである．なお，その後は2010年までにメンバー数が2005年の96をピークに減少に転じているものの，施設面積や販売額は順調に伸びている（図7-5）．

販売事業の仕組みとマーケティング戦略
フレスキューにみる販売事業の特徴は，安全性や品質の高い野菜を生産し，

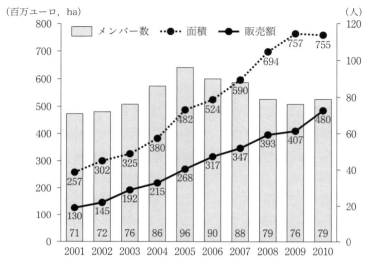

出典：FresQ, Annual Report, 2001-2011.

図7-5　フレスキューのメンバー数・販売額・面積の推移（2001-10年）

小分け・包装施設でコンシューマー・パックに加工した製品を商社機能および ロジスティック機能を有する子会社を通して，大手スーパーチェーンはじめ大口需要者の売り場に届けるまでのプロセスを垂直的に統合していることである．また，販売先はヨーロッパ全域に広がっており，豊富な品揃えや周年販売を狙ってオランダ国外からの製品調達も行っていることから，コフォルタと類似したビジネスモデルを有していることが分かる．

ところが，フレスキューは，品目別の生産者グループもしくは規模の大きいメンバー自らが小分け・包装施設を有しており，販売先の選択に個別メンバーの意向を積極的に反映しているために，中小規模の取引先への供給が相対的に容易であることから，コフォルタに比べてニッチマーケットへの対応も積極的に行われている．さらに，組合の輸出実績には，メンバー個々人が海外に設ける直営農場において生産したものが含まれていることも大きな違いである．

資産の所有と管理

　フレスキューが 2012 年に雇用した組合の従事者は 18 名と比較的に少ないが，農協の業務が主として事務に集中しているからである．フレスキューでは，集出荷を含む組合の販売活動が合併前の各々の出荷組織が所有権を持つ 6 つの子会社（FresQ Fresh Conneqt, FresQ Fresh Quality, FresQ FrEsteem, FresQ Kent, FresQ Red Star, and FresQ Rainbow Growers Group）をユニットにして行われるために，デスクワーク（商流ベースの取引手続きの事務，ICT を活用した品質管理システムのモニタリング，マーケット情報の収集・加工・提供など）に業務がほぼ完結するからである．

　このように，集出荷施設を個々の組合員＝合併前の出荷組織のメンバーが所有・運営している背景には，メンバーのほとんどは，オークションを離脱する際に，大口需要者との相対取引の拡大を目指して，早くから小分け包装施設を内部化したことが関係している．したがって，組合の販売事業では，受発注情報をメンバーの出荷施設に伝えるだけで業務が完結する仕組みとなっている．

　また，フレスキューでは，個々の生産者がスペイン，ポルトガル，イギリスに直営農場を展開していることも大きな特徴である．一部は現地市場で販売しているものの，基本的には国内で生産の困難な製品や端境期の品不足への対策である．

ガバナンス方式と意思決定権

　フレスキューのガバナンス（2012 年）は，全てのメンバーによって構成する総会において，8 名の理事とともに 5 名の監査役会のメンバーを選出する．なお，理事のうち 1 人は外部の専門家を充てている．また，理事会は組合のジェネラルマネージャーを任命することができる．ちなみに，設立当時の組合長はメンバーではない専門経営者であった．

　一方，総会における議決権は，1 人 1 票制ではなく，各々メンバーの面積に応じて傾斜配分（proportional）する仕組みを採用している．なお，利益

の配分方式については十分な情報が得られなかったが，上に述べたように，販売事業によって得られる利益は個別のメンバーやグループに帰属するために，組合そのものが有する，配当可能な利益はほとんどないことは容易に察せられる．

4.　グローバル化・ハイブリッド化の功罪

　Bijman & Hendriske（2003）は，フレスキューがコフォルタはじめほかの青果農協よりスピーディな成長を成し遂げた要因として以下の4つを取り上げている．これら要因は，個々のメンバーの有する経営者としてのリスク態度やイノベーションへの取り組みとともに，農協組織としてフレスキューの有する組織形態，ガバナンス方式，ネットワーク構造に区分して考えることができる．

　まず，各々のメンバーが有する企業家的精神に満ちたイノベーションである．彼らは，大口需要者との相対取引を目指して，オークションを離脱し，製品の品質や安全性を高めるべく，グローバル GAP，BRC などのプライベート・スタンダードの取得とともに，小分・包装施設の整備を進めたフロンティア的な存在である．また，品揃えや端境期への対策や輸出先市場の開拓のためには，スペイン，ポルトガル，イギリスなどに直営圃場を設けるなどリスクを恐れない大胆な選択を辞さなかった．

　一方，イノベーションに関しては，品種改良による製品開発への取り組みが注目に値する．Kamann & Strijker（1992）によれば，生物化学的な病害虫コントロールの導入により，施設園芸の生産性の向上を図った取り組みは，1980 年代にほぼ完了し，1990 年代における技術革新は，製品開発やマーケティングへとシフトしたという．こうした中，種苗会社と提携した品種開発により，新しい品種を最も早く取り入れたのが，フレスキューのメンバーである Van der Kaay Brothers による Vine（or truss）トマトである．その後も，フレスキューのメンバーらは，種苗会社との契約により多くの新品

種＝製品の開発に成功したが，これらの新製品に関しては，いずれも排他的権利を主張することによって新製品市場における先駆者利益を享受してきた．

　協同組合という企業形態を採るフレスキューであるが，その組織形態やガバナンス方式は，いわゆる伝統的な協同組合と些か異なることはすでに述べた通りである．最大の特徴は，協同組合の相互扶助の理念より，個々のメンバーの自由な意思決定が優先されている中で，総会における議決権をもメンバーの面積に応じて傾斜配分している．

　一方，Bijman（2014）は，このような個々のメンバーに意思決定や運営収支が完結する販売方式に鑑み，フレスキューをプラットフォーム（platform）としてファシリテーター（facilitater）の役割を果たしているという．こうしたことから，フレスキューは統一した受発注システムをベースに，独立した生産者が必要に応じてメンバーの販売事業を部分的に補完するために構築したネットワーク組織であると言える．

　このような，メンバーの自主性を保障し，単なるプラットフォームに留まる緩いネットワーク組織が，マーケティングに関する意思決定や関連資産への投資およびその成果の配分をめぐって，メンバー同士のコンフリクトが発生しがちな伝統的な協同組合の組織形態より，大規模経営にとって受け入れ易いものであったと考える．

　しかしながら，フレスキューは2017年5月に，EUから受給した4,800万ユーロのPOの運営資金（オペレーショナルファンド）を返納した上で最終的に破産[5]した．DPAによれば，フレスキューが直営農場を含む国外から集荷する青果物のシェアが，EUのCMOが規定する生産者組織の員外取引の範囲を超えたことが，POの認可要件に抵触し，2014年にPOの資格を剥奪されると同時にそれまで受給した運営資金の返納を命じられたという．

　一方，コフォルタは，合併（1996年）当初のTGへの強い権限移譲により，生産者が販売事業に関する意思決定から排除される事態に遭遇したが，これが多くの組合員の脱退をもたらした．その後においても組合員数は減少の一途を辿っている．そうした中で，コフォルタは2017年に組合員の総会

を最高の意思決定機関として復活させた.

　以上のように，コフォルタにせよ，フレスキューにせよ，青果物の販売事業を取り巻くビジネス環境の変化に積極的に応じた，ハイブリッド化・グローバル化は効率的なサプライチェーンの構築を可能としたといって差し支えない．しかしながら，組合員の自治と相互扶助を理念とする伝統的協同組合からの逸脱は，フレスキューに関しては生産者組織（PO）としての性格を薄めることにより補助金の受給要件を剥奪されたほか，コフォルタは一度農協に譲っていた販売事業に関する意思決定権を再び組合員に取り戻すこととなった．こうしたことからハイブリッド化・グローバル化を目指し企業家的精神に満ちたイノベーションを進める農協の陰には，何らかの問題を孕んでいるような印象を拭い去れない．

注

1)　Kemmers（1987）によれば，オランダで初めてオークションが設立されたのは1887年であるという.

2)　以上のような，オランダのオークションの推移に関する情報は，Bijman & Hendriske（2003）ほか，執筆者らが2015年にオランダのDPA（Dutch Produce Association）を訪ねた際に得られたものである.

3)　コフォルタの合併および子会社の設立の経過やその後のガバナンス方式の変化に関しては，Karantininis & Nilsson eds.（2007）のChapt.5（Kalogers et al., The Structure of Marketing Cooperatives：72-92）に詳しく述べられている.

4)　本章のフレスキューに関する記述は，その多くをBijman（2014）に依拠している.

5)　Holti Daily 紙，2017年6月2日の記事による.

第8章

イタリアの青果農協にみる水平的・垂直的統合
―エミリア・ロマーニャ地域におけるケーススタディ―

李　　哉泫

　イタリアの農協は，古くから複数の単協をメンバーとする農協連合[1]が数多く展開してきた．青果部門においても，大規模農協連合の存在が目立っているが，これら農協連合が取り組む事業は，生鮮青果物の共同販売だけではなく，果汁や冷凍野菜などの青果加工品の製造・販売事業にまで及んでいることが大きな特徴である．また，単協については，長い年月をかけた単協同士の合併を積極的に進め，近年は，EU屈指の販売額を誇る大規模農協が出現するに至った．本章は，このように，青果部門において，水平的・垂直的統合を同時に進めてきた，イタリアの大規模青果農協および農協連合組織の展開構造にアプローチし，その特徴を整理したものである．なお，本章はイタリアのエミリア・ロマーニャ（Emilia Romagna）州の4つの大規模青果農協への訪問調査（2012-13年）を実施し，関係者の対面インタビューおよび提供資料を分析したケーススタディの成果である．

　ここに取り上げる4つの事例は，大規模合併農協である①アグリンテサ（Agrintesa），②アポフルーツ・イタリア（Apofruit Italia）と，青果加工事業の展開をめぐり複数農協が共同出資により設立した，すなわち農協連合としての③コンセルベ・イタリア（Conserve Italia），④フルタゲル（Fruttagel）であり（後掲表8-4），何れも青果部門ではヨーロッパ屈指の事業規模を誇る協同組合である．

表 8-1　イタリアの協同組合法の経過

年次	法改正の経過と主要な内容
1882	商法において初めて法的根拠
1886	全国協同組合連盟創設（後に Legacoop）
1895	協同組合コンソーシアム連盟（Trento）
1898	カトリック農民協同組合連盟（後に Confcoop）
1904-11	Giovanni Giolitti 政府により多くの協同組合関連法を整備
	※協同組合のコンソーシアムを法的に許容
1911	イタリア消費者協同組合コンソーシアムの創設
1913	全国信用協同組合協会
1917	全国協同組合連盟による消費者協同組合連盟（Milano），労働者協同組合連盟（Roma），農民協同組合連盟（Bologna）の設置
1918	カトリック協同組合運動によるイタリア協同組合総連盟の創立
1922-44	ファシスト党による弾圧
1942	民法第 6 章 5 節 2511〜2544 において協同組合の規定を盛り込む
1945	イタリア協同組合総連盟の再結成（1967 年より Confcooperative へ）
	協同組合全国連合の再結成（1966 年より LegaCoop へ）
	※共和国憲法（1948）への反映を目指して共同の努力
1947	Basevi（法律 1577）法による協同組合の定義：加入脱退の自由，1 人 1 票制，組合員の類似事業禁止，法定利子率超過配当禁止，内部留保金の配当禁止，精算時の残余資産譲渡制限など
1948	共和国憲法 45 条：共和国は私的利益を目的としない協同組合の社会的機能を認める．法の定められる最も適切な手段により，協同組合の成長を促進し支持するほか，法の特別な統制により協同組合の性格と目的を保障する
1971	組合員による組合への貸付を認める
1977	法律 904/1977（別名 Pandolfi 法）；分配不可能な内部留保金への免税措置
1983	協同組合による株式会社および有限会社の設立もしくはその持ち分の取得を認める（別名 Visentini 法）
1991	社会的協同組合のための特別法制定
1992	協同基金と組合員投資者，協同組合参与株（ある種の優先株）の導入により，協同組合の資金調達力を強化（法律 59）
2003	法律 366/2001（別名 2003 年会社法改革と呼ばれる）：憲法上の協同組合（相互扶助の貫徹，議決権配分の制限）とその他の協同組合に区分．免税対象となりうる利益限度を定める

出典：Fici（2010），Petriccione（2013），MPPAF（2013）および Zamagni（2011）より作成．

1.　農協の概要と特徴

(1)　関連法制度

　事例分析に先立ち，表8-1を通じて，イタリアの協同組合関連の法制度を理解しておきたい．なお，古い歴史と幾度にもわたる法改正に関する説明は表8-1に委ね，論旨に関係する部分を中心に特徴を述べるに留める．

　第1に，イタリアの協同組合法は，個別法により法的根拠を与える日本と違って，事業分野を問わず協同組合を包括する法律を一元的に適用している．このような協同組合の法体系は協同組合の連合組織に異業種の組合が結合しやすい環境として働いている．

　第2に，協同組合が出資する連合組織に対しては，一定の制約の下で，出資額シェアもしくは利用高に応じた議決権の傾斜配分が認められている[2]．また，原料調達において組合員外のカバー率を50％未満に留めておけば，協同組合として減税措置が受けられるために，協同組合本来の相互扶助の精神を逸脱し，員外取引を積極的に進める協同組合も少なくない[3]．

　第3に，業種を問わない個々の協同組合が特定の連盟組織[4]の中で，互いが連携もしくは提携する機運が古くから助長されてきたということがある．とりわけ，イタリアでは，1900年代初頭において，すでに複数の組合が出資する農協連合に法的根拠が与えられ，現在においても，多くの農協連合が協同組合の成長を牽引している（Menzani et al. 2010）．

(2)　統計にみる農協の概況

　イタリアの農林政策省（以下，MPAAF）によれば，現在（2011年），農業および食品関連事業に取り組む協同組合（以下に農協とする）は10,439組合である．これらの農協は，協同組合合計（81,293組合）の12.8％を占めている（表8-2A）．農産物の生産に事業を特化している組合は73.3％で最も多く，次に食品加工業を営む組合（14.9％），農産物および食品卸売業の組

170

表 8-2 イタリアにおける農協の概況

A 事業領域別・エリア別の農協数

		北部		中部		南部・島嶼部		合計	
			%		%		%		%
	農業（生産）	1,671	61.6	874	72.1	4,976	78.8	7,655	73.3
	食品加工業	669	24.7	203	16.7	644	10.2	1,557	14.9
	卸売業	373	13.7	135	11.1	694	11.0	1,227	11.8
農業・食品関連		2,713	100.0	1,212	100.0	6,314	100.0	10,439	100.0
協同組合数合計[1]		29,389	9.2	14,274	8.5	37,612	16.8	81,293	12.8

注：1) 右の％は，協同組合数合計に占める農協のシェアである．

B 品目別の農協にみる組合数・販売額・従業員数・出資者数

		組合数 （組合，％）		取扱高 （百万ユーロ， ％）		従業 員数（人，％）		組合員数 （人，％）	
品 目 別	畜産(酪農を除く)	489	8.3	9,345	26.7	20,485	21.7	22,820	2.3
	果実・野菜	1,273	21.6	7,757	22.1	28,658	30.4	97,510	9.8
	酪農	912	15.5	6,903	19.7	12,366	13.1	32,968	3.3
	農業資材の供給	1,827	31.0	5,982	17.1	16,008	17.0	246,497	24.8
	ワイン	589	10.0	3,861	11.0	9,356	9.9	185,669	18.7
	オリーブオイル	398	6.7	285	0.8	1,859	2.0	370,098	37.3
	その他	412	7.0	919	2.6	5,478	5.8	37,832	3.8
	合計	5,900	100.0	35,052	100.0	94,210	100.0	993,394	100.0

出典：MPAAF（2013）より作成．

合（11.8％）の順となっている．なお，表 8-2A からは，農協の多くが，南部・島嶼部に集中していることが分かる．これには，イタリア固有の南北間の経済力格差により相対的に産業化に遅れた南部・島嶼地域では農業への依存度が高いということが関係している（MPAAF 2013：9）．と同時に，北部および中部地域においては，農協間の合併が進むことにより大規模農協が数多く出現しているという事情が関係している（MPAAF 2013：10）．

　品目別の農協数を見ると，農業資材の供給に特化した農協（31.0％）を除けば，果実・野菜を取り扱う農協数（21.6％）が最も多く，次に酪農（15.5％），酪農を除く畜産（8.3％），オリーブ（6.7％）の順となっている

(表 8-2B)[5]．畜産部門および青果部門の農協においては，その他の農協に比べて相対的に 1 組合当たりの組合員数が少なく，組合員 1 人当たりの販売額が相対的に大きいほか，1 組合当たりの従業員数が多い．

表 8-3 によれば，販売金額シェアについては，農協数の 67％を占める 2 百万ユーロ未満の農協の販売額シェアは 6％であることに対して，農協数シェアは 2％である 4 千万ユーロ以上の農協が有する販売金額シェアは 58％と極めて高い．とりわけ，畜産部門と青果部門の農協においては販売金額シェアがごく少数の大規模農協によって占められている傾向が顕著である．

(3) 青果部門にみる大規模農協と農協連合

表 8-4 は，イタリアの販売額上位 30（2011 年）にランクインしている農協の中から，青果物の販売または加工を事業とする 8 つの農協をピックアップしたものである．これらのうち，大規模合併農協であるアグリンテサとアポフルーツを除く，6 つの農協は農協連合である．これら青果部門の大規模農協連合は，すべてが北部の諸州に集中しており，①果実飲料や青果調製品の加工事業を行っている農協かあるいは②集出荷施設を有する生鮮青果物の

表 8-3　販売金額規模別の組合数及び金額シェア

販売額規模シェア		2 百万ユーロ未満		2～7 百万ユーロ		7 百万～4 千万ユーロ		4 千万ユーロ以上	
		組合数	金額	組合数	金額	組合数	金額	組合数[1]	金額
品目部門別	オリーブ	93	39	5	19	2	22	0	20
	ワイン	49	4	31	18	19	38	2	39
	サービス	73	12	22	26	5	19	1	43
	酪農	46	4	38	21	14	25	3	51
	果実・野菜	70	8	15	9	13	30	3	53
	畜産	70	2	11	2	14	9	5	87
	その他	85	15	11	18	4	29	0	37
割合		67	6	21	14	10	22	2	58

出典：表 8-2 に同じ．
注：1)　組合数シェアが 0 であるケースは，0.5％未満のシェアを示しているものの，元の表に整数部のみが表示されているために，確認することができなかった．

表 8-4 青果部門におけ

順位 I	順位 II[1]	組合名	販売額 (2011, 百万ユーロ)
1	3	コンセルベ・イタリア※	940.6
2	8	南チロール果実農協連合	428.8
3	20	メリンダ農協連合	238.0
4	23	バル・ベノスタ農協連合	223.6
5	24	アグリンテサ※	222.2
6	26	コンソーシオ・カサラスコ・デル・ポモドロ	220.5
7	30	アポフルーツ※	207.1
9[2] (2008)	41	フルタゲル※	122.1

出典：表 8-2 に同じ.
注：1）　農協の販売額上位 30 位のリストにおいてのランキングである.
　　2）　フルタゲルは，2011 年の販売額ランキング 30 位には含まれていないために，2008 年の順位を
　　3）　本研究が事例として取り扱っている農協については※印をつけている.

マーケティング組織の何れかに大別できる.

2. 青果農協が構築するネットワーク

(1) 2つの大規模青果農協＝単協

　アグリンテサとアポフルーツは，いずれもエミリア・ロマーニャ州におい
て，あんず，桃などの核果類の果実（stone fruit）を販売する専門農協とし
てスタートし，長年にわたる農協間合併を繰り返した結果，現在に至っては，
数十万 t に及ぶ出荷数量により 2 億ユーロを上回る販売額を誇る，イタリア
最大の青果物出荷組合である（表 8-5）.

　このように，同じ産地において類似した事業を展開しつつも，互いが異な
る組合として存在しているということは，2 つの農協が青果物の集荷・販売
をめぐって競争関係に置かれていることを意味する[6].

る大規模農協

事業部門	主な製品	所在地（州・県）	備考
青果加工組合	果実ジュース・ヨーグルト	エミリア・ロマーニャ	農協連合
青果出荷組合（生鮮）	りんご	アルト・アディジェ	農協連合
青果出荷組合（生鮮）	りんご	トレンティーノ	農協連合
青果出荷組合（生鮮）	りんご	トレンティーノ	農協連合
青果出荷組合（生鮮）	果実・野菜	エミリア・ロマーニャ	大規模合併農協
青果加工組合	トマト	ロンバルディア	農協連合
青果出荷組合（生鮮）	果実・野菜	エミリア・ロマーニャ	大規模合併農協
青果加工組合	冷凍野菜果実ジューストマト調製品	エミリア・ロマーニャ	農協連合

示している．

(2)　農協間合併のおよぶ地理的範囲

アグリンテサ

　アグリンテサは，青果物の生産・販売におけるスケールメリットやバーゲニングパワーの確保を目指して，多くの青果農協の合併により誕生した大規模青果農協である．アグリンテサは，その合併によりエミリア・ロマーニャ州のほかに，ヴェネト，プーリア，ラツィオの3つの州にも組合員を擁しているものの，出荷量の90％を州内でカバーしていることから，ほぼエミリア・ロマーニャ州に集荷の地理的範囲が完結しているといってよい．

アポフルーツ・イタリア

　アポフルーツも，アグリンテサと同様に，多くの青果農協が合併により統合された大規模青果農協であるが，組合員の地理的分布はアグリンテサといささか異なっている．アポフルーツの組合員は，エミリア・ロマーニャ州のほかに，ラツィオ，プーリア，バジリカータ，シチリア州に広がっているが，

表8-5　アグリンテサとアポフルーツの概要

農協名	Agrintesa	APOFruit Italia
設立年次[1]	2007年の複数組合の合併により現在の名称	1960年代
合併の経過	Intensa, Arifrut, emilliaftutta（2007）CEPAL（2012）	1990年代に，エミリア・ロマーニャ州以外の3つの州の4つの農協を合併
系列	Confcoop	Legacoop
主たる事業	果実・野菜の出荷 選別・小分け・包装・販売（1次加工）	果実・野菜の出荷 選別・小分け・包装・販売（1次加工）
組合員数	約5,000人	約3,400人
主要なルール	□出資　50€/1人 □1人1票制 □委託販売，共同計算，販売後の生産	□出資　100€/1人 □1人1票制 □委託販売，共同計算，販売後の生産
売上げ（2012年度）	2億7,400万ユーロ（うち，ワイン用葡萄シェア：約30%）	2億490万ユーロ
※当期利益	約78万ユーロ	約45万ユーロ
年間出荷数量	約45万t	約20万t
加工施設	5つの集出荷施設 6つのワイン醸造施設	イタリア全域に12の集出荷施設
集荷の地理的範囲（州名）	①エミリア・ロマーニャ（90%）②ヴェネト（Veneto）③プーリア（Puglia）④ラツィオ（Lazio）	①エミリア・ロマーニャ②ラツィオ③バジリカータ（Basilicata）④シチリア（Sicillia）
スタンダードおよび認証	トレーサビリティシステム Grobal GAP/BRC/PGI	トレーサビリティシステム Grobal GAP/BRC/IFS/PGI/Organic
マーケティング組織（生鮮青果）	□Alegra（共同出資）	□Canova（子会社）※有機製品に特化 □Medierraneo Group（共同出資）
加工原料の出荷先（出資組合）	□Conserve Italia（共同出資） □Caviro（ワイン，子会社）	□Conserve Italia（共同出資） □Fruttagel（共同出資）
主要な品目（t）	ネクタリン（85,000），キウイ（52,000），梨（42,000），プラム（20,000），桃（18,000），りんご（14,000），柿（6,000），アンズ（4,000），チェリー（1,000），いちご（600），その他果実（14,600），加工原料（45,000），ワイン用葡萄（150,000）	ネクタリン（43,200），キウイ（33,200），梨（21,400），桃（19,200），馬鈴薯（13,000），プラム（9,300），玉ねぎ（8,000），アンズ（7,000），クレメンティン（3,500），メロン（2,500），チェリー（2,500），柿（1,800），（種無し）すいか（470），その他果実・野菜（11,930）
備考	□州内に17の直営店舗を展開し，90名の雇用，販売額1,200万ユーロ/年の実績 □周年集荷のために，ChilliとNZの出荷組織と提携している．	□有機栽培への取り組みを強化 □有機認証面積（1,800ha），有機生産者（約500人），有機製品販売額（約5,500万ユーロ，売上シェア約25%）□Almaverdeという有機製品のみの共同ブランドを開発・管理

出典：聞き取り調査および提供資料より作成．
注：アポフルーツについては具体的な設立年次が得られなかった．ここには，50年以上の歴史を持つという説明に基づき1960年代と記した．

エミリア・ロマーニャ州が主力品目とする核果類の果実に，南部諸州の多様な野菜やシチリア島の柑橘の確保を目的に，遠隔農協の合併に積極的に取り組んできた結果である．

このような，アグリンテサとアポフルーツの組合員の地理的分布すなわちネットワークが有する集荷範囲の違いは，後に見る互いに異なるマーケティング戦略に影響を及ぼしている．

(3) メンバーの異なる複数の農協連合

アグリンテサ

アグリンテサは，アレグラ（Alegra）という青果物販売組織とともに，果実加工企業のコンセルベ・イタリアに出資している．そのほかにも，ワイン醸造会社であるカビロ（Caviro）を子会社として傘下に抱えている．

アレグラは，1980年代に卸売業者への出荷を取り止め，アグリンテサが自らの販売を手掛けるために設立したという．なお，アレグラとの取引は委託販売・販売後精算という方式をとっており，アグリンテサは，アレグラの取扱数量の約70％を供給していることから半ば子会社に近い企業であると考えられる．

コンセルベについては，後に詳述するが，加工原料果実の安定的な販売先の確保のための戦略的手段として出資を決めたが，設立メンバーとして最大の持ち分を有している．

アポフルーツ・イタリア

アポフルーツは，3つの組合が共同で出資する生鮮果実の販売組織（メディテラネオ・グループ Mediterraneo Group）と青果加工を行う農協連合（フルタゲル）に出資しているほか，有機農産物のみを取り扱うカノバ (Canova)[7] という子会社を傘下に抱えている．ちなみに，メディテラネオ・グループへの出資は，自社販売と違って，ほかの出荷組合と連携し高級品を揃え，高付加価値販売を図ることが目的である．なお，フルタゲルにつ

いては後に詳述する．

（4）　ネットワークとマーケティング戦略の関係

アグリンテサにせよ，アポフルーツにせよ，大手スーパーチェーンとの取引に課される基本的条件としてのトレーサビリティシステムやプライベートスタンダード（Global GAP，BRC など）を備えていることは共通している（表 8-5）．しかしながら，アポフルーツは出荷額ベースの約 80％が大手スーパーチェーンへのダイレクト販売であることに対して，アグリンテサのそれは，50％前後と相対的に少ない．このような違いには，2 つの組合の異なるマーケティング戦略が関係している．

アグリンテサ：プロダクトアウト型

アグリンテサは，農協間合併による出荷ロットの拡大に加え，アレグラの設立目的に触れたように，卸売機能の内部化によるバーゲニングパワーの確保がマーケティング戦略の根幹をなしている．アレグラは，当初より，プロダクトアウト体制を堅持し，青果物を求める卸・小売業者との間でマッチングを図ってきた．今日においても，アグリンテサの集荷機能とアレグラのマッチング機能が結びついた販売が行われている．したがって，契約取引を基本とする大手スーパーチェーンのプライベート・ブランド（PB）への対応は容易ではないという．

アポフルーツ・イタリア：マーケットイン型

アポフルーツの出荷額の 80％以上はヨーロッパ全域に展開する大手スーパーチェーンを販売チャネルとしている中で，多くの製品をそれら小売企業の PB として納品している．総じて，マーケットインを基本に小売企業とのサプライチェーン構築に積極的であり，リテールサービスの強化に力を入れている．ちなみに，アポフルーツは Eurep GAP の創設当初，認証基準を協議する委員会のメンバー（Konefal et al. 2005：298）として加わったことは

特記すべきであろう．

　さらにアポフルーツは，近年のイタリア国内のオーガニックマーケットの成長にビジネスチャンスを求め，有機農産物の出荷に積極的に取り組んでいるが，アグリンテサとは対照的な差別化戦略として位置づけられる（李ら2012：17-19）．

3.　農協連合による青果加工事業の展開

(1)　事例の概要

コンセルベ・イタリア

　コンセルベは，1976年に，複数の青果農協が青果加工事業への進出のために共同出資により設立した，青果加工を事業とする農協連合である．現在，果実および野菜加工品の販売により10億ユーロ（2013年）を売り上げているが，協同組合の形態をとる青果加工事業者の中では欧州最大規模である．果実飲料とトマトを含む缶詰野菜を主力製品とし，販売額の約60％がイタリア国内販売，約40％が海外輸出によって得られている（図8-1）．現在の事業規模を得るまでは，イタリア国内をはじめEU諸国（イギリス，フランス，ドイツ，スペイン，ポーランド）の果汁加工企業の買収・合併または分社化が続いた（図8-1および表8-6）．

　コンセルベは，生鮮青果物の出荷組合が出資する農協連合として，7つの州の51の農協から55万tもの加工原料の供給を受けている（後掲表8-10）．これら膨大な原料からなる加工製品の製造・販売のためには，国内のみならず海外への輸出とともに，加工施設の拡充が必要であった．そこで，加工施設を含む海外の関連企業の買収・合併に取り組んできたという経緯がある．

フルタゲル

　フルタゲルは，1994年に設立された冷凍野菜，トマト加工品，果実飲料の加工・販売を行う，青果農協のみならず生協組織をも出資する農協連合で

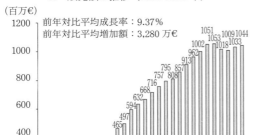

図 8-1　コンセルベ・イタリアの販売額の推移

ある．その販売金額（約1億3千万ユーロ）や原料仕入れ数量（約12万t）は，協同組合形態の中ではイタリアで2番目に大きい（表8-7及び後掲表8-11）．

　フルタゲルは，もともとプロモサガリ（Promosagari）という青果出荷組合が所有する青果加工施設の債務不履行による閉鎖を機に，それを再建することを目的に，エミリア・ロマーニャ州のラヴェンナ（Ravenna）地域の10の青果出荷組合の出資を受けて誕生した．

　フルタゲルには，設立当初，エミリア・ロマーニャ州のラヴェンナに果実ネクター，果実ジュース，その他茶飲料，トマト加工品，冷凍野菜の加工ラインを整備したが，2009年には，モリーゼ（Molise）州のラリノ（Larino）の冷凍野菜工場を買収・合併することによりもう1つの加工施設を設けた．冷凍野菜マーケットの成長が見込まれる中で，新たな投資が行われたという

第8章　イタリアの青果農協にみる水平的・垂直的統合　　179

表8-6　コンセルベ・イタリアの沿革

No.	年次	設立/買収/出資企業	拠点国	種類	備考
1	1976	Conserve Italia（15の青果出荷組合およびトマト加工組合の共同出資）	イタリア	設立	青果加工
2	1979	Covalpa-Mon Jardin コンソーシアム設立	イタリア	買収	缶詰製造
3	1983	Mediterranean Growers Ltd	イギリス	設立	貿易商社
4	1984	Salfa S.p.A	イタリア	設立	果汁加工
5	1990	Otra S.A. と Barbier Dauphin S.A	フランス	買収	トマト加工
6	1991	Warburger GmbH	ドイツ	買収	貿易商社缶詰工場
7	1993	Massalombarda-Colombani S.p.A.	イタリア	買収	果汁工場
8	1996	Lomco S.A	フランス	買収	果汁
9	1997	Konserwa Polska Sp.zo.o.	ポーランド	設立	果汁
10		Verjame S.A	フランス	買収	果汁
11	2003	Juver Alimentación S.A.	スペイン	買収	果汁
12	2004	Salfa S.p.A.	イタリア	合併	果汁
13		Cirio and De Rica S.p.A.	イタリア	出資	果汁
14	2006	Konserwa Polska Sp.zo.o.	ポーランド	閉鎖	果汁
15	2007	Cirio and De Rica S.p.A.	イタリア	買収	果汁
16		Tera Seeds S.r.	イタリア	設立	種子
17	2009	Mediterranean Growers Ltd	イギリス	分社	取引企業へ
18	2010	Conserve Italia Deutschland GmbH	ドイツ	No. 6分社	取引企業へ

出典：図8-1に同じ.

表8-7　フルタゲルの販売額と製品別シェア

		2009	2010	2011	2012
販売額（百万ユーロ）		117	115	122	129
製品別シェア（%）	果実飲料，茶類	42.4	42.3	43.2	42.6
	冷凍野菜	39.2	41.5	42.1	41.6
	トマト加工品	14.9	13.6	12.6	13.5
	その他	3.5	2.6	2.2	2.4

出典：Fruttagel, BILANCIO SOCIALE.

ことである.

(2)　農協連合のステークホルダーの構成

コンセルベ・イタリア

　表8-8によれば，出資者は4つのグループに区分されている．オーディナ
リー・メンバー（ordinary）は，出資者であると同時に，原料用果実や野菜
を供給する40の青果出荷組合であり，これらの青果農協の持ち分割合は
43.7％である．議決権の配分においては，理事会の議決総数の2/3がオーデ
ィナリー・メンバーに与えられている．サブ・メンバー（subsiding）は，シ
ーズンや品目において限定的な原料の提供に留まっている11の青果出荷組
合で，持ち分シェアは18.0％である．なお，出資者には，出資のみを行っ
ている組織（ISA[8]）と原料供給を伴わないスペシャル・メンバー（Apo
Conerpo[9]）が含まれている．

　ちなみに，出資額におけるアグリンテサの持ち分は，その合計に対するシ
ェアは11.0％であるが，40のオーディナリー・メンバーの出資額に占める
持ち分シェアは27.2％である．このように，アグリンテサは，コンセルベ
の最大の持ち分シェアと原料供給量を有し，コンセルベの意思決定に大きな
影響力を行使しているという[10]．

表8-8　コンセルベ・イタリアの出資者構成

			金額（千ユーロ）	シェア（%）	備考
資本金	出資	オーディナリー・メンバー[1]　A	34,207	43.7	40の農協
		サブ・メンバー[2]	14,067	18.0	11の農協
		出資のみ	30,000	38.3	I.S.A.S.p.a
		スペシャル・メンバー	21	0.03	Apo Conerpo
		出資額合計　B	78,294	100.0	—
		内部留保金　C	136,004	63.5	C/D
		資本金合計　D	214,299	100.0	—
備考		アグリンテサの出資額　E	9,288	E/A：27.2%，　E/B：11.9%	

出典：Bono（2012）p. 15，表8-3および Agrintesa, Bilancio dell'esercizio 2012-2013 より作成.

第 8 章　イタリアの青果農協にみる水平的・垂直的統合　　181

フルタゲル

　フルタゲルの出資者（表 8-9）には，青果物の出荷組合（No. 1〜10）や
自治体（No. 19）および連盟組織（Confcoop[11]，No. 20）といった設立
（1994 年）メンバーのほか，1996 年に新たな出資により加わった，Coop
CONARD が傘下におく 4 つの子会社（No. 14〜17）が含まれている．生協
は，製品の生産から売場をつなぐサプライチェーンの構築のために，自らが
出資を申し出たという．その後においては，1998 年に ISA の投資を受けた
が，冷凍野菜加工ラインの拡充が契機であった．

　フルタゲルの理事会や役員会における議決権配分の現況からすれば，生協
の子会社 4 社が有する議決権は，役員会において，農協の行使できる議決権
を上回っている（後掲図 8-2）．ただし，理事会においては，これら 4 社の
議決権が過半に達しないよう制限が掛かっていることから，重要な意思決定
においては，青果農協への配慮がなされているガバナンス構造であることを
垣間見ることができる．

(3)　原料調達の仕組み

コンセルベ・イタリア

　後掲表 8-10 によれば，コンセルベは，7 つの州の 51 の農協から果実や野
菜を集荷している．これらの加工原料の生産面積および集荷数量は，約 2 万
ha，55 万 t に及んでいる[12]．また，2010 年の加工原料の仕入額や仕入数量
は，各々 4,700 万ユーロ，38 万 t であり，重量ベースの出資組合のカバー率
は 88％である．この仕入額や集荷量は年々の変動はあるものの，出資組合
によるカバー率は，90％弱を常に保ってきている．

フルタゲル

　フルタゲル（2012 年）の加工原料の仕入量および仕入額は，11 万 6,000t，
6,747 万ユーロである[13]．このうち，出資組合からの原料カバー率は，重量
ベースにおいて 72％である．但し，2010 年の同割合は相対的に高く，2009

表 8-9 フルタゲルの出資者の構成

区分	出資年次	No.	出資農協/企業名など	州名	県名
青果物 出荷組合	1994	1	PROMOSAGRI	エミリア・ ロマーニャ	RAVENNA
	1994	2	TERREMERSE		RAVENNA
	1994	3	AGRISFERA		RAVENNA
	1994	4	CO. RRO. AGRI.		RAVENNA
	1994	5	PEMPACORER		RAVENNA
	1994	6	SORGEVA		FERRARA
	1994	7	SALVI VIVAI		FERRARA
	1994	8	APOFRUIT ITALIA		Ferli-Cesena
	1994	9	APOIDUSTRIA		Ferli-Cesena
	1994	10	AS.I.P.O.		Parma
	2012	11	C.A.S.A Mesola		FE
	2011	12	Apo Conerpo		Bolongna
	2004	13	A.O.M	モリーゼ	—
非農協	1996	14	CO. IND	エミリア・ ロマーニャ	Bolongna
	1996	15	SIREA		Bolongna
	1996	16	CO. IND. TRADING		Bolongna
	1996	17	ATTIBASSI		Bolongna
出資のみ	1998	18	ISA	ローマ	ROMA
	1994	19	FCPR	エミリア・ ロマーニャ	RAVENNA
	1994	20	COOPFOND		Bolongna
合計（20）				2つの州	5つの県

出典：表8-7に同じ.

年には60％を下回っている（後掲表8-11）.

　フルタゲルがメンバー組合以外からの原料仕入を行っている理由は，モリーゼの第2工場の加工ラインに見合った安定的な原料の確保とともに，メンバー組合だけでは足りない有機認証を有する生産者の十分な確保のためであった．とりわけ，後掲表8-11によれば，この有機製品の加工原料の出資組合カバー率（2012年，重量ベース）は，トマトが約21.8％，野菜が8.3％，果実が12.7％と極めて低く，80〜90％が組合員以外の個別生産者からの仕入であることが分かる．フルタゲルについては，差別化製品としての有機加工品の積極的な販売のためには，員外取引も辞さない一面を垣間見ることが

第8章　イタリアの青果農協にみる水平的・垂直的統合　　183

持ち分（%）	議決権（票）	出資額（ユーロ）
9.37	5	1,285,000
4.73	1	649,500
0.84	1	115,700
3.64	1	500,000
2.86	1	392,000
2.20	1	302,600
0.83	1	113,500
2.62	1	360,000
0.73	1	100,000
1.83	1	251,900
0.73	1	100,000
1.05	1	144,600
0.73	1	100,000
5.24	5	719,900
5.24	5	719,900
5.24	5	719,800
5.24	5	719,300
31.22	5	4,284,000
4.73	1	650,000
10.93	1	1,500,000
100.00	44	13,727,700

出来る.

(4)　販売チャネルとブランド展開

コンセルベ・イタリア

コンセルベの製品ブランド別の販売額シェアをみれば，自社ブランド（65.7%），大手スーパーチェーンのPB（17.7%），企業（Horeca）ブランドへのOEM提供（13.7%），ノンブランド（2.7%）の順に高い（後掲表8-12）．自社ブランドが占めるシェアが相対的に高く，PBの同シェアは比較的に低い．

フルタゲル

後掲表8-13を見る限り，フルタゲルの製品販売チャネルは，小売りへの直販とともに，業務用の食品問屋の2つに大別できる．各々のチャネルがもつ販売額シェアは，前者が約55%，後者が約45%である．さらに，小売りへの直販に占める，PBの販売額シェアは約90%であり，自社ブランドの存在が希薄である．また，業務用への供給においても，そのほとんど（95%）が取引先企業のブランドとして納品されている．ちなみに，設立当初はCoop CONARDへの販売が小売直販額に占めるシェアは70%以上であった．現在は，当時より販売数量が拡大し，Coop CONARD以外の販売先が増えるにつれ，同割合は約30%程度へと減少している．

一方，フルタゲルとアポフルーツはアルマベルデ（Armaverde）という有

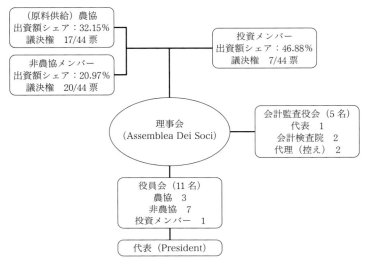

出典：表 8-7 に同じ．

図 8-2 フルタゲルの議決権配分

表 8-10 コンセルベ・イタリアの原料

A 調達先組合の概要 (2013)

拠点地域（州）	組合数
エミリア・ロマーニャ	26
トスカーナ	10
ラツィオ	6
ヴェネト	3
ロンバルディア	2
ピエモンテ	1
プーリア	3
合計（7つの州）	51

B 原料別の面積・数量 (2013)

区分		面積 (ha)	数量 (t)
果実	梨, りんご, 桃, あんず, プラム等	4,712	124,492
トマト	トマト	4,329	320,371
野菜	インゲンマメ, エンドウマメ, グリーンピース, スイートコーン, ヒヨコマメ等	11,054	105,254
合計		20,095	550,117

出典：コンセルベ・イタリアの提供資料および Bono (2012) より．
注：1) 出資組合のポジションについては，Bono が示した語をそのまま使用しているが，出

機製品の共同ブランドを展開している（李ほか2013c：18）．有機の専用棚割りが可能な品揃えを図り，11のメーカーがコンソーシアムを形成し共同ブランドとして管理している．これも，有機製品のPBを持たない，中小の小売企業に対するサービスの一環である．

4. 大規模青果農協のネットワークの特徴

　以上のように，アグリンテサ，コンセルベの組合せからなるネットワークと，アポフルーツとフルタゲルが組み合わさったネットワークは，互いが異なる構成メンバーやマーケティング戦略を有している．

　前者においては，エミリア・ロマーニャ州にほぼ完結する大規模合併農協＝アグリンテサによって核果類果実の産地統合が図られ，農協の果実販売事業におけるスケールメリットや青果加工事業の展開を目指し，アレグラとコンセルベなどの青果農協に出資が完結する農協連合に参加している．そして，アグリンテサは，自らが打ち出した，川中・川下に対抗しうるバーゲニングパワーの確保というマーケティング戦略を，アレグラやコンセルベの理事会の最大の議決権をもって貫徹させている．その結果，協同組合の農協連合組織の販売事業においても，プロダクトアウトや自社ブランドを重視した売り手優位のマーケティング戦略を堅持している．

　後者のアポフルーツは，アグリンテサと異なり，取扱品目の拡大による周年出荷および品揃えの確保に合意する，エミリア・ロマーニャ州の一群の果実

調達
C　原料仕入れにおける出資組合のポジション[1]

年度	重量 （千 t）	シェア （%）	金額 （百万ユーロ）
2006	357	88	36
2007	402	80	46
2008	408	87	58
2009	476	88	56
2010	387	88	47

資組合に完結する原料仕入れの度合いを指している．

186

表 8-11 フルタゲルの原料調達

		区　　分	2009	2010	2011	2012
合計(t)	重量(t)	メンバー農協より	69,949	67,912	78,997	83,883
		メンバー外からの購入	48,105	42,883	43,720	32,576
		合　　計	118,054	110,794	122,717	116,459
		メンバーカバー率	59.3	61.3	64.6	72.0
	金額	シェア(%) 野菜	23.8	50.2	32.9	30.0
		シェア(%) 果実	11.8	27.0	35.8	33.7
		シェア(%) トマト	64.4	22.7	31.3	36.3
		合計（万ユーロ）	4,351	4,895	6,786	6,747
有機(%)		有機シェア（%）（重量ベース）	13.5	13.4	13.9	15.1
	野菜	重量 シェア	7.4	10.8	9.5	9.5
		重量 メンバーカバー率	4.1	5.4	6.1	8.3
		金額 シェア	10.3	15.8	13.8	13.8
		金額 メンバーカバー率	6.1	8.32	8.8	12.1
	果実	重量 シェア	6.2	11.1	14.5	15.1
		重量 メンバーカバー率	4.9	7.5	9.2	12.7
		金額 シェア	13.2	19.0	24.7	25.0
		金額 メンバーカバー率	10.3	12.9	15.9	21.2
	トマト	重量 シェア	22.8	17.6	19.7	21.8
		重量 メンバーカバー率	18.7	15.8	17.9	21.8
		金額 シェア	28.9	21.2	24.1	26.5
		金額 メンバーカバー率	23.8	18.9	21.9	26.5
受託事業		運搬作業（%）	46.3	44.4	44.6	46.6
		収穫作業（%）	53.7	55.6	55.4	53.4
		受託料金合計（千ユーロ）	2,149	2,251	2,560	2,424

出典：表 8-7 に同じ．

農協が主体となって，野菜農協や柑橘農協との提携のために，複数の産地
（州）を跨いで農協を統合した大規模合併農協である．また，アポフルーツ
が出資し，共同ブランド（アルマベルデ）のパートナーとして関係している
フルタゲルは，コンセルベに類似した事業を有しているものの，生協組織が
大きな持ち分（22/40）をもって意思決定に大きな影響を及ぼしていた．な

第8章　イタリアの青果農協にみる水平的・垂直的統合　　187

表 8-12　コンセルベの販売チャネル

販売先/ブランド		販売額シェア（%）	備考（自社ブランド）
小売への直接販売	食品	27.8	
	飲料	22.8	
子会社経由		1.9	
海外市場		13.2	
自社ブランド		65.7	Valfrutta, Yoga, Cirio, Derby Blue, Jolly Colombani, Mon Jardin, Valfrutta Granchef, Apé
プライベート・ブランド（PB）		17.7	
Horeca Food		5.2	
Horeca Beverage		8.7	
OEM 生産		13.9	
バルク販売		0.7	
生鮮のまま		1.6	
その他		0.4	
合計		100.0	

出典：図 8-1 に同じ.

表 8-13　フルタゲルの販売チャネル

区分		販売額シェア	備考
小売への販売	小売への直販 ※ Coop CONARD への納品	約 55% 約 30%	うち，すべての製品が PB
	小売直販に占める PB の販売額シェア	約 90%	Coop CONARD ほか，Coop Italia, Eroski など
業務用（外食または学校給食）		約 45%	PB もしくは OEM 対応：約 95%

出典：聞き取り調査により作成.

お，このアポフルーツとフルタゲルには，マーケットインに基づいたリテールサービスを充実させ，大手スーパーチェーンとの取引において迎合的なマーケティング戦略を実行しているという共通点がみられた.

このような 2 つの農協間ネットワークの違いを吟味すれば，EU の専門農協の展開構造に関わる農協間ネットワークの特徴を読み取ることができる.

その特徴を以下の5つに整理した.

　1つ目は，特定品目の販売事業を目的とするローカルレベルの生産者組織からスタートした青果農協は，スケールメリットを図った農協間合併と，加工原料用青果物の安定的出荷や付加価値拡大に欠かせない加工・販売事業の導入のために協同組合の農協連合づくりを同時に進めてきたということである．個々の専門農協は，単独ではなし得ないスケールメリットの発現や大きな投資を伴う川中への進出を複数農協が関わるネットワーキングを通じて達成してきたことを意味する．2つ目は，農協間ネットワーキングの目的は共通しているものの，各々のネットワークの広がる地理的範囲は，特定の品目や産地の範囲を超え，複数の品目また産地へと広がっており，その広がりのパターンは一様ではないということである．3つ目は，専門農協の販売事業を取り巻く競争環境は，産地間競争もしくは農協間競争もさることながら，産地，品目，事業領域が錯綜するネットワーク間の競争の様子を帯びているということである．4つ目は，青果農協が構築する農協間ネットワークが有するマーケティング戦略は，大手スーパーチェーンのバイイングパワーに対抗できるバーゲニングパワー構築のための戦略と，大手スーパーチェーンとの取引を積極的に進めるべく，リテールサービスの強化や効率的なサプライチェーン構築を図った戦略に大別できるということである．最後に，個々の農協が自ら打ち出す経営戦略とりわけマーケティング戦略は，専門農協の展開を方向づけるキーファクターであるほか，協同組合の農協連合組織における議決権の確保は，自らのマーケティング戦略をネットワーク組織に貫徹できる主要な手段でもあるということである．

　　注
　1)　イタリア語では，農協連合をコンソルシオ（consorzio）というが，英語の農協連合（consortium）と同義語である．その辞典的意味は共同出資会社であることから，ここでは特定の事業展開のために，複数の協同組合が共同出資によって設立する協同組合の企業形態を持つ会社という意味で使用する．
　2)　出資メンバーの出資額シェアに応じた議決権の配分は，1出資メンバーは5票

第 8 章　イタリアの青果農協にみる水平的・垂直的統合　　189

以下，議決権の 10%以内に限って認められている（Fici 2010：13-15）．

3)　イタリアでは，協同組合に対しては，組合員への利益配当を制限し，内部資金として留保される利益には課税しない．それ故に，この節税効果を狙ったプライベート企業に相当する多くの企業が協同組合として登録している実態があった．そこで，2003 年の会社法の改正にあたって，協同組合としての認可基準を相互扶助（mutualism）とし，組合員以外からの集荷もしくは仕入が販売額または販売数量の 50%以上であれば，協同組合の資格を解消する措置を断行した．これについては，組合員外取引の許容範囲が緩すぎるという批判も散見される．

4)　イタリアでは，ほとんどの協同組合が，主要な 5 つの連盟組織（Agci-Agrital, Confcooperat, Legacoop, Unci, Unicoop）に加盟している．

5)　表 8-2B は，注 4 に示した連盟組織に加盟している農協のうち，共通のデータベース（AIDA）に取扱品目，組合員数，従業員数，販売額などの情報を登録している組合（5,900 組合）のみを対象にカウントしている．

6)　インタビューでは，いずれの農協からも互いがライバル関係にあることを認めたという経緯がある．

7)　アポフルーツの有機製品の生産・販売に関する詳細は，李ほか（2013c）を参照されたい．

8)　MPAAF が加工ビジネスの活性化のために設けた投融資機関である．

9)　Apo Conerpo は，欧州連合（EU）が認可する 44 の生産者組織（PO）の連絡協議体であり，これ自体は青果物の生産・販売機能を持たない．

10)　コンセルベでは，メンバー組合ごとの議決権の配分に関する詳細な情報が入手できなかったが，アグリンテサのインタビューでは，最大の持ち分を行使し，コンセルベの意思決定において大きな影響力を与えているという回答が得られた．

11)　Confcoop は，カトリック系列の連盟組織である．Confcoop と社会主義系列のLegacoop 連盟は，異なる理念に基づきイタリアの協同組合運動を主導してきた経緯がある（表 8-1）．これら連盟組織は，自らが展開する協同組合運動に資すべく，投資基金を設けた上で，所属する単協への投資を行っている（Fici 2010：46-61）．

12)　加工製品の場合は，製品在庫を反映した原料仕入の管理が行われるために，コンセルベの仕入数量の変動が販売額に反映されていないことに注意が必要である．

13)　コンセルベ（123 ユーロ/t）とフルタゲル（581 ユーロ/t）において，1 トン当たりの仕入額には大きな開きがある．前者の（缶詰）野菜製品の売上シェア（17.8%）に比べて，後者の（冷凍）野菜の同シェア（41.6%）が相対的に高いほか，後者にはメンバー外からの有機野菜の高値仕入（表 8-11）が少なくないからである．

第9章
農協の販売事業を補完する農協連合モデル
―スペイン・バレンシア州のアネコープの事例―

李 哉 泫

南欧諸国とりわけイタリア，スペインの青果部門に展開する一部の農協連合は依然として成長し続けている．Bijman et al.（2012：73）によれば，これらは欧州連合（EU）の農協連合の中では例外的存在である．

EU農協の国際協力組織であるCogecaが提供する，2013年の青果部門農協の販売額トップ10のリスト（Cogeca 2014：34）には，ほかの品目部門と違って，4つの農協連合（コンセルベ・イタリア Conserve Italia，アポ・コネルポ Apo Conerpo，アネコープ Anecoop，メリンダ Melinda）がランクインしている．アネコープはスペイン，残り3つは，前章（表8-4および注9）ですでにその存在を確認しているイタリアの農協である．これに対して，残り6つの農協は，いずれも長い時間をかけて農協間合併を繰り返してきた巨大合併農協である．ちなみに，上位3位までの農協はオランダ（フローラホランド FloraHolland，コフォルタ Coforta），ドイツ（ラントガルト Landgard）の農協である．西欧諸国においては農協の大規模合併が進む中で農協連合の存在が希薄となりつつある傾向を垣間見ることができる．

このように，イタリアやスペインに集中してみられる農協連合の中でも，とりわけ成功例として積極的に取り上げられることの多い農協が，スペインのアネコープ（Giagnocavo 2012）とイタリアのコンセルベ・イタリア（Bono & Iliopoulos 2012）[1]である．但し，前者は生鮮果実や野菜を主力品目とする共同販売事業に特化した農協であるのに対して，後者は，果汁を中心とした青果物の加工事業を行う農協であるという違いがある．

このように，EU諸国では，農協間の度重なる合併，農産物販売をめぐる

効率的サプライチェーン構築への要求が，農協連合の解体もしくは再編をもたらしている[2]ものの，南欧諸国とりわけスペイン，イタリアの青果部門においては依然として農協連合は健在である．こうしたことから，これら成功例としての南欧諸国の農協連合は，どのような組織構造の下で，取引先からの効率的なサプライチェーン構築への要求に，如何なる対応を行ってきたかという疑問が浮かび上がる．

　そこで，本章は，その疑問に答えるべく，2つのメンバー農協（コープ・カンソ Coop Canso，ヴィセンテ・コープ Vicente Coop）を含むアネコープのケーススタディにより，農協連合における組織構成とメンバーシップ，サプライチェーン構築への関与とメンバー農協の販売事業との棲み分けを含む連合マーケティングの仕組みを明らかにする．

1.　アネコープの組織構造

(1)　組織形態と設立の経緯

　スペインのバレンシア（Valencia）地域[3]は，1970年代に世界有数のオレンジ集散地を形成し，西欧諸国への輸出チャンスが広がる中，①農協や個人企業との熾烈な競争による価格低下の問題，②輸出に際しての煩雑な手続き，③零細な出荷組合における規模の非経済性，などの問題を抱えていた．アネコープは，これらの問題を解決すべく，農協連合に法的根拠を与えた農協法の改正（Farm Union Act 1974）を受け，オレンジを出荷する33の農協の共同出資によりオレンジの集荷販売に特化した農協連合として設立された（Mora 2001：33-36）．ちなみに，設立当初のアネコープが目指した農協のロールモデルはアメリカのサンキスト（Sunkist）であったと記されている（Mora 2001：34）．

(2) 組織構成とメンバーシップ

メンバー農協とその推移

現在（2012年），アネコープは76の農協をメンバーとする，EU屈指の農協連合である．これらのメンバー組合の地理的範囲は，バレンシア州（43組合）を中心に，アンダルシア州（6組合），カスティーリャ・イ・レオン州（1組合），ナバーラ州（1組合），ムルシア州（5組合）といった，5州12県に広がっている．

表9-1は，メンバー組合を出荷額規模階層別にみたものである．2012年においては，100万ユーロ未満が21組合（28.0％），100～300万ユーロが15組合（20.0％），300万ユーロ以上が39組合（52.0％）である．これを2007年と比較すると，出荷額300万ユーロ以上の組合が7組合増加しているのに対して，100万ユーロ未満の組合数は2組合減少している．また，表9-1と表9-2を合わせてみれば，メンバー組合数は，2007年の83組合から12年の75組合まで徐々に減少しているほか，加入と脱退が繰り返されていることが分かる．なお，メンバー農協数の減少の一部は，メンバー農協間の合併に起因するものであることに注意されたい．

表9-1 アネコープメンバー組合の出荷額規模

出荷額規模（万€）	2007			2012		
	組合数	利用高シェア	組合数シェア	組合数	利用高シェア	組合数シェア
600以上	16	56.3	19.3	18	61.07	24.0
300～600	18	25.3	21.7	21	26.99	28.0
150～300	14	11.4	16.9	10	7.27	13.3
100～150	12	4.7	14.5	5	2.17	6.7
50～100	6	1.4	7.2	9	2.12	12.0
0～50	17	0.9	20.5	12	0.38	16.0
合計	83	100.0	100.0	75	100.00	100.0

出典：Anecoop, Memoria RSC, 当該年度より．
注：農協のみの数である．

第9章　農協の販売事業を補完する農協連合モデル　193

表9-2　近年のメンバー組合数変動の内訳

		2010	2011	2012	2013
メンバー数		84	79	79	76
	加入	0	3	2	—
	脱退	5	3	5	—

出典：表9-1に同じ．
注：加工事業体を含む数である．

メンバーシップ[4]

　アネコープの定款によれば，農協連合のメンバーとなるためには，アネコープに出資をするか，もしくは利用するかという2つの選択肢がある．両者の違いは，前者は出資額に応じて利益配当を受けるのに対し，後者は配当を受ける資格がないほか，販売委託手数料が出資組合（2%）より割高（2.5〜3%）になるということである．ちなみに，2012年のメンバー組合の出資によるアネコープの資本金は約1,300万ユーロである．

　メンバー組合は，出荷数量の40%をアネコープに販売を委託する義務を有し，販売を委託した場合は販売額の2〜3%を手数料として支払わなければならない．但し，委託販売に関しても，製品の集荷および出荷調製（小分け・包装）のすべての過程は，各々のメンバー組合自らが有する選別・出荷施設で行われるため，販売手数料に施設・設備の利用料金が含まれることはない．

　アネコープは，メンバー組合の代表により構成する理事会の下に，運営委員会が置かれ，その傘下に事務・人事・行政委員会，生産・販売委員会，品質およびマーケティング委員会の3つの委員会を設けている．なお，アネコープの定款により，出資金を供しているメンバー組合に配分する配当金（還元額）は，その20%を組合の内部資金留保，10%を教育及びプロモーションに当てることを義務づけている．ちなみに，理事会における議決権配分の詳細は確認できなかったが，出資における持ち分や利用高に応じた議決権の傾斜配分がなされているという．

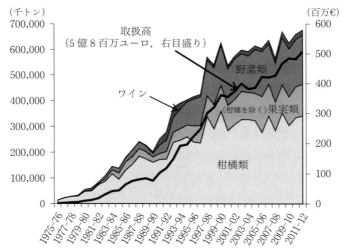

出典：Anecoop の提供資料より作成．

図 9-1 アネコープの販売額の推移（1975-2012 年）

(3) 取扱品目

　当初，アネコープの取扱品目は，オレンジの出荷に特化していた．ところが，図 9-1 を見れば，製品カテゴリーが次第に拡大していることが見受けられる．現在は，オレンジをはじめとするクレメンティン，温州みかん，レモンなどの柑橘類に柿が加わっているほか，すいか，トマト，いちご，ピーマン，ブロッコリーなどの多様な野菜やワインへと取扱品目が広がっている．これは，アネコープが早くから取り組みはじめたオレンジの連合マーケティングにより蓄積したノウハウ，拡大する販売チャネル，ブランド認知度の高さが，メンバー組合の取り扱う他品目のマーケティングにも活用されたほか，それを活用しようとするほかの農協からの新たな加入要請が続いたからである．

第9章 農協の販売事業を補完する農協連合モデル　　　195

2.　アネコープの販売実績と販売チャネル

(1)　販売額の推移

　図9-1は，アネコープの販売額の推移（1975-2012年）を示したものである．これによれば，設立当初（1975年）のアネコープの販売額は100万ユーロであったが，1980年に1千万ユーロを超え，1990年には1億ユーロに達した．その後，1995年に2億2,500万ユーロ，2000年に3億5,500万ユーロ，2005年に4億2,300万ユーロの販売額を記録した後に，遂に2012年には5億ユーロを突破した．

　このように1990年以降においてはおよそ5年ごとに1億ユーロの売上拡大を実現するほど，持続的な成長を成し遂げている．なお，アネコープの販売額の推移を品目別にみる限り，柑橘類の販売数量は1999年（35万8,000t）をピークに減少傾向に転じていることから，柿，すいか，イチゴ，トマトなど新たに加わった，柑橘以外の果実や野菜の販売額の拡大がアネコープの成長を牽引しているといって差し支えない．

(2)　販売チャネル
国別にみた販売先

　アネコープの製品の多くは海外へ輸出されている．販売先を国別に確認すると次の通りである．フランス（22.9％），ドイツ（17.8％），スペイン国内（12.5％），スウェーデン（5.9％），イタリア（5.9％），イギリス（5.8％），ポーランド（4.4％），チェコ（3.2％），オランダ（2.9％），ベルギー（2.9％），デンマーク（2.2％），オーストリア（2.0％），ロシア（1.8％），フィンランド（1.4％），スロバキア（1.2％），スイス（1.0％）である[5]．このように，アネコープの販売先国は，フランス，ドイツに大きく傾斜しつつも，EU域内を中心に合計45カ国に広がっており，スペイン国内市場に仕向けられる販売数量はわずか12.5％に留まり，海外市場をそのメインターゲッ

196

表 9-3 アネコープの販売チャネル
（2005 vs 2011 年）

（単位：%）

区分	2005 年度	2011 年度
スーパーマーケット[1]	41.4	47.1
ディスカウントショップ	19.7	22.3
卸売業者	31.3	26.3
その他	7.6	4.3
合計	100.0	100.0

出典：図 9-1 に同じ.
注：1）　量販店を含む.

トとしていることが分かる.

　一方，アネコープは，ヨーロッパ全域（フランス，イギリス，チェコ，ポーランド，オランダ）およびロシア，中国において，支社もしくは現地企業との合弁会社からなるアネコープグループを形成しているが，当初より，アネコープに求められた海外市場開拓のために，長い歳月をかけて構築した国際的な販売ネットワークである.

販売チャネル

　アネコープの販売チャネルは，量販店を含むスーパーマーケット，ディスカウントショップ，卸売業者，その他に区分できる．表 9-3 は，その販売額シェアを 2005 年度と 2011 年度で比較したものである．これによれば，すでに 31.3％にまで縮小されていた卸売業者への販売額シェアは，同期間に26.3％へとさらに低下している．これに対して，スーパーマーケットやディスカウントショップへの販売額シェアは，前者が 41.4％から 47.1％へ，後者が 19.7％から 22.3％へと，それぞれ拡大している．大手スーパーチェーンとの取引が主流である両者を合わせた販売額シェア（2011 年度）は約70％に達している.

3. マーケティングにおける農協連合の役割

(1) マーケティング戦略

　このように，アネコープでは，大手スーパーチェーンへの直接販売が拡大し続ける中で，当初のマーケティング戦略が大きく変化してきた．設立当初は出荷ロットや荷姿をまとめ，輸出先国の卸売市場に上場するのが主な販売形態であった．しかしながら，近年，何れの輸出先国においても，大手スーパーチェーンの小売市場シェア[6]が高まる中で，その取引をめぐっては，プライベート・スタンダードの整備，プライベート・ブランド（PB）への積極的な対応，売場のバックヤード機能（小分け・包装）の内部化，仕入れ効率に応じた大規模出荷ロット，品揃え，周年出荷の確保，取引先の物流センターと集出荷ラインをつなげる受発注情報の統合といった，厳しい取引条件に直面するようになった．

　このような販売を取り巻く環境変化の下で，現在のアネコープの販売戦略には，製品差別化を基本に，①供給能力の拡大，②多様な製品の確保，③供給期間の延長（周年出荷），④販売ネットワークの強化，⑤研究開発やイノベーション，⑥品質・安全性の保証，⑦自社ブランド（BOUQUET，BLACK CAT，NADAL，POPPY など）認知度の向上といった7つが掲げられている．出荷ロット，品揃え，プライベート・スタンダードを備えたうえで，大手スーパーチェーンとの取引におけるサプライチェーン構築への積極的な参加を維持しつつ，独自のプロモーションをテコ入れした自社ブランドの強化，研究・開発による新しい製品の開発・提案による新たな価値の創造といった，効率性や付加価値を同時に追求することが，戦略の基本的な考え方をなしている．とりわけ，アネコープは，バレンシアやムルシアに2つの試験圃場を設けているが，その試験研究により開発したクレメンスーン（Clemensoon）は，従来のクレメンティンより出荷時期の早い品種として注目され，着実に売上げを伸ばしている．また，製品差別化については，自社

ブランドのBOUQUETの高い認知度を活かし，BOUQUET Bioという有機製品ブランドの開発・販売に取り組みはじめた．2011年度のBOUQUET Bioの出荷数量は5,923tとまだ僅かではあるが，過去3年（2009-11年）で約3,000t増加するほど，その販売は好調であり，今後は付加価値拡大のために，メンバー組合に有機認証の取得を奨励する方針である．

(2) サプライチェーン構築への関与

図9-2は，アネコープの販売事業に関わる部別編成を示したものである．これによれば，① G-GAP，BRC，HACCPなどのスタンダードの整備や生産コスト分析を含む「品質管理」，②トレーサビリティ・システムの構築や取引先の納入業者のコーディングに対応した「記録・情報管理」，③新しい品種・製品の「研究・開発」，④メンバー組合の経営および営農指導，メンバー間の連絡協議を担当する「コーポレートサービス」，⑤プロモーション

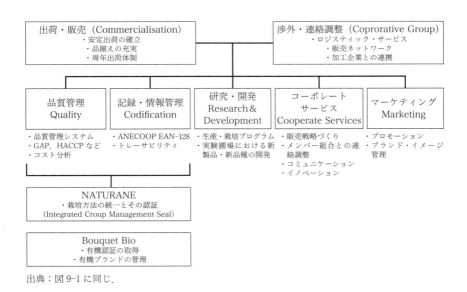

出典：図9-1に同じ．

図9-2 アネコープの販売事業の業務体系

やブランド管理を担当する「マーケティング」といった5つの部署からなっている．これらの業務のうち，大手スーパーチェーンとのサプライチェーン構築において最も欠かせない業務が「品質管理」と「記録・情報管理」である．

　この品質管理について，アネコープは，Eurep GAP の創設当時に，その認証制度の審議会のメンバー（Konefal et al. 2005：298）として加わった経緯があるが，EU の大手スーパーチェーンが進めるプライベート・スタンダードの整備に早くから積極的に対応してきたことを意味する．こうした経緯もあって，アネコープでは全てのメンバー組合を対象に，小売企業の求めるスタンダード（GAP，BSC，ISO，HACCP など）の取得を完了している．

　一方，アネコープが品質管理や記録および情報管理のために，独自に開発したのが「NATURANE」と「ANECOOP EAN-128」である（図9-2）．NATURANE は，慣行的な栽培方法から合成農薬や化学肥料の投入量を統一的に減らした IPM（総合的有害生物管理）を導入し，それを作物の栽培方法の基準として定めたものであるが，これをアネコープのメンバー農協のすべての生産者に遵守させている．NATURANE の特徴は，アネコープが提供する製品を生産するすべての圃場において，取引先の求める最も厳しい安全性や品質基準を満たしうる栽培方法を用意することにより，生産者もしくは圃場によって異なる栽培方法により生じうる出荷数量の確保・管理の煩雑さとともに，納品条件の不備による受注困難を回避できるということである．

　ANECOOP EAN-128 は，生産から納品までのすべての情報が，IC タッグやバーコードによって記録されることにより，トレーサビリティ・システムとして機能しているものである．同システムの特徴は，小売企業の求める最大限の情報を収録したラベルと，アネコープとの取引実績をもつ全ての小売企業のコードや等階級の区分に合わせることにより，受発注システムの汎用性を実現したことにある．

4. 農協が選択する農協連合の機能

(1) 事例農協の概要

コープ・カンソ

コープ・カンソはバレンシアのアルクディア（Alcudia）地域を中心に，柑橘や柿の生産者が組織する農協である．設立（1910年）から100年以上の歴史を有する農協で，約2,000人の組合員，3,100万ユーロ（2012年）の販売額からみて，アネコープ・メンバー組合の中で最も規模の大きい組合の1つである．柑橘とともに柿の出荷量シェアが高い中，桃，ネクタリン，スイカのほか，カリフラワー，レタス，白菜などの野菜も出荷している．3万m²の選果場面積，5,800tを貯蔵できる低温貯蔵庫，柑橘や柿の選別ライン

表9-4　2つのメンバー組合の概要

		Coop Canso	Vicente Coop
設立年次		1910	1944
資本金（2012）		約1千万€	約1,500万€
組合員数		約2,000人	約800人
出荷額（2012）		約3,100万€	約1,140万€
面積		約2,000ha	約1,100ha
品目別出荷量	柑橘	24,600t	20,100t
	柿	24,400t	—
	その他果実	2,700t	—
	野菜	3,500t	5,238t
アネコープ経由率		柑橘：60〜70% 柿：15%	柑橘：85% 野菜：80%
PBの出荷額シェア		約35%	n.a
自社ブランド		CANSO, Airc, L'alcudiana	Beacoop, Rual Fruits
備考		柿におけるPDO取得	仲買業者によるLidl, KAURCANAへの納品

出典：各々農協の総会資料および聞き取り調査による．

（柑橘 40t/h，柿 20t/h）を備えている．

　アネコープとの関係については，出資によりアネコープの創設メンバーとなって以降，継続してアネコープの運営に関わっている．ちなみに，当該地域には「Kaki RIBERA DEL XUQUER」[7] という EU の PDO（原産地呼称保護制度）への登録を果たした，柿の地域ブランドがある．

ヴィセンテ・コープ

　ヴィセンテ・コープは，バレンシア州のベナグァシル（Benaguacil）地域において柑橘や野菜を出荷する，約 800 人の組合員，1,140 万ユーロの出荷額を擁する大規模農協である．ヴィセンテ・コープは 1944 年に設立された比較的古い農協であるが，同農協が柑橘を取り扱いはじめたのは 1970 年代後半からである．それ以前は，とうもろこしや綿の生産が盛んであったという．

　こうした理由から，柑橘の販路確保のためにアネコープのメンバーとなったのは 1988 年である．なお，アネコープには出資しておらず，利用のみのメンバーである．現在，柑橘を中心としつつも，スイカ，メロン，カリフラワー，ピーマンなどの野菜も大きな出荷量シェアを占めている．

(2)　販売チャネルにみるアネコープとの関係

コープ・カンソ

　コープ・カンソの出荷額のうち，柑橘に関しては約 65％がアネコープを経由した委託販売である．アネコープを経由しない出荷額の約 35％については，その約 8 割が輸出先国における 14〜16 社の大手スーパーチェーンへの直接販売となっている．なお，柑橘の出荷においては，出荷額の約 35％が大手スーパーチェーンの PB として販売されている．

　一方，柿については，アネコープ経由率が 15％と低く，そのほとんどは PDO ラベルを付した自社ブランドとして販売している．アネコープ経由率が柑橘に比べて低くなっている理由は，アネコープに先立ち柿の取扱いがス

タートし，すでに特定の販売チャネルが長期・安定的に維持されているほか，地理的表示ラベル（PDO）をテコ入れした高付加価値販売が可能となっているためである．

コープ・カンソは CANSO，Airc，L'alcudiana という 3 つの自社ブランドを有しているが，これらの自社ブランドは，PB を持たない小売企業（40〜50 社）への販売に用いている．

ヴィセンテ・コープ

ヴィセンテ・コープでは，柑橘や野菜のいずれも，出荷額に占めるアネコープの経由率は 80％以上となっている．特に，スイカのアネコープ経由率は 100％である．当該地域では柑橘の産地形成が相対的に遅れたために，当初よりその販路確保をアネコープに依存していたことがその背景にはある．

アネコープを経由しない約 10％の柑橘は，古くから取引のある仲買業者を通じてリドル（Lidl），カウルカナ（KAURCANA）に納品されている．また，カリフラワーは，アネコープを通さずに全量を特定の小売企業へ直接販売している．

ヴィセンテ・コープが出荷時に用いるブランドのうち，自社ブランド（Beacoop，Rual Fruits）は出荷数量ベースで約 25％程度である．大手スーパーチェーンの PB への対応については，具体的な回答が得られなかったものの，出荷量の多くが Alcampo，Carrefour に納品されており，その際に用いるブランドは，アネコープのブランドか，もしくは PB となっている．

(3)　農協連合の利用をめぐる考え方の相違

コープ・カンソの販路確保において，アネコープへの依存度は相対的に低く，なかんずく柿については，自ら安定的な販路を確保している．柑橘についても，年々のアネコープ経由率は流動的であり，どちらかといえば，アネコープからの受注を安定的に保ちつつ，農協自らの直接販売に積極的に取り組んでいる．このように，アネコープの経由率が低い背景には，アネコープ

設立以前から古い歴史をもつ柑橘出荷組合として，多くの取引先を確保していたことや，柿の PDO ラベルを生かした，地域ブランド力の行使が主要な理由として働いている．さらに，農協のマーケティング戦略においても，自らの販売努力すなわち取引先との交渉や営業努力を生かし，付加価値を高める販売への取り組みを強化していることもアネコープへの依存度を弱める重要な要因となっている．

　これに対して，ヴィセンテ・コープは，とうもろこしや綿から柑橘，野菜へと品目転換を図る中で，販売におけるアネコープへの依存度を強めてきた．当初よりアネコープへの委託販売に大きく傾斜したマーケティング戦略は未だ変わらず，今後においても，アネコープを経由した販売を継続するという．理由としては，独自にマーケティング戦略を立案し，そのために必要な経営資源の拡充・再配分を行うことは，コストアップの要因となる恐れがあるほか，販売不振というリスクに晒される可能性も高くなることを挙げている．

おわりに

　本章の課題は，EU 諸国の農協連合が解体局面を迎えている中，スペインのアネコープは，未だ健在な農協連合の成功例として注目されている理由を探ることであった．考察においては，その理由について整理した．

　1 つ目は，農協連合を構成する農協にみる事業規模の零細さである．前述の Cogeca（2014：34）の青果部門農協の販売額トップ 10 のうち，単協としてランクインしているオランダのコフォルタ（3 位）[8]，ベルギーのベルオルタ（BelOrta，8 位）の 2013 年の販売額は，各々 12 億 9,300 万ユーロ，3億 5,000 万ユーロである．これに対して，アネコープの販売額は，76 の農協の出荷からなる約 5 億ユーロである．アネコープのメンバーにも，農協間の合併が進んでいるとはいえ，農協連合の販売機能や資産の内部化もしくは買収・合併が図れるほどの巨大合併農協の存在は見当たらず，28 カ国に及ぶ EU の共通農業市場において，上のコフォルタ，ベルオルタなどの巨大合

併農協との競争を可能とするためには，依然として農協連合を必要としているということである．

　2つ目は，農協連合のメンバーシップの柔軟さとガバナンスである．前掲表9-2からアネコープのメンバー農協数は新たな加入や既存メンバーの脱退により年々変化していることを確認した．すなわち，アネコープは，農協が必要に応じて設立した連合組織として，それに出資またはそれを利用する農協にとって自らが求める連合組織の機能と役割が解消されれば，脱退を辞さないことが確認できた．逆に，新たに必要性が生じれば，比較的に自由に連合組織のメンバーの資格が取得できるということである．また，アネコープの運営をめぐる意思決定は，出資額シェアや利用高に応じた議決権の傾斜配分により，大規模農協に対してインセンティブを与えている．このような，開かれたメンバーシップの柔軟さとガバナンスは，農協間の事業規模や販売戦略に生じる異質性がもたらしうる葛藤や矛盾を脱退や議決権の行使をもって解消できる手段として作用している．

　3つ目は，農協連合が用いるマーケティングの仕組みにおける農協と農協連合との機能分担（＝棲み分け）である．アネコープのメンバー農協である，コープ・カンソとヴィセンテ・コープの販売事業からは，当該農協が擁する品目，販売チャネル，ブランド力を勘案して，自ら販売するか，農協連合を通して販売するかを，単協が主体となって品目ごとに選択していることを確認した．その選択の論理を，一言でいえば，農協の強みを生かしつつ，弱みを農協連合として補完するものである．前者（強み）については，農協が独自に取り扱う主力品目，長期にわたる取引によって信頼関係が構築された従来からの販売チャネル，地域ブランドを活かした高付加価値販売などがあった．後者（弱み）は，主として，アネコープの主力品目，大規模出荷ロットが求められるマスマーケットへのアクセス能力，アネコープの有する人材や営業力である．このように，販売事業の展開をめぐる農協と農協連合との機能分担＝棲み分けも，農協間の事業規模や販売戦略に生じる異質性がもたらしうる葛藤や矛盾の蓄積を防げる重要な連合マーケティングの仕組みである．

一方，以上のように，農協連合への出荷数量の選択とともに，連合への加入と脱退の自由が無制限に保障されれば，農協連合の販売事業における安定的かつ計画的な出荷ロットの確保が困難となろう．これを防ぐべく，アネコープの定款には，連合への出荷義務数量を定めていることに注意が必要である．

4つ目は，農協に支持される農協連合の販売戦略の有効性とサプライチェーン構築への積極的な取り組みである．農協連合は，オーナーたるメンバー農協に支持される事業展開を担保にして経営の持続性を確保するといって差し支えない．アネコープについては，設立以降40年間にわたって，メンバー農協数と販売額を拡大してきが，これは直ちに，アネコープがメンバー農協に支持されてきたということを意味する．

その背景には，アネコープが，当初より与えられた輸出市場拡大という機能を充分に果たしつつ，多数のメンバー農協からの集荷能力や卸売市場への上場に依存した，プロダクトアウトを販売戦略とするバーゲニング農協から，その後のビジネス環境に応じて，製品およびブランド開発能力や販路確保のための営業力（海外支社および合弁企業，品揃え，周年販売など）に支えられたマーケットインを販売戦略とするマーケティング農協への転換をなしとげたことが作用している．

近年，小売市場の市場集中度を高めてきた，EU諸国の青果物マーケットにおいては，卸売市場を経由しない大手スーパーチェーンと産地出荷組織との直接取引が急速に拡大している．アネコープは，このようなマーケット環境の変化に応じ，プライベート・スタンダードの象徴たる，Eurep GAPの創設に積極的にコミットし，早くから大手スーパーチェーンとの取引条件とりわけ効率的サプライチェーン構築に力を注いできた．その結果，アネコープが独自に開発した，NATURNEとANECOOP EAN-128は，いずれの農協においてもマーケティング・スタンダードの整備に欠かせない，汎用性の高いシステムとして，メンバー農協に最も支持されている．

注

1) コンセルベ・イタリアについては第8章を参照.

2) Soeggard（1994）の分析結果による.

3) スペインのバレンシア州におけるオレンジの生産・販売を取り巻く環境やその実態については第4章に詳しく述べられている.

4) 以下は，アネコープの定款および「年次報告（Memoria RSC）2013」に基づいた記述である.

5) アネコープの「年次報告（Memoria RSC）2013」p.11.

6) 詳しくは，第2章を参照.

7) 2002年にEUのPDOとして登録したが，登録NoはES/PDP/0005/0114である. なお，EUの地理的表示制の詳細については第11章参照.

8) コフォルタについては，第7章においてケーススタディの成果が整理されている.

第10章

組織再編を進めるスペインの青果農協
―アルメリアの野菜農協のケーススタディ―

李　　哉泫・森嶋輝也・清野誠喜

　スペインの最南端，アンダルシア（Andalucía）州アルメリア（Almería）県には，数万ヘクタールのビニルハウスが地面を覆う「プラスティックの海」（Sáncheza & Galdeano 2011：249）と呼ばれる，世界最大の施設野菜地帯が広がっている．本章は，この地域で施設野菜の集荷・販売を担っている農協が，ビジネス環境の変化に応じ，どのような組織再編を行ってきたかを，その再編結果の異なる複数の農協を対象にトレースしたものである．

　本章が考察する事例は，スペイン・アルメリア県において 2011 年の野菜販売額上位 10 位内にランクインしている 4 つの農協（「カシ（CASI）」，「アグロイリス（AGROIRIS）」，「ムルヒベルデ（MURGIVERDE）」，「ウニカ・グループ（UNICA GROUP）」）である．これら事例のうち，カシは伝統的な協同組合＝SCA として，ほかの販売組織と合併することなく組織規模を持続的に拡大してきたケース，アグロイリスはハイブリッド＝SAT の組織形態を持ち，複数の販売組織との合併を遂げてきたケースである．一方，ムルヒベルデとウニカ・グループは，農協連合の共通点を持つが，両者の間には，資産の所有構造において相違が見られる．なお，本稿には，コエクスパール（Coexphal）への訪問インタビューにより得られた資料が多用されている．コエクスパールは，アルメリア県の施設野菜出荷量の約 70％をカバーしている 83 の野菜販売組織を会員とする輸出支援組織として，産地および海外の生産・販売に関する情報の収集・分析・加工・提供を行っているために，これら資料を有効に活用することができた．

　結論を先取れば，事例農協のマーケット環境の変化への対応にみる組織形

態，ガバナンス方式，組織間ネットワーキングは，極めてダイナミックな変容を遂げている中で，大規模合併や農協連合組織の創出を通じた大規模出荷ロットの確保とともに品揃えや周年出荷を狙った集荷の地理的範囲の拡大，大手スーパーチェーンへの長期安定的な販売のためのマネージャー権限の強化を進めている．

1. スペイン農協の動向にみる特徴

(1) 農協制度の沿革と農協数の推移

以下には，これまでのスペインの農協法・制度の変遷過程とともに，合併を進める農協の動向を整理した（表 10-1）．

スペインでは，1880 年代終わり頃から 1900 年代の初頭にかけて，カトリック教会が主導する協同組合が多数出現したものの，協同組合への法的根拠は，第 2 共和国の発足による協同組合法の成立（1931 年）を待たなければならなかった．ところが，1940 年に誕生したフランコ独裁政権では，新たな協同組合法（1942 年）によって，協同組合の自由な経済活動が制約され政治的統制の道具に転落したが，これにより協同組合の設立の機運が途絶えた（Gignocavo & Vasserot 2012）．

その後，新しい憲法が協同組合に法的根拠を与えたのは 1978 年である．ところが，すでに 1974 年には，それまで萎縮していた協同組合の経済事業を促進すべく協同組合連合の設立を可能にしたほか，その延長において（後述の）SAT（1981）という特別な農協を創出した．また，1980 年代には，州法レベルの協同組合制度が整備されていく中で SAT と SCA からなる農協設立のピークを迎えた．このように，スペインの協同組合法（1987 年）は，それ以前の農協の設立を追認する形で成立したといってよい．

以上のことを農協数の動向から確認すれば，2011 年の農協数合計（3,487）のうち，1980 年以降に設立した農協（1,886）の占める割合が 54.1％である中で，その大半（50.5％）が 1980-99 年に設立されたことがわ

第 10 章　組織再編を進めるスペインの青果農協　　　209

表 10-1　スペイン農協の設立推移と関連制度の変化

設立時期	新設農協数	%	沿　革
1960 年以前	212	6.1	□ 1880 年代終わり～1900 年代初頭：カトリック教会が主導する協同組合の誕生 □ 1902 年　初の信用組合 □ 1906 年　Farm Union Act（6 つ の 組 合⇒1912 年 1,772 組合）
1960-69	231	6.6	□ 1931 年　協同組合法（第 2 共和国） □ 1940 年　フランコ（独裁）政権誕生 □ 1942 年　協同組合法（※ 1969 年　7,700 組合） □ 1956 年　Mondragon 設立
1970-79	207	5.9	□ 1974 年　協同組合法改正の論議が勃発（政治から経済へ） □ 1978 年　フランコ死去 □ 1978 年　スペイン憲法（適切な法制度をもって組合の設立をサポートする）
1980-99	953	27.3	□ 1978 年　協同組合連合組織（Second degree）に法的根拠 □ 1980 年代　各自治州における協同組合法制定ラッシュ □ 1981 年　SAT 創設（手続きの簡便化，自由な運営管理　※ハイブリッド農協）
2000-09	861	24.7	□ 1987 年　協同組合に関する一般法（協同組合法） □ 1986 年　EC へ ※ 1992 年　CMO による PO 支援のスタート □ 1990 年　Cooperative Tax Law（減税および免税）
2010 年以降	72	2.1	□ 1996 年/2003 年/2007 年/2013 年　EU の CMO 改革（PO 支援の強化および F&V 以外への適用） □ 1999 年　協同組合法改正（規制緩和） □ 2000 年代　EU の外延的拡大（EU-15～EU28：輸出をめぐる競争激化）
合　計 （2011 年）	3,487	100.0	□ 2009 年　CCAE の改称（Product out から Market in へ） □ 2011 年　New Spanish Cooeratives Integration Act.（合併および連合の助長）

出典：Gignocavo & Vasserot（2012）により整理・作成.

かる（表 10-1）．また，2000 年以降にも農協設立の機運は依然として高まっていることも注目に値する．その背景には，1999 年の改正協同組合法により，協同組合の事業やガバナンスに関する種々の規制緩和が図られたことが作用している（Giagnocavo & Vasserot 2012；Giagnocavo et al. 2012）．

一方，Marti & Garcia（2014）によれば，スペインでは 1990 年代中頃より農協間の合併や農協連合の設立が本格的にスタートし現在も進行している．これには，スペインの農協が有する事業規模の零細さが関与している．販売額からみれば，5 百万ユーロ未満の比較的零細な農協数が全体（2,664）の72.5％を占めており，5 千万ユーロ以上の相対的に規模の大きい農協（58）は僅か 2.3％しかない（表 10-2）．すなわち，市場交渉力において不利を強いられがちな零細農協が合併や農協連合の創出を通して，規模の経済性を発揮しマーケットポジションを高めようとする取り組みが積極的に行われているということである．

こうした結果，表 10-3 によれば，2006 年に 4,022 を数えた農協数は，2013 年において 3,838 へと減少した．ところが，農協の販売額は依然として拡大し続けており，農業生産額に占める農協販売額のシェアも年次によって起伏はあるものの，緩やかな拡大の基調を保っている．そうした中，1 農

表 10-2 スペインにおける販売額規模別の農協数

販売金額 （百万 €）	組合数	％	販売額 （百万ユーロ）	％	販売額/1 組合 （百万ユーロ）
＜1	1,008	37.8	370	1.8	0.4
1〜＜5	925	34.7	2,320	11.6	2.5
5〜＜15	476	17.9	4,055	20.3	8.5
15〜＜50	195	7.3	5,116	25.8	26.5
50〜＜100	32	1.2	2,148	10.5	65.8
100〜＜500	24	0.9	2,877	16.2	161.8
500〜＜1,100	4	0.2	2,695	13.8	689.7
合計（平均）	2,664	100.0	19,581	100.0	7.4

出典：Cooperativas Agro-alimentrias de Espana, Directorio Annual de Cooperativas 2014.

第10章　組織再編を進めるスペインの青果農協　　　211

表 10-3　スペインにおける農協数および販売額の推移

年度	農協数	農協販売額 （百万ユーロ）	農業生産額 （百万ユーロ）	生産額シェア （％）	販売額/1 組合 （百万ユーロ）	雇用 （人）
2006	4,022	20,095	37,176	54.1	5.0	
2007	3,996	20,875	42,490	49.1	5.2	91,454
2008	3,989	22,569	41,589	54.3	5.7	94,156
2009	3,939	22,042	37,946	58.1	5.6	99,079
2010	3,918	21,614	40,371	53.5	5.5	93,737
2011	3,861	23,826	41,375	57.6	6.2	97,615
2012	3,844	25,696	41,955	61.2	6.7	97,944
2013	3,838	26,183	44,186	59.3	6.8	96,220

出典：表 10-2 に同じ.

　協当たりの平均販売額は約 5 百万ユーロから約 7 百万ユーロへと拡大していることから，この間の農協数の減少には農協間の合併が関係していることが容易に推測できる.

(2)　農協の組織形態

　スペインは，伝統的な協同組合を組織形態とする SCA[1) に加え，ほかの国には例を見ない SAT（Sociedades Agrarias de Transformación）という，「農業特例会社」ともいうべきハイブリッド農協に近い企業形態を農協としてカウントしている.

　SAT とは，1981 年に農協の設立を促進すべく，設立手続きの簡素化や運営管理における自由度を高めるために特別に創設した，伝統的な協同組合に似て非なる組織形態である. SAT は，出資資格を農業生産者，事業領域を農業及び関連事業に各々限定し，複数の出資者が連帯無限責任を負うことから農協との共通点が少なくない. とはいえ，「議決権の傾斜配分」や「出資権譲渡，出資金買戻し」が可能であり，「監査役会の設置義務」や「理事会の名簿・議事録の届け出の義務」はなく，「定款の修正に許可を要さない」ほか，法人税を課されるという点では，ハイブリッド農協と呼ぶにふさわしい存在である.

212

SAT は，根拠法（Royal Decree 1776/1981）や農林食料環境省（MAPAMA）の「SAT 設立に関するガイドブック」[2] を読む限り，出資者全員が無限責任を負うという意味では，農業「合名会社」ともいえるものの，本稿では，和訳がもたらしうる誤解を避けるべく SAT をそのまま使用することにした．

2. アルメリア県における産地構造とビジネス環境の変化

(1) アルメリア県の野菜生産・出荷の実態
果菜類野菜に特化した施設野菜産地

欧州連合（EU）の中で，スペインは果物や野菜（以下，青果物）に関しては最大の生産国としての地位を有している中，同国では青果物の生産・販売は，国内市場への供給のみならず輸出機会に恵まれた一大ビジネスとなって

表 10-4　アルメリア県の主要野菜の栽培

品目	アンダルシア A	品目シェア	アルメリア県 C	%	グラナダ県 D	%
トマト	15,517	25.2	11,081	25.6	3,661	41.9
ピーマン[1]	10,303	16.7	9,325	21.6	761	8.7
きゅうり	7,584	12.3	4,839	11.2	2,587	29.6
ズッキーニ	7,489	12.1	7,116	16.5	144	1.6
すいか	5,756	9.3	5,478	12.7	202	2.3
いんげん	3,070	5.0	1,348	3.1	1,122	12.8
なす	2,113	3.4	1,908	4.4	73	0.8
メロン	2,100	3.4	1,991	4.6	69	0.8
キャベツ	53	0.1	53	0.1	0	0.0
かぼちゃ	8	0.0	8	0.0	0	0.0
チャード	3	0.0	3	0.0	0	0.0
アスパラガス	2	0.0	2	0.0	0	0.0
その他	7,657	12.4	92	0.2	115	1.3
合計	61,655	100	43,244	100.0	8,734	100.0

出典：MAPAMA, Anuario de Estadistica Avance 2015, Madrid 2016.
注：1）　パプリカなどペッパー類が含まれる．

第 10 章　組織再編を進めるスペインの青果農協　　　　213

いる．そうした中，アンダルシア州のアルメリア県は，MAPAMA によれば，
スペイン（2014）の施設野菜作付面積（77,486ha）の 55.8%（43,244ha）を
集積しているスペイン最大の施設園芸地帯である（表 10-4）[3]．同州のグラ
ナダ（Granada）県（8,734ha），ウエルバ（Huelva）県（7,330ha），マラガ
（Malaga）県（1,974ha）も少なくない施設野菜の作付面積を有しているが，
アルメリア県の産地形成やその成功に触発され，後発産地が裾野を広げた結
果である．

　アルメリア県が出荷する主要な野菜の品目別の面積とそれがスペインの同
種品目の面積に占めるシェアを見ると，トマト（11,081ha，52.7%），ピー
マン（9,325ha，72.5%），きゅうり（4,839ha，59.1%），ズッキーニ
（7,116ha，90.0%），すいか（5,487ha，79.1%），なす（908ha，81.8%）な
どの少数の果菜類野菜に品目を特化しており，スペインでは，その産地がほ

面積（2014 年）

（単位：ha，%）

スペイン 合計 B	品目 シェア	A/B（%）	C/A	C/B
21,042	27.2	73.7	71.4	52.7
12,857	16.6	80.1	90.5	72.5
8,183	10.6	92.7	63.8	59.1
7,911	10.2	94.7	95.0	90.0
6,925	8.9	83.1	95.2	79.1
3,482	4.5	88.2	43.9	30.5
2,332	3.0	90.6	90.3	81.8
3,791	4.9	55.4	94.8	52.5
55	0.1	96.4	100.0	96.4
45	0.1	17.8	100.0	17.8
143	0.2	2.1	100.0	2.1
606	0.8	0.3	100.0	0.3
10,114	13.1	75.7	1.2	—
77,486	100.0	79.6	70.1	55.8

214

表 10-5 アルメリア県の施設野菜の出荷および輸出の実

区分 品目	出荷量及び出荷額				輸出量及	
	出荷量 A	出荷額	%	ユーロ/kg C	輸出量 B	輸出額
トマト	789,474	412,616	23.5	0.52	518,289	466,032
ピーマン	629,512	440,857	25.1	0.70	457,146	515,781
すいか	499,288	164,980	9.4	0.33	163,985	85,418
きゅうり	440,525	193,817	11.1	0.44	389,560	275,519
ズッキーニ	348,654	267,761	15.3	0.77	203,552	206,376
なす	188,255	80,903	4.6	0.43	105,410	80,391
その他	303,575	192,680	11.0	0.63	337,191	370,519
合計	3,199,283	1,753,614	100.0	0.55	2,175,133	2,000,036

出典：Cajamar CAJA RURAL（2015）Análisis de la Campaña Horofrutícola de Alemría より.

ぼアルメリア県はじめ周辺の産地に限られると言ってよい（表 10-4）.

　一方，品目別の出荷金額は，（パプリカを含む）ピーマンの 4 億 4,100 万ユーロ（25.1％）が最も大きく，次に，トマト（4 億 1,300 万ユーロ，23.5％），ズッキーニ（2 億 6,800 万ユーロ，15.3％），きゅうり（1 億 9,400万ユーロ，11.1％），すいか（1 億 6,500 万ユーロ，9.4％），なす（8,100 万ユーロ，4.6％）の順となっており，これらの 6 品目の出荷額が出荷額合計に占める割合は約 89％である（表 10-5）.

輸出向けの施設野菜

　アルメリア県から出荷される施設野菜（約 320 万 t）の 68.0％は輸出に供されている（表 10-5）．出荷量に占める輸出量シェアの高い品目を並べると，きゅうりの 88.4 ％が最も高く，その次に，ピーマン（72.6％），トマト（65.6％），ズッキーニ（58.4％），なす（56.0％），すいか（32.8％）の順に高い．また，輸出額合計（約 20 億ユーロ）に占める品目別割合は，ピーマンが 25.8％，トマトが 23.3％と相対的に大きく，きゅうりの 13.8％，ズッキーニの 10.3％に比べて，すいか（4.3％）及びなす（4.0％）は比較的に小

態（2015年）

(単位：t, 千ユーロ)

び輸出額

%	ユーロ/kg D	B/A%	(D−C)/D %
23.3	0.90	65.6	41.9
25.8	1.13	72.6	37.9
4.3	0.52	32.8	36.6
13.8	0.71	88.4	37.8
10.3	1.01	58.4	24.3
4.0	0.76	56.0	43.7
18.5	1.10	—	42.2
100.0	0.92	68.0	40.4

さい.

作型から見た産地区分

　アルメリア県は，東西に細長く広がる地形の下，西側のハウス面積（18,542ha）が東側のそれ（6,190ha）より大きい（表10-6）．また，アルメリア県の地区別の施設野菜の作型を見れば，東側のニハル（Nijar）地区とアルメリア地区はトマトの生産に大きく傾斜した作型であることに対して，エル・エヒード（El Ejido）をはじめ西側の7地区はピーマン，きゅうり，ズッキーニの生産に集中している．

　一方，上の6品目のうち，トマト，ピーマン，きゅうり，なす，ズッキーニは夏場を，すいか，メロンは冬場を，各々の出荷時期としている（図10-1）．なお，いずれの品目の組合せでも7〜9月の真夏の品薄状態の端境期を避けにくいことが見てとれよう．

　以上のような①地区によって異なる作型，②品目による出荷時期の制約は，野菜販売組織の水平的連携による出荷品目の拡大，周年出荷を必要とする理由である．

(2)　組織再編前の野菜農協とビジネス環境の変化

組織再編前の農協の姿

Giagnocavo et al.（2012：11）によれば，1988年当時の同県の野菜出荷額に占める農協のシェア（27％）はオークションハウス（以下，オークションと略す）[4] のそれ（60％）を大きく下回っている中，一部（13％）の野菜は生産者から集荷業者に直接販売されていた．ところが，1994年には，農

表 10-6 アルメリア県における地区別の施設野菜の主な作型

地区（市町村）名		施設面積 (ha)	主な作型（栽培時期）	
			秋冬	春夏
東側	Nijar （ニハル）	3,850	トマト トマト トマト	トマト すいか メロン
	Almeria （アルメリア）	2,340	トマト トマト トマト	トマト すいか メロン
	2 地区	6,190	―	―
西側	El Ejido （エル・エヒード）	11,210	ピーマン ズッキーニ きゅうり	メロン ズッキーニ メロン
	Roquetas de Mar （ロケタス・デ・マル）	1,810	きゅうり ズッキーニ ピーマン	メロン ズッキーニ メロン
	Vicar （ビカル）	1,790	ピーマン きゅうり ズッキーニ	メロン メロン ズッキーニ
	La Mojonera （ラ・モンホネーラ）	1,452	トマト ズッキーニ きゅうり	すいか ズッキーニ メロン
	Berja （ベルハ）	1,070	ピーマン ズッキーニ	すいか ズッキーニ
	Adra （アドラ）	940	ピーマン ピーマン	メロン すいか
	Dalias （ダーリアス）	270	ピーマン ズッキーニ	すいか ズッキーニ
	7 地区	18,542	―	―

出典：López et al.（2009）p. 15 及び p. 174 より作成．

協の同シェア（39％）がオークションのシェア（35％）を上回ったほか，集荷業者の直接仕入れの増加が見られた．当時は，市場集中を強めてきた EU 諸国の大手スーパーが，大量の野菜を安定的に確保するために，オークションからの仕入れを取りやめ，専属の集荷業者を通じた仕入れとともに，荷口

第10章　組織再編を進めるスペインの青果農協　　　　　　　　　　217

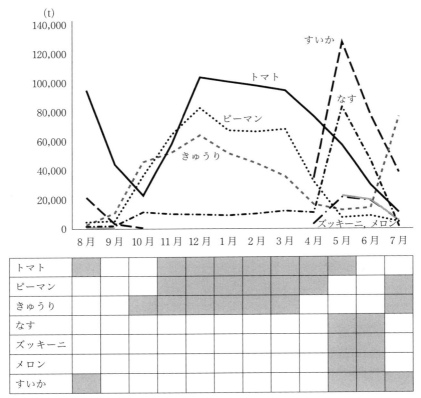

出典：Coexphal (2016), MEMORIA より作図.
注：下図の網掛けは出荷の最盛期を表している.

図 10-1　施設野菜の月別出荷量（2015年）

の大きい農協との直接取引を本格的に開始したからである（Bijman & Hendriske 2003）.

　ところが，1998年にはオークションの販売額シェア（49％）が農協（39％）を再び上回るようになった．2000年代初め頃までのアルメリア県の野菜農協の大部分は，単品生産に特化した少数の生産者を組合員とし，集出荷施設を持たずにバルク状態の生産物をオークションまたは集荷業者を通し

て販売していたために，（後に詳述する）大手スーパーが求める取引要件を満たすことが困難であったからである（Sánchez & Ángel 2007）．

これに関して，Pérez & Pablo（2003：490）は，Global GAP や BRC（British Retailers' Consortium）の認証を必要とするプライベート・スタンダードへの組織的な対応の遅れを指摘しているが，2007 年の各々の認証の取得率（López et al. 2009：39）は 21.1％，18.0％に留まっていることから，2010 年頃までに依然としてその遅れは十分に改善されていない実態を垣間見ることができる．

一方，現在（2015 年），同県では農場から農協への出荷量シェア（58.0％）がオークションのそれ（42.0％）を上回っている（図 10-2）．両者の販売先にみる最大の特徴は，大手スーパーへの出荷量シェアが 76％と高い中，農協の野菜出荷量の 59％は大手スーパーとの取引であることに対して，オークションの同シェアは 12％に留まっているということである．ちなみに，オークションからセリ落とされた野菜の 67％は野菜集荷業者の手に渡った後に，23％は大手スーパーへ販売されており，残り（77％）のうち 51％も青果卸売業者を経由して大手スーパーに納品されている．

ビジネス環境の変化

同県の野菜農協が 1990 年代後半から直面したビジネス環境の変化とは，上に述べた大手スーパーとの取引の拡大とともに，野菜の輸出をめぐる競争の激化という 2 つに集約できる．

①大手スーパーが求める取引要件

大手スーパーとの取引拡大は，野菜農協に対して新たな出荷体制の整備を求めた．同県に展開する大手スーパーの野菜仕入れシステムを分析した，Sáncheza et al.（2013）によれば，その出荷体制が備えるべき要件とは，グローバル GAP などのプライベート・スタンダードの取得，広域エリアをカバーする集配センターへの大量一括供給，コンシューマー・パック製品への

第 10 章　組織再編を進めるスペインの青果農協　　219

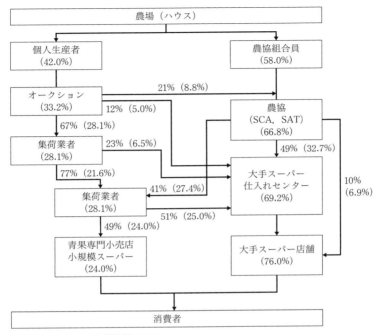

出典：Coexphal の内部資料による．
注：括弧内の数値は，出荷量の合計を 100 とする値である．

図 10-2　アルメリア県の施設野菜の出荷および販売経路（2015 年）

小分け・包装，自動配送システムを駆使したロジスティックといった条件を満たした，効率的なサプライチェーンの構築であった．加えて，同県の農協が販売する野菜の約 58％は播種前の数量契約であることに触れ，この契約取引も重要な取引要件であると指摘している．

また，本章に取り上げるすべての事例農協では，小分け・包装を済ませたコンシューマー・パックへの加工が，大手スーパーが要求する重要な取引条件であることを確認した．ちなみに，前掲表 10-5 に示した輸出価格（D）と出荷価格（C）の差額が輸出価格に占める割合は軒並み 40％と高いが，その多くは小分け・包装の経費である．こうした実態は，かつてバルク状態の荷姿を基本とするオークションの販売方式に比べれば，大きなビジネス環境

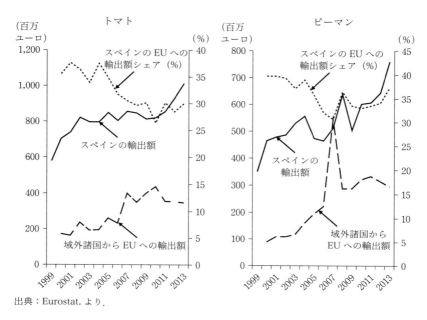

図 10-3 スペインのトマトおよびピーマンの輸出額の推移

の変化にほかならない．

②輸出の停滞

　アルメリア県の施設野菜の輸出は，1994年の欧州連合（以下，EUとする）の統合を機に飛躍的に拡大したが，2000年以降には，オランダ，ベルギーなどEU加盟国間の競争とともに，モロッコ，トルコなどのEU外諸国とのEUへの輸出をめぐる競争がスペイン野菜の輸出の停滞をもたらした（図10-3）．そこで，同県の野菜農協は，EU全域を跨いでチェーン店舗を展開する大手スーパー[5]との取引を安定的に保つほか，新たな輸出先市場の開拓に力を入れる必要があったのである．

3. ビジネス環境の変化に応じた野菜農協の対応

(1) 農協間のネットワーキングによる水平的統合

図10-4によれば，同県の野菜販売組織の販売額順位階層別の販売額シェアは3カ年（1999，2008，2016年）において大きく変化している．1999年から2008年にかけて累積曲線が下方移動しているが，2009年まで続く販売組織の増加により，販売額が新設組織へと分散された結果である．その後，2016年には上位10位までの大規模販売組織の集中度が2008年の55％から63％へと高まっているが，その背景には，出荷ロット及び品揃えの拡大，周年出荷，集出荷施設の効率化を可能とする農協間の水平的統合が関係している．

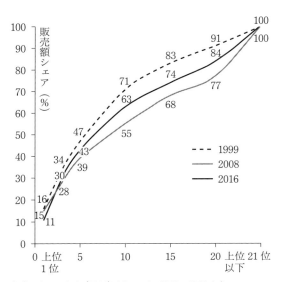

出典：Coexphal（2016）Memoria 2015～2016より．

図10-4 野菜販売組織の販売額順位階層別の販売額シェアの推移（アルメリア県）

アンダルシア州の農協統計[6] によれば，同県の農協数は 2009 年の 85 まで
増加した後に減少し始め，2015 年には 70 となっていることから，その間農
協の合併が進展していることが分かる．また，同統計によれば，同県では，
2013 年にすでに 21.8％を占めていた農協連合の販売額シェアが 2015 年には
31.1％へと拡大している．

　このように，同県の野菜農協の水平的統合は農協間合併と農協連合の設立
という 2 つの手段によって達成されているものの，現地調査のインタビュー
によれば，資産の所有権の移転を伴う合併を避け，複数農協の販売機能のみ
の統合に留まる農協連合が選好される傾向があったという．なお，こうした
傾向は，Lario & Espallardo (2013) がスペイン全域の農協連合を含む 500
の農協組織の規模拡大のプロセスを分析した結果とも一致している．

(2)　販売事業における農協の権限強化

　大手スーパーとの取引に際しては，プライベート・スタンダードの整備と
ともに，契約取引やコンシューマー・パックへの対応が欠かせないことはす
でに述べたとおりである．これらの要件を満たすためには，グローバル
GAP などの認証要件をクリアしうる栽培方法を全ての出荷者に統一的に適
用し管理する必要があるほか，播種前の受注に合わせた品目別の割当，製品
別の納品計画に沿った集出荷施設の運営とりわけ原体の搬入・小分け・包装
作業及び作業員の雇用・配置などを計画的かつ効率的に遂行しなければなら
ない．こうした大手スーパーとの取引要件を満たすために，農協は販売事業
における組合員の関与を制限しマネージャーの権限を強めてきたがこれもビ
ジネス環境の変化への対応手段である．

(3)　輸出市場の開拓

　表 10-7 は，同県の野菜の輸出先国・地域の変化を示している．野菜農協
は前述の輸出停滞の局面を打開すべく，輸出競争力の向上及び新しい輸出先
市場の開拓のための輸出戦略を実行した結果，2000 年代終わり頃に輸出拡

表 10-7 アルメリア県の施設野菜の輸出先国・地域の変化

年次 輸出先国・地域	1999 輸出量 (t)	% (A)	2014 輸出量 (t)	% (B)	(B) − (A)
ドイツ	317,639	30.0	598,931	30.9	0.8
フランス	230,106	21.7	288,918	14.9	−6.9
オランダ	154,276	14.6	254,780	13.1	−1.5
イギリス	122,497	11.6	210,440	10.8	−0.7
その他	168,513	15.9	381,405	19.6	3.7
EU-15	993,031	93.8	1,734,474	89.4	−4.5
その他 EU[1]	22,595	2.1	147,760	7.6	5.5
EU-28 合計	1,015,626	96.0	1,882,234	97.0	1.0
EU 外	42,769	4.0	58,900	3.0	−1.0
合計	1,058,395	100.0	1,941,134	100.0	—

出典：図 10-3 に同じ.
注：1）キプロス，チェコ，エストニア，ラトビア，リトアニア，マルタ，ポーランド，スロバキア，スロベニア，ブルガリア，ルーマニア，クロアチアである.

大を実現した．その戦略とは，品種改良を通じた新しい製品開発による製品差別化やかつてドイツ，オランダ，フランス，イギリスに依存した販路を改善し，東欧諸国への輸出攻勢をかけることであった．

Pérez & Pablo（2003：485）および Giagnocavo et al.（2012：18）によれば，同県の野菜農協は，2000 年以降において，資材供給企業，食品加工企業，貿易商社などとも連携し，技術革新とともに輸出市場の開拓・拡大に取り組んでいる．Sáncheza et al.（2011）には，こうしたネットワークの構築をクラスター（Cluster）モデルを用いて説明している．

4. 事例にみる組織再編のプロセスと結果

表 10-8 は，アルメリア県（2011 年）において販売金額が上位 10 位にランクインした野菜販売をビジネスとする農協ほかオークションハウスをリストアップしたものである．本章で取り上げる 4 つの事例（No. 1，4，5，9）

表 10-8　野菜販売金額上位 10 の販売組織（2011 年）

順位	販売組織名	組織形態		販売額合計 （百万ユーロ）
1	*UNICA Group*	SCA	農協連合	228
2	Grupo Agroponiente	SL	オークション	207
3	Alhondiga La Union	SA	オークション	188
4	*AGROIRIS*	SAT	単協	180
5	*CASI*	SAC	単協	160
6	EH Femago	SA	オークション	140
7	AgrupaEjido	SA	オークション	116
8	Viscasol	SCA	単協	111
9	*MURGIVERDE*	SCA	農協連合	110
10	Grupo Primaflor	SAT	単協	110
	合計	—		1,550

出典：Sáncheza et al.（2013：30）表 5.1 より.
注：1）　イタリックで示した農協は本章で取り上げる事例である.
　　2）　表中の SA は株式会社，SL は有限会社である.

は，いずれも販売金額から見て最も大きい野菜農協の一部であることが分かる.

　表 10-9 は 4 つの事例の設立年次，組織形態及びメンバー構成，販売額，取扱品目，集荷エリア，販売方法などを示したものである. 以下には，事例の概要に関する説明は表 10-9 に委ね，各々の事例にみる水平的統合のプロセスとマーケティング戦略の相違と特徴について述べる. なお，いずれの事例においても，2010 年を前後に総合的有害生物管理（IPM）を駆使した栽培方法の統一が行われ，品質や安全性に関するプライベート・スタンダードの取得を完了している点は共通しているために詳述していない.

(1)　組織再編とマーケティング戦略

カシ SCA

　カシは，設立年次（1944 年）が最も古く，組合員数，ハウス面積，野菜生産量，販売額から見れば，当該産地に展開する単協としては最大規模であ

る[7]．カシは，他の農協との合併や農協連合に参加せずに，1944 年の設立以降に持続的にニハル地区のトマト生産者を組合員として迎え入れてきた．その結果，依然としてカシの販売額の 95％がトマトに集中する，単品に特化した販売事業となっている．ただし，カシも 1990 年代後半には，農協間の合併を目指したものの，吸収合併を拒む交渉相手の抵抗に遭遇し合併を断念した経緯があることを特記しておきたい．

このようにカシは，複数品目からなる周年出荷体制の整備や品揃え機能の発揮が困難な中，トマトの産地を統合した上で，単品の出荷ロットを大きくすることにより売り手のパワーを強化することにマーケティング戦略を見出してきた．

一方，もともとカシは，自らオークションを運営し組合員の生産物を全てセリ取引で販売していたが，現在は，セリ取引（販売額の約 40％）と大手スーパーとの契約取引（約 60％）を同時に取り入れた販売事業を展開している中，年々契約取引による販売額が拡大する傾向にある．なお，注目すべきは，これら 2 つの販売方式を組合員自らが自由に選択できるということである．ちなみに，契約取引に関しては，その履行を保証すべく，農協のマネージャーが受発注に応じた集出荷計画を実行している．

アグロイリス SAT

アグロイリスは，1994 年に 10 名の生産者が設立した SAT からスタートし，その後に，組合員の増加により出荷規模が急速に拡大する中，1997 年以降には 2 つの子会社（Sol Poniente SAT, Socoiris SL）を傘下に置くほか，2010 年以降は，3 つの販売組織（Compolameria SA, Mayba SAT, Ejidoluz SCA）を合併している．このように，アグロイリスが合併を成し遂げたのは，合併によって過去の蓄積としての資産の所有権を失う伝統的協同組合＝SCA と違って，合併後にもそれが維持できる SAT という組織形態が有利に働いたからである．

現在（2015 年），アグロイリスの集荷エリアは合併によって広がったもの

226

表 10-9　事例の

	CASI（カシ）	AGROIRIS（アグロイリス）
設立年次	1944	1994
組織形態	SCA（単協）	SAT（単協）
メンバー組織も しくは合併組織	なし	Compolameria SA（2010） Mayba SAT（2011） Ejidoluz SCA（2013）
組合員数	1,800	700
面積	2,100ha	1,000ha
出荷量	約 20 万 t	約 20 万 t
従業員（人）	1,100	1,500
販売額（2015）	1 億 9,000 万ユーロ	1 億 2,000 万ユーロ
子会社など	―	Sol Poniente SAT Socoiris SL
品目	トマト（95％）	ピーマン，きゅうり，メロン，すいか
集出荷施設	集出荷施設　3 カ所	集出荷施設　5 カ所
集荷エリア	アルメリア東側に集中	アルメリア西側に集中
販売方法	オークション（40％） 直接販売（60％）	直接販売（100％）

出典：2016 年 9 月に実施した訪問調査より作成．

の，依然として同県の西側に留まっている．そこで，ピーマン，きゅうり，メロン，すいかに出荷品目が集中している中，そのほとんどを大手スーパーに販売している．販売担当のマネージャーによれば，リテールサービスの強化をマーケティング戦略の柱に掲げ，契約取引の履行に欠かせない計画生産，

第10章　組織再編を進めるスペインの青果農協　　　227

概要（2015年）

MURGIVERDE（ムルヒベルデ）	UNICA（ウニカ）Group
2005	2009
SCA（農協連合）	SCA（農協連合）
Agro Murgiverde SAT（2005） Ejidoverde SCA（2005） Campovicar SCA（2009） Geosur SCA（2009）	Cabasc SCA（2009） Casur SCA（2009） Chorsan SCA（2009） Ferva SAT（2009） Agrieco SAT（2009） El Grupo SCA（2011） Agrolevante SAT（2015） Parquenat SCA（2011） Parafruts SL（2015）
400	1,900
1,400ha	2,300ha（施設） 1,000ha（露地）
約14万t	約27万t
3,500	2,800
1億2,000万ユーロ	2億6,000万ユーロ
Alcoex Mediterranean SL Consorfrut SL（輸出商社）	※2016年 Group An と共同販売開始
ピーマン，きゅうり，なす，ズッキーニ，すいか，トマト，いんげん，メロン	トマト，ピーマン，きゅうり，なす，ズッキーニ，メロン，すいか，いんげん，レタス，オレンジ，クレメンティン
集出荷施設　5カ所	集出荷施設　10カ所
アルメリア県全域	アンダルシア州全域及びムルシア州一部
直接販売（100%）	直接販売（67%）

　安全性・品質の保証，きめ細かいパッケージングへの要求に効率的に対応すべく，農協のマネージャーにより，取引先別の受注に応じた品目別の作付面積の割当て，集出荷施設への搬入及び小分け包装作業の計画的な実施が行われている．

ムルヒベルデ SCA

ムルヒベルデは，3つの SCA，1つの SAT をメンバーとする農協連合である．これまでのメンバー農協の増加により，集荷エリアは，アルメリアの西側から東側へと広がり，当初の西側の主力品目（ピーマン，きゅうり）に限られていた製品カテゴリーに東側のトマト，メロンが加わっている．

ムルヒベルデは，当初（2005年），Ejidoverde SCA と Agro Murgiverde SAT の共同出資により誕生した．その後，2009年には，Campovicar SCA 及び Geosur SCA を新たなメンバーとして迎えたが，その際に各々の組合が有する資産（集出荷施設等）をムルヒベルデが買収する特異な連合方式がとられた．それまでは，販売事業における取引先別・品目別の価格・数量決めや小分け・包装センターの計画的運営をめぐる意思決定が2つのメンバー農協が別々に開催する理事会で審議されたために，迅速な意思決定を妨げていた．そこで，集出荷施設の買収によりメンバー農協の資産をなくした上で，取引先からの受注確保，発注計画に基づく品目別の面積割当及び集出荷施設の運営を農協連合が単独で行えるように措置したほか，ムルヒベルデ自らが議決権を行使できる連合会としての理事会を組織した．

ムルヒベルデは，周年出荷体制の確立とともに，多様な販売先の開拓とりわけ東欧市場の開拓をマーケティング戦略の目標として掲げ，出荷品目の拡大や東欧諸国でのプロモーションに力を注いできた．そこで，東欧市場の開拓のために，プロモーション及び商社機能を有する Consorfrut SL という企業に出資を行っている．さらに，ムルヒベルデは Alcoex Mediterranean SL という子会社を傘下においているが，特定の大手スーパーとの取引に，自社の小分け包装ラインの対応が困難な出荷施設・設備が必要であったからである．

ウニカ・グループ SCA

ウニカ・グループは，ほかの事例よりやや遅れて，2009年に5つの農協（Cabasc SCA, Casur SCA, Chorsan SCA, Ferva SAT, Agrieco SAT）が設

立した農協連合である．その後，アルメリア県（Agrolevante SAT，Parafruts SL）の農協をはじめ，グラナダ県（El Grupo SCA），ムルシア（Murucia）州の農協（Parquenat SCA）がメンバーとして加わった．このようにウニカ・グループは設立が遅れたが故に，すでに隣接産地の農協同士がネットワークの構築を完了している中，統合のパートナーを求め，産地からの越境を余儀なくされた．その結果，ウニカ・グループの出荷品目は，集荷エリアが同県内に完結するほかの事例に比べて比較的に多くなっていることがわかる（表10-9）．

ウニカ・グループでは，このような多様な出荷品目を活かし製品カテゴリー及び製品ラインの拡張や多彩なコンシューマー・パックによる製品差別化・製品提案，自社ブランドの強化をマーケティング戦略として打ち出した．ウニカ・グループのメンバー農協は，大手スーパーとの取引に遅れたが故に，安定的な取引先の確保を急ぐ必要があったほか，相対的に小さい品目ごとの出荷ロットを差別化戦略に基づく自社ブランドの展開によってカバーしようとしたからである．

ウニカ・グループは2016年より，Group An[8]というスペイン最大の農協連合との共同販売をスタートさせたが，農協間のネットワークを全国に広げた上で，品揃えのさらなる充実やGroup Anの有する販売チャネルの活用を図るのが目的である．

一方，ウニカ・グループが使用する集出荷センターは，各々メンバー農協の所有となっているものの，販売事業に関する主要な意思決定権は農協連合に握られている[9]．メンバー組織が有する10カ所の集出荷施設は，予め施設ごとの出荷品目が決まっており，播種前の受注契約に基づき，農協連合のマネージャーが定める生産及び出荷計画に従って運営管理が行われる．ただし，集出荷施設の稼働に必要な労働力の雇用と労務管理，機械設備の維持・管理は，当該施設の所有権を有するメンバー農協に委ねられている．

(2) 事例によって異なる組織再編結果の比較

組織形態，ガバナンス方式

表 10-9 に示した農協のうち，アグロイリスに合併された Ejidoluz SCA (2013) が，伝統的協同組合の SCA から SAT へ変わったことを除けば，組織形態の変更を伴う組織再編は見当たらない．ただし，農協連合としてのムルヒベルデが，メンバー農協の所有する集出荷施設を買収したことは，資産の所有権の移転を伴っている意味では組織形態の変容に該当する．メンバー農協の資産所有権を維持しながら共同販売のみの機能を担っているウニカ・グループと対照的である．

ガバナンスに関しては，組合員（農協連合の場合はメンバー農協）の自治や選択を制約し，販売事業における農協（もしくは単協に代わって農協連合）のマネージャーの権限を強めてきたという共通性がある．とはいえ，その権限の程度は事例によって若干の差異が認められる．単協に関しては，アグロイリスと違って，カシは依然として組合員による販売方式の選択が可能であり，農協連合については，ウニカ・グループの集出荷施設の管理がメンバー農協に任されていることに対して，ムルヒベルデは集出荷施設を所有し，全ての販売機能を連合組織が統合している．

ネットワークの相違と要因

4 つの事例におけるネットワーキングのプロセスや結果は，開始時期，構成農協の数，統合の手段，統合の及ぶ地理的範囲が異なっている．以下には，その相違をもたらした 3 つの要因を取り上げた．

1 つ目は，農協間の規模格差である．単協として最も大きい組織規模を誇るカシは，一貫してほかの農協の吸収合併に向けた交渉を進めたが，大部分の農協はそれを望まなかったという．とはいえ，アグロイリスが 1990 年代後半において Poniente SAT と Socoiris SL を合併ではなく買収していることからも，当初は，規模の大きい農協が相対的に零細な農協を吸収統合する方式が主流であったと察せられる．

第10章　組織再編を進めるスペインの青果農協　　231

　2つ目は，組合員の個別所有を認めない農協と異なり，メンバー組合の所有権の統合を必要としない農協連合の組織形態が有する特徴である．同県においては，資産の所有権移転を伴うSCAへの合併より，販売機能のみの統合に留まる農協連合がネットワーキングの手段として選好されたことはすでに述べたとおりである．これに対して，SATという組織形態は，合併後においても，合併前の資産価値を評価し，その所有権を議決権および利益配分に反映することから，アグロイリスは相対的に容易に合併を成し遂げたと言ってよい．

　3つ目は，ネットワークのパートナー選択にかかる時間である．すなわち，一部の農協（アグロイリス，ムルヒベルデ）がネットワーク選択に関する迅速な意思決定の下で，地理的近接性を優先した水平的統合を実現する中，それに遅れた農協（ウニカ・グループ）が産地からの越境を余儀なくされたということである．

(3)　組織再編の結果と販売事業のパフォーマンスの関係性

　図10-5における各々の事例のポジションは，これまで述べたネットワークの広がりとガバナンス方式の違いを反映している．

　農協連合のムルヒベルデとウニカ・グループについては，いずれも集荷エリアがアルメリア県全域をカバーしているものの，ウニカ・グループの製品集荷範囲は，県域や州域を越えていることから，ムルヒベルデのそれより広いと言ってよい．一方，ムルヒベルデとウニカ・グループは，農協連合が販売機能を統合している点は共通しているものの，ムルヒベルデはメンバー組織の集出荷施設を買収しその所有権を有し，ウニカ・グループと違って，集出荷施設の運営に関する意思決定権を農協連合が掌握している．

　アグロイリスとカシは，集荷エリアに影響を受け，前者はピーマンときゅうりに，後者はトマトに，各々特定の品目に製品ラインを特化している．ところが，アグロイリスは大手スーパーとの契約取引，プライベート・ブランドへの積極的な対応＝リテールサービスの強化を図っていることに対して，

注：1）Group An については注 8 参照．
　　2）Anecoop については注 9 および第 9 章参照．

図 10-5　事例にみる集荷エリアと販売事業に関する意思決定の違い

カシは，トマトに特化した大規模出荷ロットからなる規模の経済性やバーゲニングパワーの発揮をマーケティング戦略として掲げている．

　ムルヒベルデとウニカ・グループは，集荷エリアを広げ，製品カテゴリーおよび製品ラインの拡張を可能にしたものの，その製品を売り捌くためには，新たな販路拡大のための戦略が必要であった．ムルヒベルデにとって東欧諸国への販路開拓は，その戦略の主要な実現手段である．これに対して，農協連合の設立が相対的に遅れたウニカ・グループは，安定的な販路確保にプレッシャーがかかっている中で，多様な品目及び製品形態による製品提案力の強化を図っているほか，Group An との共同販売を通じてさらなるネットワークの拡大を進めている．

おわりに

　以上のように，アルメリア県に展開する野菜農協は，共通の産地及び類似したビジネス環境の下で，互いが異なる組織再編を選択している様子から，複線的に広がる欧州農協の展開構造を垣間見ることができた．そうした中，各々の事例の組織再編のプロセスを吟味すれば，欧州農協の展開構造を方向づける，以下５つの特徴を読み取ることができる．

　第１に，欧州の専門農協は，バーゲニング農協からスタートし，マーケティング農協へ移行するが，その移行には，販売事業を取り巻くビジネス環境の変化に応じた何らかの組織再編が伴われるということである．取引先からの受注に合わせて集出荷施設を運営している事例農協からはマーケティング農協の典型を見ることができた．なお，1990年代のEUの大手スーパーの市場集中の高まりとともに，EUの発足やその外延的拡大がもたらした農産物の輸出をめぐる加盟国間の競争激化は，農協にとって最も大きなビジネス環境の変化にほかならない．

　第２に，農協は，ビジネス環境の変化に適応すべく，水平的統合を図った農協間のネットワーキングを図るが，その手段としては，資産の所有権を統合する農協間合併より，どちらかと言えば，販売機能のみの統合に留まる農協連合を選択する傾向が見られるということである．とりわけ，事例分析の結果からは，メンバーの個別的所有権を認めない伝統的協同組合の組織形態は農協間の合併を妨げる一要因として働いていることを確認した．なお，農協連合は，ムルヒベルデのようにメンバー農協の集出荷施設を買収し，その所有権を農協連合に移転するケースがあることから，今後は，Soeggard（1994）がいうように，メンバー農協を統合した内部組織への移行を進める可能性は排除できない．

　第３に，各々の農協が選択する農協間ネットワークのメンバー構成や集荷エリアの地理的範囲は，出荷品目の種類及び品目ごとの出荷量に制約を与え

ることになり，ネットワークによって異なる販売事業のパフォーマンス及び
マーケティング戦略が選択されるということである．なお，農協が選択する
ネットワークには，隣接産地を統合するケースと，遠隔産地の農協同士が結
ばれるケースも見られたが，その選択には，立場や考え方の異なるパートナ
ー間の合意にかかる時間的経過が反映されている．

　第4に，農協の組織再編のうちガバナンス方式の選択については，組合員
自治を維持するケースは稀であり，大手スーパーチェーンとの取引拡大に伴
い，組合員の自由を制限し，販売事業における農協の機能や権限を強化する
方式を選択しているケースが多いということである．

　最後に，このような傾向が認められる一方で，組織形態，ガバナンス，ネ
ットワークの組合せにおいて，複数の選択肢が与えられている欧州農協の組
織再編は，単線的な方向へ収束することなく多様な方向へと広がることが考
えられるということである．

　一方，本研究では農協の異なる組織再編の選択が販売事業のパフォーマン
スの違いをもたらすことを確認したものの，そのパフォーマンスと効率性，
収益性，付加価値といったマーケティングの成果との関係性は解明されてい
ない．この問題への追求は今後の研究課題として残しておきたい．

注

1) SCA（Sociedad Cooperativa de Agraria）は，根拠法（Cooperativa Law No.27/1999）を読む限り，冒頭に述べている「伝統性」を有する農協である．ただ，本稿では，後に見るSATとの区分を明確にすべくSCAをそのまま使用している．

2) 「ESTATUTOS SOCIALES DE SOCIEDAD AGRARIA DE TRANSFORMACIÓN」．

3) 以上の面積は，MAPAMA（Anuario de Estadistica Avance, 2015）から確認している．ところが，Coexphalほか関連文献では，基本的に販売組織とりわけ農協のメンバーに限定したビニルハウスの面積のみが集計されているために，MAPAMAの統計を大きく下回っていることに注意が必要である．

4) 本稿では，プライベート企業が運営する農産物のセリ場＝アロンディガ（Alhóndiga）をGiagnocavo et al.（2012：8）の英訳（auction house）をもってオークションと表記している．

第 10 章　組織再編を進めるスペインの青果農協　　　235

5)　アルメリア県に展開する大手スーパーチェーンには，カルフール Carrefour
（フランス），メトロ Metro（ドイツ），テスコ Tesco（イギリス），リドル Lidl
（ドイツ），アルディ Aldi（ドイツ），レーヴェ Rewe（ドイツ），オーシャン
Auchan（フランス），ルクレー Leclerc（フランス），エデカ Edeka（ドイツ）な
どがあり，いずれも国境を跨いでチェーン店舗を展開している小売企業である．

6)　Federación Andaluza de Empresas Cooperativas Agrias, Memoria annual,
各年度．

7)　カシには，オークションへの上場のみを目的とする 535 人の生産者を登録して
いる．カシの販売額には，これら組合員以外の生産者による貢献が含まれている．

8)　Group An とは，7 つの州に展開する 140 余りの単協をメンバーとして擁する
スペイン最大の農協連合である．6 億 6,500 万ユーロ（2011 年）の販売額には，
穀物や青果物はじめ耕種作物の販売額と肉用牛を中心とする畜産物販売額が各々
50％，30％を占めており，残りの 20％は資材供給額である（Lario & Espallardo
2013：85-87）．ただ，インタビューに際しては，提携販売が始まった初年度
(2016) であって販売実績は集計されておらず，UNICA Group と Group An のロ
ゴマークが並ぶ野菜のカタログを確認した程度である．

9)　ウニカ・グループでは，アネコープ（Anecoop）のように，メンバー組織の集
団的所有や自治を基本とする農協連合モデルは陳腐化していると言われたことが
印象に残る．ちなみアネコープはスペイン全域にメンバー農協を有する農協連合
として青果販売額では最大規模であるが，自ら所有する集出荷施設はなく，農協
連合に販売を依頼するか否かはメンバー組織の自主的選択に委ねている（第 9 章
参照）．

第 3 部　EU における青果物ブランドの展開と農協の取り組み

第11章
地理的表示制を活かしたバリューチェーンの構築
―スペインの「カランディナ農協」の示唆―

李　哉　法

　これまで，欧州連合（EU）の「地理的表示（GI）保護制度」に関わる歴史的経過や，制度の有する意義を検証している研究成果が蓄積されてきた．関連研究では，ブランド要素として機能する産地名を含む認証ラベルの法的保護は，当該産品のブランド効果（Wirthgen 2005；Tregear et al. 2007）を発揮し，高い付加価値や産地内のバリューチェーン形成による農村活性化をもたらすことが検証されている．本章では，EU の青果農協のケーススタディの一環として，GI 保護制度のうち，とりわけ「原産地呼称保護制度（PDO）」を活用し，オリーブオイルの加工事業の導入により付加価値の拡大すなわちバリューチェーン（value chain）の構築に成功した，スペインのオリーブ農協を事例として取り上げる．

　スペインのアラゴン（Aragon）州においてオリーブ生産者を組合員として擁するカランディナ農協（La Calandina Sociedad Cooperatriva Limitada）は，「バッホアラゴンのオリーブオイル（Aceite del Bajo Aragon）」という PDO への登録を機に，オリーブオイルの瓶詰め製品の加工事業を導入し，従来の1次搾油に留まるビジネスモデルを改善し付加価値の拡大に成果を挙げている[1]．

　現地調査では，オリーブオイルの品質検査および PDO ラベルの管理機関（CONSEJO REGULADOR・DE・LA・DENOMINACION・DE・ORGIN）とカランディナ農協を訪問し，担当者のインタビューを実施した．また，カランディナ農協からは過去 10 年間の総会資料（Informacion Contable）の提供を受けたが，それにより製品売上げやマーケティング・チャネルについて具体

的な実績の把握ができた.

1. EU における地理的表示保護制度

(1) 地理的表示制度の概要と特徴

GI 制度の概要

EU の共通農業政策（CAP）は，かつての改革（1992 年）に際して，「農業政策の対象を農産物の量的コントロールから，品質のコントロールへとシフトさせた」（Becker 2009：112）. これにより，EU が品質政策として用意した制度が「地理的表示保護制（PGI：Protected Geographical Indication）および原産地呼称保護制度（PDO：Protected Designation of Origin）の保護に関する理事会規則（No.2081/1992）」，「農産物および食材の特徴の認証に関する理事会規則（No.2082/1991）」にほかならない[2].

これら制度の特徴は，産地の自然環境や風土に由来する生産物の品質的特徴を特定し，かつ自らが設ける生産プロセスや品質基準の適用とともに，表示（ラベル）の適正な管理が保障される限りにおいて，地名もしくは特定の場所名を商号や表示（ラベル）に使用しうる特権，すなわち排他的権利が法的に保護されるということである. 但し，PDO は，原料調達に関して産地外からの調達が認められている PGI と異なって，原料の生産から製品の加工までが全て産地内で完結することが求められている.

また，PDO と PGI に類似した認証・表示制度として，伝統食品の表示保護（TSG：Traditional Specialty Guaranteed）がある. これは，1 つに，ほかの同種の生産物と区別できる何らかの特徴をもった「伝統食品」であること，2 つに，その特徴を立証することにより，特別な表示やラベルが法的に保護される制度である.

制度の役割と位置づけ

EU の PDO および PGI は，同種製品の輸入品との差別化，粗悪品や偽物

第11章 地理的表示制を活かしたバリューチェーンの構築　　241

の排除といった，フランスの AOC（Appellation d'Origine Contrôlée）や農業
ラベル制度の理念と目的を継承している[3]．すなわち，品質認証を受け登録
された地理的表示（産地名）を含むラベルが，消費者に確かな品質を保証す
るほか，ブランド要素として機能するために，同種の他の産品との差別化・
ブランド化が図られる制度である．

　このように EU の設ける GI 制度は，単なる品質認証に留まらずに，ブラ
ンド要素としての認証表示・ラベルがもたらす差別化・ブランド化の手段と
しての役割が加わっている[4]．

表 11-1　EU における加盟国別の GI 取得状況（2008 年）および
品質政策の推進にみる類型

A　加盟国別の PDO/PGI 件数および生産額　　　　B　食品品質政策に見る MS 別類型
（百万ユーロ）

EU 加盟国	件数 A	生産額 B	B/A	PDO/ PGI	FQAS	有機	クラスター
イタリア	165	5,205	31.5	H	M	H	
フランス	156	2,586	16.6	H	M	L	GI 中心の差別
スペイン	110	859	7.8	H	H	M	化
ポルトガル	105	72	0.7	H	L	M	
ギリシャ	85	622	7.3	H	L	H	
ドイツ	62	3,612	58.3	M	H	M	
イギリス	29	989	34.1	M	H	M	FQAS 中心の品
アイルランド	4	29	7.3	L	H	L	質保証
ベルギー	5	24	4.8	L	H	M	
オーストリア	12	118	9.8	M	M	H	
チェコ	10	132	13.2	M	L	H	
スウェーデン	2	s	—	L	L	H	有機認証の推進
スロベニア	1	s	—	L	L	H	
エストニア	0	s	—	L	L	H	

出典：'Value of PDO and PGI'（http://ec.europa.eu/agriculture/quality/schemes/value-tables_
en.pdf）および Becker（2009），pp. 127-129.
注：H＝High，M＝Medium，L＝Low を意味し，MS における認証取得数や認証面積シェアなど
で図った品質政策への取り組み度合いを測定したものである．

242

(2) スペインの認証取得への取り組み

加盟国の GI 取得状況

EU の加盟国（MS）別の GI（PDO/PGI）への登録件数とともに Becker
(2009) が行った MS 別の農産物および食品の品質政策の類型化を踏襲して
作成したのが表 11-1 である．地中海諸国（フランス，イタリア，スペイン，
ポルトガル，ギリシャ）を中心に GI 登録への積極的な取り組みがなされて
いることが見て取れる．これに対して，ドイツ，イギリス，アイルランド，
ベルギーなどの北部諸国においては，PDO/PGI 以外の各種 FQAS（Food
Quality Assurance Scheme)[5] の認証を中心に食品安全性のベースラインを整
備している．一方，オーストリア，チェコ，スウェーデン，スロベニアなど
の国々は，どちらかといえば，有機認証の取得に積極的であることが見受け
られる．

表 11-2　品目別 GI 取得状況（EU vs. Spain）

	EU-27				
	認証件数		数量（t）	生産額(千 €)	
	A	%	B	C	%
食肉	106	12.3	251,418	1,114,975	7.7
食肉加工品	85	9.8	320,250	2,616,095	18.0
チーズ	163	18.9	879,196	5,624,579	38.7
その他畜産物	22	2.5	9,460	33,808	0.2
油脂類	104	12.0	82,221	359,906	2.5
果実・野菜・穀物	272	31.5	778,203	870,049	6.0
その他付属書 I 関連	26	3.0	57,317	141,941	1.0
パン，パスタ，コーンフレーク	25	2.9	145,022	741,853	5.1
ビール	17	2.0	2,505,058	2,365,834	16.3
ミネラル水など	24	2.8	441,025	137,045	0.9
その他食品	16	1.9	138,480	500,039	3.4
非食品	4	0.5	65,968	12,553	0.1
合計	864	100.0	5,673,618	14,518,677	100.0

出典：表 11-1 に同じ．

スペインの取り組み

スペインが有する GI 認証品目数と当該品目の生産額を確認してみた（表11-2）．スペイン国内においては，生鮮農産物（果実，野菜，穀物など）を中心に，油脂類，食肉部門において積極的に GI への登録が図られていることが分かる．また，GI 登録品目の生産額については，食肉および食肉加工品，チーズなど畜産加工品のシェアが高く，それに次いで生鮮農産物，油脂類が相対的に高い生産額を示している．

一方，これを EU 全体の動向と比較すれば，加工食品の PDO 登録件数が相対的に多い中で，油脂類の生産額シェアが 25.5％ として最も高く，かつその多くがオリーブオイルであることが注目される．現在（2010年），スペインが油脂類に関して EU の GI 取得件数（25件）のうち，20件がオリーブオイルである[6]．このように，スペインのオリーブオイル産地が PDO の取得に積極的に取り組んでいる背景には，次節にみる事情が働いている．

2. スペインのオリーブ生産・販売の実態

(1) オリーブの生産と加工

スペインは，約250万 ha のオリーブ園から年間約500万 t のオリーブを生産している世界最大のオリーブ生産国である．

オリーブは，生鮮オリーブ用とオリーブオイル用に区分できる．スペイン（2008年）では，前者が 48万2千 t（9.9％），後

スペイン				
認証件数 D	/A	数量シェア/B	金額シェア %	/C
13	12.3	14.8	22.2	17.1
10	11.8	4.1	17.5	5.7
19	11.7	1.8	17.0	2.6
3	13.6	4.5	0.3	8.8
20	19.2	29.3	10.7	25.5
29	10.7	14.4	19.9	19.7
1	3.8	—	—	
8	32.0	4.5	2.2	2.6
7	41.2	0.4	10.1	3.7
0	0.0	0.0	0.0	0.0
0	0.0	0.0	0.0	0.0
0	0.0	0.0	0.0	0.0
110	—	3.8	100.0	5.9

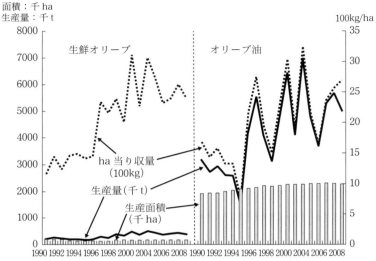

出典：MARM, Anuario Estadistica Ministerio de Medio Ambiente y Medio Rurul y Marino, 各年度.

図 11-1 用途別オリーブの生産の推移

者が500万8千t（91.1％）であって，オイル用の出荷が圧倒的に多いことが分かる．図11-1を見る限り，隔年結果を特徴とする，オリーブの単収（100kg/ha）は極めて不安定である中で，趨勢として園地面積が緩やかに拡大していることが見て取れる．

一方，オリーブ加工品は，その品質によって幾つかのカテゴリー（バージンオイル，ポーマス油，脱脂オリーブ）に分かれる．さらに，バージンオイルは，酸度基準により，エキストラバージン，バージン，ランパンテバージンにランク分けされる．図11-2には，2008年度産オリーブのカテゴリー別の出荷量と単価を示した．最高級のエキストラバージンオイルはオイル用出荷数量の1割前後と，その精製量は極めて少ない．

バージンオリーブオイルにおいては，エキストラバージン，バージン，ランパンテバージンの間に顕著な価格差が確認できる．なお，2006年と2007

第11章 地理的表示制を活かしたバリューチェーンの構築　　245

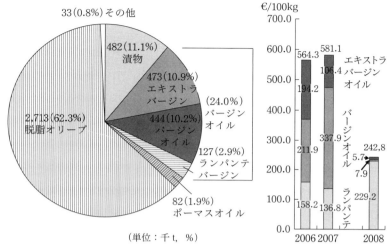

出典：図11-1に同じ．

図11-2　オイル用オリーブの製品種類別生産量と
バージンオイルのランク別価格

年に550ユーロ/100kg以上を維持していたエキストラバージンオイルの価格は2008年において急落している[7]．

(2) オリーブの産地

　スペインでは，全域においてオリーブが生産されているものの，その約80％はアンダルシア（Andalucia）州で栽培されている（表11-3）．その次に相対的に生産量の多い州がカスティーリャ＝ラ・マンチャ（CAstilla-La Mancha）州であるが，生産量シェアは1割に満たない程度である．

　一方，本研究で現地調査を実施したカランディナ農協はアラゴン州に立地している．アラゴン州は，オリーブ生産量シェア（0.7％）から見て，メジャーな産地でないことは確かである．但し，エキストラバージンオイルの出現率（66.1％）で計れば，主産地であるアンダルシア（39.3％）に比べて相

246

表 11-3 スペインの地域別オリーブ生産量

自治州名		生鮮オリーブ	バージンオイル				合計	
			A	%	A/B %	Extra /A	B	%
バスク		—	76	0.0	25.0	19.7	304	0.0
ナバーラ		15	2,626	0.3	99.4	100.0	2,641	0.1
ラ・リオハ		90	1,408	0.1	24.6	65.1	5,722	0.1
	ウエスカ	—	1,820	0.2	28.3	85.5	6,433	0.1
	テルエル	2,404	2,618	0.3	23.3	52.0	11,243	0.3
	サラゴサ	392	4,222	0.4	28.2	66.5	14,981	0.3
アラゴン		2,796	8,660	0.8	26.5	66.1	32,658	0.7
カタルーニャ		184	36,710	3.5	30.3	47.9	120,964	2.8
バレアレス諸島		75	319	0.0	81.0	79.9	394	0.0
カスティーリャ・イ・レオン		550	2,651	0.3	35.9	9.9	7,389	0.2
マドリード		218	5,173	0.5	32.9	20.0	15,737	0.4
カスティーリャ＝ラ・マンチャ		535	85,556	8.2	28.3	87.9	302,448	6.9
C. バレンシア		592	22,207	2.1	25.9	61.3	85,782	2.0
R. ムルシア		1,641	4,728	0.5	32.6	72.0	14,497	0.3
エストレマドゥーラ		66,298	42,681	4.1	39.2	61.1	108,983	2.5
アンダルシア		408,765	831,866	79.6	22.7	39.3	3,657,142	84.0
カナリア諸島		68	26	0.0	27.7	100.0	94	0.0
スペイン合計		481,827	1,044,687	100.0	24.0	45.3	4,354,756	100.0

出典：図 11-1 に同じ.

対的に良質のオリーブオイルが生産されている地域として位置づけられる.

(3) オリーブオイルの輸出に見る特徴

　一方，図 11-3 からは，国内のオリーブ生産量の大半が輸出されている実態が見て取れる．主要な輸出国はイタリア，フランス，ポルトガル，アメリカである．生産規模に比べて相対的に狭隘な国内市場の規模もさることながら，精製・加工企業やマーケティング・チャネルを持たないオリーブ産業の事情により，未精製のままの缶詰（GRANEL）状態でイタリアなどへ送られているのが実情である．

　スペインは，このように，製品化がもたらす付加価値が海外へ持っていか

第11章 地理的表示制を活かしたバリューチェーンの構築　　　247

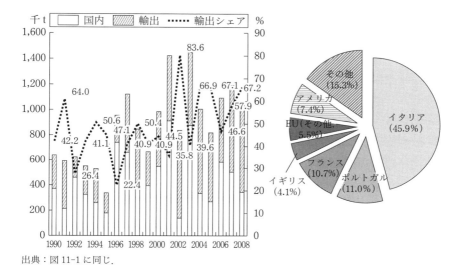

出典：図11-1に同じ．

図11-3 スペインのオリーブオイルの輸出動向（1990-2008年度）と主な輸出国（2008年度）

れる現状を打破すべく，国内のオリーブ産地に対してPDO登録を促している[8]．PDO登録のためには原料生産からオイルの製品化までが産地に完結する必要があり，これが自ずと産地内の製品化を刺激するからである．

3. PDOを契機とするオリーブオイルの製品化・ブランド化

(1) カランディナ農協の概要

1974年に設立された「カランディナ農協」は，現在（2010年），153人の組合員を擁し，オリーブ，桃，穀物（小麦，とうもろこし），アーモンドの共同販売を行っているほか，オリーブオイルの加工事業を展開している．同農協が管内としている地域は，アラゴン州のサラゴサ（Zaragoza）とテルエル（Teruel）地区に跨っている．

これらの取扱い品目のうち，桃とオリーブオイルは，EUのPDO（2001

年）として登録されている．また，オリーブに関しては2005年に有機認証
も取得している[9]．

(2) PDOの品質基準およびラベルの管理

PDOへの登録を果たした「バッホアラゴンのオリーブオイル」は，表11-
4に示したような，産地とリンクした生産物の特徴や厳格な製品管理システ
ムにより，EUの認可を受けたものである．

バッホアラゴンのオリーブオイルの特徴は，品種（Empeltre）が特定され
ていることや，厳格な品質基準とともに生産プロセスに関する細かい指針が
設けられていることである．

オリーブオイルの品質基準は，EUの農業委員会が定めるオリーブオイル
の評価シートに基づいて行われる[10]．現地では，この品質評価をカタ
（CATA）といい，スペイン国内でも評価の厳しさは定評があるという．

品質検査は，タンク単位で提供されるサンプルを，10〜12人の専門検査
員が参加する官能テストにより採点を行い，その平均点（オリンピック平
均）をもってランクづける仕組みである．品質評価は欠点要素（かび臭，腐
敗臭，金属臭，酒臭，その他不快な臭い）がなく，かつ得点要素（フルーテ
ィ，苦味，刺激）が高ければ，ランクが上がる仕組みである．ちなみに，
PDOラベルの使用が認められる「エキストラバージンオイル」は，評点の
平均が6.5以上であり，かつ酸度が0.8度未満であるという条件を満たさな
ければならない．

現在，PDOラベルの使用権をもつオリーブオイルの精製企業（農協を含
む）は33社であり，これらの企業の年間オリーブオイルの精製数量は約
210万ℓである．このうち，エキストラバージンオイルの判定を受け，「バ
ッホアラゴンのオリーブオイル」というラベルが貼られるのは約25％に過
ぎない．こうした中，後に見るカランディナ農協の生産するオリーブオイル
は，カタによる品質評価の結果，常にその80％がエキストラバージンにな
るという．33社のオリーブオイル製造元の中では最も品質管理に徹してい

第 11 章　地理的表示制を活かしたバリューチェーンの構築　　249

表 11-4　「バッホアラゴンのオリーブオイル」の原産地呼称管理の概要

呼称	「バッホアラゴンのオリーブオイル（Aceite del Bajo Agron）」
1.　生産物 （1）品種 （2）生産物の特徴	Empeltre, Arbeguina, Royal のみが認められ，これらのうち Empeltre が 80%以上を占めるオイルのみが原産地呼称のラベル 以下の条件の満たした Extra virgin oil のみが該当 ①官能的特徴：濁らず透明であること ②色：Golden Yellow 〜 Yellow old Gold ③味：アーモンド風味を加えたフルーティな味（苦味がなく，やや甘酸っぱい） ④テスト（CATA）：テスト結果の評点 6.5 以上 ⑤オリオン酸（＜1），過酸化物（＜20CVkg），水分および揮発性（＜0.15%），不純物（＜0.1%）などの基準を満たすこと
2.　地理的範囲	①アラゴン州の西側の Zaragoza と Teruel に跨る 77 市町村 ※周辺 469.4km 内に分布/合計面積 6,380km^2/うち，オリーブ栽培面積 36,600ha/Empeltre 品種の面積シェア：86.23 %（31,560ha）
3.　生産物の立証	①管理機関によるセルフコントロールシステムやセルフモニタリングシステム（記帳管理および現場検査）の稼働 ②ラベルのナンバリングによる数量および出荷元の管理
4.　生産プロセスに 　　関する規定	①耕起作業（春夏の浅耕）や剪定作業（4 年生の成木から，老木への過度な剪定に注意など）に関する基準あり ②収穫作業については，吸い込み式とバイブレーション式があり，各々の方式について注意点を周知させる． ③オリーブの入荷：数量，生産者名，出荷元を必ず記録すること
5.　生産物の区分	原産地呼称を付するオイル以外のものは別途分離し保管すること
6.　搾油	①入荷後に 48 時間以内に搾油を行うこと． ②酸味や発酵を生じさせる不純物の徹底除去（洗浄） ③搾油方式（風車式，破砕式，振動式，圧搾式）ごとに注意事項
7.　保管	搾油が済んだオイルは沈殿物が沈むまで 2 日間寝かせておく．その後別の容器に移す
8.　選別とパッキング	①サンプルをセラミックもしくはガラス容器に入れ，官能テストに持ち込む ②所定のテスト基準（EU 委員会規則 No.640/2008）に基づき，基準をクリアしたオイル（評点 6.5 以上）のみラベルを付することができる． ③審査をクリアした出荷元の製品数量に合わせて（ナンバリングされた）ラベルを配布

出典：MAPA, Denominacion de Origen "Aceite del BajoAragon—Pliego de condiciones", 2001.

250

る出荷元であることは言うまでもない.

(3)　認証製品の出荷およびマーケティング

製品化の経過

カランディナ農協が 2000 年に，PDO を取得するまでは，搾油が済んだオリーブオイルはバルク状態で国内の大手の精製メーカーもしくは輸出商社を経由しイタリアなどの海外の精製メーカーの手に渡っていた.

ところが，PDO 取得を契機に，カランディナ農協のオリーブオイル加工事業は大きく変わった. 新しい加工設備（搾油ラインや瓶詰めライン）を導入し，PDO の認証基準をクリアしたエキストラバージンオイルを，製品として自ら販売することになったのである.

2002 年当初は，製品販売量は 15,000 ℓ に過ぎなかったが，2003 年の加工設備の導入により，10 万 ℓ を上回った. 以後，着実に製品販売量が拡大し，2005 年のピーク時には 16 万 ℓ に達したものの，その後は徐々に販売数量が減少していることが見て取れる（表 11-5）.

表 11-5　オリーブオイルの売上・製品販売量の推移

年度	オリーブ売上（€）		入荷量 合計（t）	うち，搾油	%	PDO（ℓ） 販売数量
	オイル	ドレシング				
2002	529,117	100,440	601	141.8	23.6	15,000
2003	583,479	98,131	1546	107.8	7.0	—
2004	768,174	64,353	211	355.2	—	122,000
2005	1,107,437	20,191	599.5	193.1	32.2	158,000
2006	894,567	119,124	—	—	—	—
2007	637,602	320,166	367.5	109.0	29.7	160,312
2008	1,134,121	374,591	844.7	155.0	18.3	140,058
2009	535,011	155,705	1699.7	361.5	21.3	98,179

出典：La Calandina, 'INFOMACION CONTABLE（総会資料）' 各年度より.

第 11 章　地理的表示制を活かしたバリューチェーンの構築　　　251

表 11-6　エキストラバージンオイルの製品

認証	カランディナ農協[1]			カルフール PB[2]		
	容器	容量	価格（€）	容器	容量	価格（€）
PDO	角瓶	500ml 250ml	3.23 2.06	角瓶	500ml	2.13
	とって 付き瓶	500ml 250ml	3.54 2.39	とって 付き瓶	500ml	2.70
PDO＋ 有機認証	角瓶	500ml 250ml	3.52 2.36	角瓶[3]	500ml	3.25

出典：オリーブオイルの取扱店舗の店頭調査による.
注：1)　Zaragoza 市内の小売店店頭価格である.
　　2)　Valencia 市内の営業店で確認した.
　　3)　Valencia 市内の有機食品専門店の「Casa Pareja」という製品であり,
　　　　PDO ラベルは付されていない.

製品のマーケティング

①製品ライン

　カランディナ農協は，PDO を生かすに当たって，表 11-6 のような製品ラインを確保している．スペインのオリーブオイル製品の多くは，1ℓ 以上のペットボトルが中心となっている[11]．これに対して，カランディナ農協は，500ml 以下の瓶詰め製品のみを出荷しているほか，一般小売店ではなかなか目にすることのできない 250ml の製品が製品ラインに含まれていることが特徴である．また，製品単価についても，カルフール（Carrefour）の PB（500ml）との間に約 1.5 倍の価格差をつけている．加えて，PDO に有機認証が加わった製品は，単なる有機製品より幾分か高い価格が付されていることが分かる．

②販売チャネル

　カランディナ農協のオリーブオイルの販売チャネルは，大きく 4 つに大別できる（表 11-7）．その 1 つは，Spain Paradores Nacionales（以下，SPNとする）という観光ホテルチェーンのメンバー店の売場に納品するチャネルである．2 つ目のチャネルは，個人営業店を含む中小の小売店との相対取引

により確保する売場である．ちなみに，このチャネルの有する販売量シェアが最も高い．3つ目は，アルカンポ（Alcampo），カルフール，セルビライン（Serviline）など，国内外の大手スーパーチェーンへの販売である．4つ目のチャネルは，ドイツや日本などへの輸出，消費者グループへの直接販売などが該当する．

過去3年間（2007-09年）のチャネル別シェアの変化を見ると，SPNへの販売数量や販売シェアが拡大している．小売店との相対取引による販売数量そのものは減少しているものの，販売量に占めるシェアは拡大している．また，大手スーパーチェーンへの販売量シェアは徐々に低下していることが注目される．

③プロモーション

当初は，製品を取り扱ってくれる販売先を見つけることが容易ではなかったという．そこで，カランディナ農協は，毎年，オリーブオイル製品のプロモーションに，35,000～50,000ユーロのコストを掛け，積極的なプロモーションを行ってきた．この金額は，売上対比約1％前後であるものの，販売及び一般管理費に占める割合は1割以上となる．

プロモーションに該当する活動には，消費者グループなどの個人客へのDM発送をはじめ，販売先へのサンプル提供，各種の食品フェア参加などが

表11-7　販売チャネル別の販売数量およびシェア

販売チャネル・年度		2007		2008		2009	
		販売量	%	販売量	%	販売量	%
合計		160,312	100.0	140,058	100.0	98,179	100.0
チャネル別	SPN（観光ホテルチェーン）	11,466	7.2	12,661	9.0	15,985	16.3
	小売店との相対取引	61,804	38.6	59,796	42.7	42,194	43.0
	大手スーパーチェーン	45,780	28.6	30,286	21.6	19,000	19.4
	その他（輸出など）	41,262	25.7	37,315	26.6	21,000	21.4

出典：表11-5に同じ．

含まれている.

4. 事例にみる PDO の意義と課題

(1)　製品ベースの産地マーケティング

アラゴン州のオリーブオイルが 1 次加工品の出荷に満足せざるを得なかった背景には，農協などオリーブの産地出荷組織が，オリーブオイルの精製ラインを持っていなかったことはともかく，産地の認知度や評判が得られないまま製品化した場合に販売不振に陥ることへの懸念が働いていた．本稿が取り上げたアラゴン州のようなマイナー産地であれば，なおのことリスクが大きい．

ところが，PDO の取得は産地における最終製品のマーケティングの可能性を広げるきっかけとなった．厳格な品質基準をクリアした，確かな製品であることが公的な制度により認証され，かつそれをラベルにして消費者に伝えられることは，仕上げ製品ベースのマーケティングにおいて有利に働くと判断したからである．

(2)　認証ラベルがもたらすブランド効果

Espejel et al.（2007）は，消費者のアンケート結果より，「バッホアラゴン」の PDO ラベルがブランド効果とりわけブランド・ロイヤルティの確保に貢献していることを確認している．また，前掲表 11-6 に基づいていえば，PDO ラベルを持たない製品と「バッホアラゴン」のオリーブオイルの間には一定の価格差が存在している．ちなみに，現地でのインタビューによれば，最終製品の販売において，PDO 製品にせよ，有機認証にせよ，慣行栽培の製品に比べてプレミアム価格の実現は実感しているという回答が得られた．

(3)　品質向上へのインセンティブ

カランディナ農協のマネージャーとのインタビューの中で，PDO の取得

254

が生産者に与える最も大きな効果は，それが品質向上への強いインセンティブとして働いているということが確認できた．彼によれば，生産者らは，PDO ラベルを生かした製品化が売上げの拡大とともにプレミアム価格形成の可能性を広げていることを実感しており，その結果が PDO 取得の後に続く有機認証取得への取り組みにつながったという．

(4) 課題
不安定な生産量と品質

前掲図 11-1 と表 11-8 を併せてみると，オリーブの単収の変動に起因するオリーブの年次別生産量の起伏は極めて激しい．さらに，カランディナ農協

表 11-8　オリーブ園の灌漑整備状況と単収比較

地域（地区）別		面積合計 （ha）	うち，灌漑 済み園地 面積%	灌漑済み園 地平均収量 100kg/ha	灌漑 vs 非灌漑 収量格差 灌漑済み＝100
バスク		192	0.0	—	—
ナバーラ		5,640	43.1	2,932	77.4
ラ・リオハ		5,086	44.1	2,878	53.2
	ウエスカ	9,100	26.4	1,850	32.4
	テルエル	23,865	7.6	2,200	21.4
	サラゴサ	14,955	46.9	2,000	35.0
アラゴン		47,920	23.4	1,999	27.2
カタルーニャ		122,792	14.4	3,526	30.4
バレアレス諸島		8,022	2.3	2,060	7.8
カスティーリャ・イ・レオン		6,931	5.1	2,616	75.8
マドリード		25,356	0.6	2,500	55.2
カスティーリャ＝ラ・マンチャ		334,281	5.1	3,574	31.9
C. バレンシア		94,725	10.3	3,112	32.5
R. ムルシア		22,027	35.4	1,700	50.0
エストレマドゥーラ		200,900	3.4	4,954	20.8
アンダルシア		1,406,652	20.8	4,477	57.4
カナリア諸島		45	100.0	2,000	—
スペイン合計		2,280,579	16.1	4,206	46.3

出典：図 11-1 に同じ．

第11章　地理的表示制を活かしたバリューチェーンの構築　　255

が立地するサラゴサ地区やテルエル地区は典型的な乾燥地帯である．しかしながら，アラゴン州のオリーブ園の灌漑整備率は，面積ベースで23.4％と相対的に低く，さらにテルエル地区の同割合は7.6％である（表11-8）．表11-8を見る限り，オリーブの単収は地域によって格差があり，また灌漑施設が整備されているオリーブ園と未整備園の単収の格差は極めて大きい．

　「バッホアラゴンのオリーブオイル」がPDOの地理的範囲とする，テルエルやサラゴサ地区のオリーブ生産には，不安定かつ低単収を強いられている．こうした状況は，PDO製品出現率の拡大や安定的な品質を，生産者もしくはオリーブオイル精製メーカー自らがコントロールし難くする重要な要因として働いている．

マーケティングにおける課題

　スペインにおいては，オリーブオイル製品を取り扱う小売企業の上位3社（Groupo SOS, Sepi, Nutrinveste）の出荷集中度は40.3％，上位10社のそれは62.2％であるという．また，オリーブオイルの精製販売企業の有するブランドの販売額シェアが61.5％，大手スーパーチェーンのPBの同シェアは35.5％である（JRC 2005：12-14）．このようなオリーブオイルの市場構造の中で，農協として製品ベースの産地マーケティングを展開してきた「カランディナ農協」のPDO製品は，企業ブランドやPBとの差別化製品として，多くの量販店サイドより注目された．ところが，出荷ロットの確保を最大の取引条件とする大手スーパーチェーンにとって，精製数量が少なく，かつ製品出荷量が不安定なカランディナ農協が長期安定的な取引相手として取り扱われているとは考えにくい．これが，近年の量販店取引シェアの減少理由の一端をなしている．

　今後は，大口取引先の販売数量シェアが低下していく中で，如何に産直取引を持続的に展開していくかはカランディナ農協にとって大きな課題である．そのために，個人顧客や消費者グループを増やすほか，観光業界と提携した独自の販売チャネルの開拓に意欲を示している．ところが，カランディナ農

協の販売先数はもはや1千件を超えている実態から推測すれば，益々膨らむ販売および一般管理費が，オリーブオイルの製品販売事業の収益性を圧迫していることが考えられる．

おわりに

　GIに関しては認証や表示それ自体が地域ブランド化の経済効果をもたらすわけではない[12]．厳格な品質基準を用意し，生産者自らの品質向上への努力を促すいわゆる「品質管理を中心としたブランドの管理システム」ができてこそ，ブランド効果は発揮される．

　これをカランディナ農協の事例からみた場合に，認証要件に品質要件を設けるPDOは，①生産者に対して品質向上へのインセンティブとして働くこと，②消費者に知覚できる確かな品質が保証されれば，製品化による付加価値の拡大やプレミアム価格の形成も可能であること，③これらの結果として製品ベースの産地マーケティングの可能性が広がるといった効果を確認した．

　とはいえ，自然環境や気象条件の変化により品質や収量に大きな影響を受ける農産物の場合は，均一な高い品質の維持，ブランド産品の安定的な出荷ロットの確保が妨げられる．さらに，ラベルの使用が複数のメーカーに認められ，各々のメーカーが独自の製品マーケティングを展開していることも，出荷ロットの制約によりバーゲニングパワーの発揮にダメージを与えていることも問題として指摘できる．

　最後に，近年，カランディナ農協のPDO製品の大手スーパーチェーンへの出荷額が減少している背景には，彼らが求める安定的な出荷ロットの確保が困難な事情が働いている．隔年結果というオリーブの有する生理的特徴や灌漑設備を整えていない園地条件もさることながら，33社を数えるPDO産品の製造販売企業が，限られた製品数量をもって，独自の販売チャネルを展開しているからである．その結果，カランディナ農協は多数の専門小売店をチャネルとするマーケティング戦略に切り替えたものの，チャネル管理に必

要な多くの間接経費が経常利益を圧迫している問題を抱えるようになった．

　農産加工品の地域ブランド化においては，原料の安定生産，計画的な製品化，組織的かつ集中的なマーケティングがブランド効果を持続的に享受しうる重要な条件であるという認識を改めて促してくれた事例であったことを特記しておきたい．

注

1) Espejel et al.（2007）は「バッホアラゴンのオリーブオイル」を用いて，PDOのブランド効果を図った研究が事例の選択に大きく影響したことを特記しておきたい．

2) 地理的表示保護に関する理事会規則は，2006年の制度改革の際に，理事会規則No.510/2006に改定された．なお，ワインとスピリッツに関しては別途の規則があり，それに該当するのが前者の場合は理事会規則No.479/2008，後者の場合はNo.110/2008である．

3) 高橋・池戸（2006）の第2章（pp.162-198）及び第3章（pp.199-208）に詳しく述べられている．

4) European Commission JRC, p.5, Figure1においては，EUが設けるPDO, PGI, TSG, 有機認証は，差別化やブランド化に活用しうる公的認証制度として位置づけられている．

5) この中には，トレーサビリティ，GAPなど，農産物および食品の安全性の保証に係わる様々な制度が含まれている．

6) 加盟国別・品目別のPDO/PGIの登録状況は，EUのデータベース（http://ec. europa.eu/agri culture/quality/door）より確認することができる．

7) この価格の変化には，当該年度のオリーブ生産の大凶作とともに，統計作成上の問題が影響しているというが，価格低下の理由については充分に解明することができなかった．

8) スペイン政府の取り組みについて詳しくは，JRC（2005：64-66）を参照されたい．

9) 有機認証を受けているオリーブ園は40人の生産者の所有する390haである．組合員の有するオリーブ園面積（約600ha）の約65％が有機農園となった．

10) この評価シートは，EUのオリーブ委員会が定める委員会規則No.640/2008が提供するものである．ちなみに，EUの委員会が自ら，品質評価基準を作成するほかの品目は存在しないという．

11) エキストラバージンオイルの製品価格の確認のために，バレンシア市内の数カ所の量販店および小売店を訪ねた．ほとんどの製品は1ℓ以上の容量であり，500ml以下の製品はなかなか見当たらなかった．なお，バレンシア市内の量販店

からはカランディナ農協の製品は見つからなかった．

12)　Espejel et al.（2007：17）は，PDO に関する情報を熟知していない消費者は，製品の表示やラベルより，色，外観，風味などの内部品質を最も考慮して選択する傾向に鑑み，「PDO 制度の求める厳格な品質管理は，消費を通じて知覚される内部品質を高める．そして，その結果として消費者の満足度やロイヤルティが高まる」と結んでいる．

第12章
産地ブランド展開をめぐる農協間競争と問題
—イタリア北部のりんご産地を事例として—

李　哉汯・森嶋輝也・清野誠喜

　これまでに取り上げてきた，欧州連合（EU）の青果農協が展開するブランドには，①取引先の大手スーパーチェーンもしくは食品加工企業のプライベート・ブランド（PB），②製品名と農協名が組み合わさったナショナル・ブランド（NB）に加え，③地理的表示制を活用した地域ブランドがあった．農協自らが選択するマーケティング戦略すなわち取引先のバイイングパワーに対して迎合的な態度をとるか，それとも自らの有するバーゲニングパワーを持って対抗するかによってPBとNBのバランスに相違が見られた．前者の場合は販売額に占めるPBのシェアが高く，後者についてはNBの同シェアが高い傾向が認められた．

　しかしながら，これまで見てきた農協に，スペインのカランディナ（Calandina，第10章）農協を除けば，地域ブランドを傘ブランドにしたブランド戦略を展開する事例はないに等しかった．複数の品目を取り扱う大規模青果農協にとって，特定の品目に与えられる地理的表示（GI）は，製品ブランドへの部分的活用に留まるほか，これまでの農協間合併や農協連合の設立が，単品産地からの越境を進めてきたが故に，地域ブランドが大きな意味をなさなかったことに起因する．

　ところが，本章が取り上げるイタリア北部のりんご産地においては，いずれの農協も地域ブランドに一元化したブランド戦略を展開している．農協はその生産をりんごに特化しているために，主として単品が対象となる地域ブランドの活用に適合した条件であるほか，地域ブランドがカバーする地理的範囲と農協連合が管理する領域とが一致するために，産地ブランドに統一し

たブランド戦略を採用しやすかったからである．

1. 地域ブランドの境界設定をめぐる争点

(1) 問題の所在

　農産物に地名もしくは特定地域を象徴するシンボル名などを冠した，いわゆる地域ブランドの開発をめぐっては，地理的境界に厳格さを追求すれば境界外の隣接産地との葛藤に，逆に，その境界内に隣接産地を広く包摂すれば，ブランドの管理をめぐる葛藤に，各々遭遇する可能性を秘めている[1]．

　ところが，農産物の地域ブランドの境界設定に関わる問題は，斎藤編 (2008：38) と李 (2013b：136) により注意喚起がなされている程度に留まり，実証研究において取り扱われることはなかった．多くの関連研究では，すでに確立している地域ブランドの有する価値・効果の検証・計測 (大浦ほか 2002，杉田・木南 2012) やブランドの管理手法 (斎藤編 2008，森嶋 2006) に関心が示され，地域ブランド開発のプロセスやブランド間の競争関係への関心が相対的に希薄であったことが考えられる．しかしながら，現実の地域ブランドには，「京野菜」と「京の旬野菜」のように同じ地名を使用するが異なる境界や管理ルールを設けているケース (藤島・中島編 2009：42-58)，「青森にんにく」と「田子にんにく」のような県ブランドや市町村ブランドが共存しているケース (藤島・中島編 2009：59-75)，「紀州の梅」のように，異なるブランド名の境界が地名 (和歌山) と重なっているケース (中家 2005)，「知覧茶」のように，市町村合併により隣接の旧市町村 (頴娃，川辺) へと境界の拡大が図られたブランド (李 2013b) などにより，地域ブランドのブランド名の選択や境界設定をめぐる複雑な事情を垣間見ることもできる．

　一方，1980 年代以降に進む農協間の合併や合併後の販売事業の統合を妨げる要因には農協間のブランド力の格差が関係している (徳田 2015)．農協が有するブランド力が隣接産地間の競争を左右する競争力の一部 (伊藤

2005）であるために，競争優位にあるブランドはその使用を認める境界の拡大を躊躇するという実態が作用している．

(2) 分析の枠組み

このように，農産物の地域ブランドの開発・管理をめぐる問題の諸相には，ブランド名の選択とそれがカバーする境界の設定，その後のブランド展開がもたらす隣接産地間競争の行方が関与している．これが，農産物の地域ブランドに関する研究が，隣接産地までを視野に入れ，ブランドの展開過程を，ブランド開発からその後の隣接産地間競争の構図まで動態的に捉えうる分析フレームワークを必要とする理由である．

本章では，この分析フレームワークをイタリア北部（Trentino-Alto Adige トレンティーノ＝アルト・アディジェ州）[2]において，隣接して広がる複数のりんご産地に適用し，地域ブランドの境界設定及びブランド管理方式に起因する①「産地間の葛藤」②「産地再編やブランド間競争」③「産地マーケティング戦略の選択」が連鎖的に起きるメカニズムの解明を試みた．なお，本章は，その3つの産地においてブランド管理及び産地マーケティングを担っている，各々の農協連合組織（VOG：南チロール果実生産者協同組合連合会，Melinda：メリンダ協同組合連合会，VIP：バル・ベノスタ協同組合連合会）のマーケティング・マネージャーへの対面インタビューによって遂行されたケーススタディである．ちなみに，これら3つの農協連合は，いずれもイタリアの青果農協の中で販売額規模において上位5位内にランクインしている大規模農協である（前掲表8-4）．

2. 産地および農協の概要

EUには，約44万haの園地（2012年）がりんごの生産に供されている中，その国別の面積では，ポーランドが有する面積（143,100ha）が最も多く，次にイタリア（52,200ha），ルーマニア（51,200ha），フランス（36,700ha），

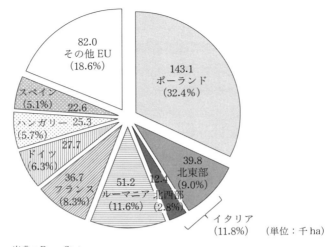

出典：Euro Stat.

図 12-1 EU における主要なりんご生産国

ドイツ（27,700ha），ハンガリー（25,300ha），スペイン（22,600ha）の順となっている．なお，28 カ国からなる EU のりんご生産面積に占める，これら 7 カ国のシェアは 81.4％である（図 12-1）．

このように，イタリアは EU 諸国の中で 2 番目に大きいりんご生産国となっているものの，イタリアの北東部はりんごのみに特化して産地としては欧州最大の規模を誇っている．なお，このイタリアの北東部のりんご産地はトレンティーノ＝アルト・アディジェという特別自治州にほぼ完結している．

トレンティーノ県とアルト・アディジェ県からなるトレンティーノ＝アルト・アディジェ特別自治州のりんご生産量（2015 年：163 万 9,000t）と同生産額（5 億 800 万ユーロ）がイタリアのりんご生産量および生産額に占めるシェアは，各々の 67.2％と 66.6％と高く，ほかの州の同シェアと大差をつけている（表 12-1）．このトレンティーノ＝アルト・アディジェ特別自治州では，いずれのりんご生産者も，りんごの出荷・販売に事業を特化している 32 の農協のメンバーとなっている．なお，その 32 の農協は，各々の産地に

第 12 章　産地ブランド展開をめぐる農協間競争と問題　　　263

表 12-1　イタリアにおける主要なりんご生産地域（2015 年）

No.	州	生産量（千 t）	%	生産額（百万ユーロ）	%	ユーロ/kg
1	Trentino-Ato Adige	1639.0	67.2	508	66.6	0.31
2	Veneto	265.5	10.9	84	11.0	0.32
3	Piemonte	158.6	6.5	51	6.8	0.32
4	Emilia-Romagna	152.1	6.2	46	6.1	0.30
5	Campania	65.9	2.7	22	2.9	0.33
6	Lombardia	45.5	1.9	14	1.9	0.32
7	Toscana	25	1.0	8	1.0	0.32
8	Friuli-Venezia Giulia	16	0.7	5	0.7	0.32
9	Abruzzo	13.8	0.6	5	0.6	0.35
10	Sicilia	13.1	0.5	4	0.5	0.32
11	その他（10 州）	45.2	1.9	15	1.9	0.32

出典：Crea（2016）Annuario dell'agricoltura Italiana.

集荷の地理的範囲が完結する 3 つの農協連合を通して産地マーケティングを展開している．

　また，これら農協連合は，1990 年代を通して，全ての園地において総合的有害生物管理（IPM）を含む園地管理システムを統一的に導入した上で，グローバル GAP，BRC，IFS などのプライベート・スタンダードを整備しており，選果場・小分け包装センターにおいて売り場にすぐ陳列できるコンシューマー・パックの出荷が可能なサプライチェーン構築を済ませている．

　以下には，その 3 つの農協連合組織の概要について述べる．

(1)　アルト・アディジェ県のりんご農協

　アルト・アディジェ県で本格的な市場向けのりんご出荷組合＝農協が設立されたのは 1867 年である（Meyer ed. 2014：2）．この農協設立を皮切りに，その後，アルト・アディジェ県全域に点在するりんご栽培地域においてローカル（集落）に完結する農協が続出するようになった．今日（2015 年）に至っては，6,638 人のりんご生産者を組合員とする 23 の農協が展開している（表 12-2）．なお，これらの農協はいずれも 2 つの農協連合のメンバーと

表 12-2　3つの農協連合組織の概要（2014 年）

産地	Alto Adige 県＝南チロール		Trentino 県
名　　称	□ VOG（南チロール果実農協連合） Der Verband der Südtiroler Obstgenossenschaften	□ VIP（Val Venosta 農協連合） Associazione delle Cooperative della Val Venosta	□ Melinda（メリンダ農協連合） Consorzio Melinda
設立年次	□ 1945 年 （32 の農協からスタート）	□ 1990 年 （7つ農協が VOG から離脱し設立）	□ 1989 年　Melinda ブランドの使用開始 □ 1992 年（16 の農協）Val di Non（農協連合組織）設立 □ 1998 年　Melinda へ改称
メンバー農協数	□ 16 農協	□ 7 農協	□ 16 農協
生産者数	□ 4,938 人 □ 309 人/1 農場	□ 1,700 人 □ 242 人/ 農協	□ 3,968 人 □ 248 人/ 農協
園地面積	□ 10,862ha □ 2.2ha/1 人	□ 5,200ha □ 3.1ha/1 人	□ 6,700ha（1.7ha）
出荷量	□約 65 万 t □ 59.8t/ha	□約 36 万 t □ 69.2t/kg	□約 40 万 t □ 59.7t/kg
販売額	□ 3 億 8,500 万ユーロ □ 78,000 ユーロ/人 □ 0.59 ユーロ/kg	□ 2 億 2,000 万ユーロ □ 1,294,117 ユーロ □ 0.61 ユーロ/kg	□ 2 億 3,600 万ユーロ □ 59,475 ユーロ □ 0.59 ユーロ/kg

出典：訪問面積調査より筆者作成.

なっている.

　アルト・アディジェ県は，古くからアルプス山脈の南側に広がる山麓を意味する，南チロールという別の呼び名がある．この世界中に知れ渡っている「南チロール」という地名は，この県が出荷するりんごのブランドとしても活用されてきたことを特記して置きたい.

VOG（南チロール果実農協連合）

　VOG は，後に見る VIP に属す7つの農協を除き，アルト・アディジェ県

の全域に点在する 16 の農協をメンバーとする農協連合であるが，その生産者数（4,938 人），りんご園地面積（10,862ha），出荷量（約 65 万 t），販売額（3 億 8,500 万ユーロ）は，3 つの農協連合の中では，最大の事業規模となっている．

VOG は，1945 年に，アルト・アディジェ県全域に展開する全ての農協（32）が共同販売を目的に設立した農協連合であるが，1990 年の一部の農協が離脱する事態に遭遇したほか，残された農協が合併を進める中，2000 年には現在の 16 農協へと減少した．

1 農協当たりの平均生産者数（308 人），1 生産者当たりの平均面積（2.2ha），生産者 1 人当たりの販売額（78,000 ユーロ）から見れば，同じアルト・アディジェ県の VIP という農協連合に比べて，相対的な規模の小さい生産者が多く集まっていることが見て取れる．

VIP（バル・ベノスタ農協連合）

1990 年に，上述の VOG から離脱した，7 つの農協をメンバーとする農協連合である．1,700 人の生産者，5,200ha のりんご園面積，約 36 万 t の出荷量，販売額 2 億 2,000 万ユーロは，トレンティーノ＝アルト・アディジェ特別自治州の 3 つの農協連合の中では，相対的に小さいことを表している．その一方で，生産者 1 人当たりの園地面積（3.1ha）は，ほかの農協連合に比べて相対的に広いために，生産者 1 人当たりの販売額（12 万 9,417 ユーロ）が最も多くなっている．

また，各々の農協連合の有する販売額を生産量で割った，りんご 1kg 当たりの販売価格を見ると，VIP の 0.61 ユーロ/kg が最も高いことが注目される．

(2)　トレンティーノ県の農協

トレンティーノ県のりんご産地にりんご農協の設立がスタートしたのは 1920 年代であることから，アルト・アディジェ県のりんご産地の裾野が広がる形で，後発の隣接産地として産地形成が進展したと言ってよい．なお，

266

表 12-3 メリンダ農協連合のメンバー農協の概要

No	Melinda のメンバー農協	設立年次	組合員数	面積(ha)	ha/1人
1	UFR (Unione Frutticoltori Rallo)	1920	143	176	1.23
2	S.C.A.F (Societa Cooperativa Aziende Frutticole)	1951	284	355	1.25
3	UFC (Unione Frutticoltori Coredo)	1952	162	310	1.91
4	COFSAC (Consorzio Frutticoltori S. Apollonia Caldes)	1962	195	297	1.52
5	S.A.R.C (Societa Agricola Renetta Canada)	1963	136	305	2.24
6	CONTA' (Consrzio Ortofrutticolo del Conta')	1964	276	556	2.01
7	UNIFRUTTA	1966	208	319	1.53
8	S.A.B.A.C (Societa Agricoltori Brez Arsio Cloz)	1967	331	491	1.48
9	TERZA SPONDA (Consorzio Ortofrutticolo Terza Sponda)	1967	344	519	1.51
10	C.O.B.A. (Consrzio Ortofrutticolo Bassa Anaunia)	1968	280	559	2.00
11	A.V.N (Cooperativa Produttori Agricoli Alta Valle di Non)	1972	316	579	1.83
12	C.F.C (Consorzio Frutticoltori Cles)	1972	296	393	1.33
13	F.A.T (Frutticoltori Associati Tuenno)	1972	287	335	1.17
14	C.O.L (Consorzio Ortofrutticolo del Lovernatico)	1972	137	285	2.08
15	S.F.C (Societa Frutticoltori Campodenno)	1972	107	285	2.66
16	C.O.CE.A (Consorzio Ortofrutticolo Centro Anaunia) ※ COFCA (1972) と COPARIT (1976) が合併	1998	466	941	2.02

出典:メリンダ農協連合の提供資料により.

現在(2015年),トレンティーノ県には16の農協に3,968人のりんご生産者が加入している(表12-2).ところが,これら16の農協をメンバーとするメリンダという農協連合が,すべての単協に代わってりんごを販売している.なお,メリンダが擁する生産者の地理的範囲はトレンティーノ県に完結しており,メリンダ以外に同県内でりんごの販売事業に取り組んでいる農協は存在しない.

メリンダは,もともとトレンティーノ県の16の単協が共通の製品ブランドとして用いたブランド名であった.ところが,1992年に設立したバル・ディ・ノン(Val di Non)という,トレンティーノ県の全てのりんご農協が加入する農協連合が,1998年にメリンダに改称することにより農協連合名として用いられたという経緯がある.

メリンダのりんご園の面積(6,700ha),生産量(約40万t),販売額(2

億3,600万ユーロ）は，VIPとほぼ拮抗しているものの，生産者1人当たりの園地面積（1.7ha）および出荷額（59,475ユーロ）は，3つの農協連合の中で最も小さい（表12-2）.

　一方，表12-3には，メリンダ農協連合のメンバーとなる16の単協の設立年次と組合員数を示した．産地形成がスタートした1920年を設立年次とするNo.1農協をはじめ，設立年次を1950年代，1960年代とする農協が加わっている．これら1950年以降を設立年次とする農協の多くは，集落などをユニットとする零細な単協同士が合併して誕生したものが少なくない．そういう意味では，1972年以降は単協の合併があまり見られず，1998年に2つの農協が合併（No.16）するに留まっている．その背景には，後にみる，メリンダによる単協の販売事業の統合が働いている.

3.　ブランドの展開をめぐる葛藤と産地出荷体制の再編

　アルト・アディジェ県のりんごは，アルプス山麓の寒冷な気候が生み出す高い品質のりんごに，古くから世界中の人々に認知されている南チロール（South Tyrol）というブランドラベル[3]を付して販売し，1970年代までその品質や認知度を生かしたプレミアム価格を享受してきた（図12-2）．ところがトレンティーノ県は，南チロールの境界から外れたために，当該地域のりんごは，そのブランドを使用できず，南チロールブランドの有するプレミアム価格の恩恵から排除された．こうしたトレンティーノ県のりんご産地が抱える相対的に不利な販売条件が，後にみる新たな農協連合の設立やブランドの開発を刺激する契機となった.

　一方，アルト・アディジェ県では，VOGの管理下において県内のすべての農協が南チロールのラベルを付してりんごを販売していた．ところが，1980年代の持続的な価格下落に直面し，1990年には，バル・ベノスタ（Val Venosta）地域の農協がVOGから分離・独立し，新たな農協連合（＝VIP）を創設した.

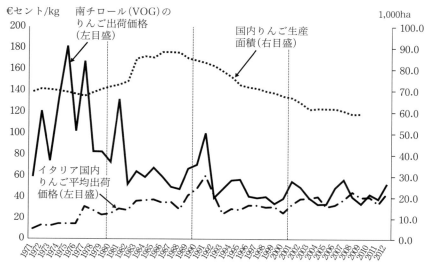

出典：Meyer ed.（2013：15）および Eurostat より．
注：1） 南チロールの平均りんご価格は，VOG の提供する価格データを利用して作成しているために，1990 年以降は，VIP の価格は反映されていないことに注意されたい．
2） Eurostat からは 2010 年以降のデータは得られなかった．

図 12-2　イタリアにおけるりんご栽培面積および価格の推移

（1）　南チロールブランドの価格プレミアム

　イタリアでは，1980 年代に，それまでに約 7 万 ha を維持していた，りんごの生産面積が 9 万 ha にまで拡大した．それにもかかわらず，りんごの国内平均価格が同期間において上昇していることから，需要拡大に応じた供給の拡大であると推測する．ところが，1990 年代以降のりんご生産面積は急速に減少している中で，国内の平均価格は横ばいに推移している（図 12-2）．りんごの国内需要が減退している中，価格低下を避けるための園地面積の縮小が図られていることが見て取れる．

　こうした中，1970 年代を通して，大きく乖離していた国内産りんごの平均価格と南チロール産りんごの平均価格の格差は，1980 年代に著しく縮小し，やがて 1990 年代中頃から南チロールりんごの価格プレミアムは消滅し

ている（図 12-2）．このような南チロール産りんごの価格プレミアムの消滅
の背景には，後に見る，後発産地トレンティーノ県の新しいブランド＝
Melinda との競争のほか，出荷価格の持続的な下落に端を発した，ブラン
ド使用をめぐる産地分裂がコモディティ化をもたらしたことと関係している．

(2)　新しいブランド開発と産地再編

「Melinda」ブランドの開発

　南チロールブランドの有する価格プレミアムの恩恵から排除された，トレ
ンティーノ県のバル・ディ・ノン地域のりんご農協が，自らのマーケット・
ポジションを高めるべく，共同出荷やブランド開発の必要性に目覚めたのは
1980 年代半ば頃である．その後，1989 年には，Melinda[4] というブランド
の開発・使用を始めたが，当初は，加工原料用りんごの共同出荷に用いた．
その後，1992 年には，産地のすべての農協が出資するバル・ディ・ノン
（1998 年に Melinda へと改称）という農協連合を設立し，農協の有する集
出荷施設を統合した上で，農協の販売事業部門を廃止した（表 12-4）．なお，
1992 年の農協連合の船出に合わせて，Melinda ブランドのロゴマークを変
更し，テレビやラジオを介した大々的な PR への投資を開始した．現在は，
そのブランド戦略が成果をもたらし，イタリアでは Melinda がりんごの代
名詞として機能するほど高い認知度を誇っている[5]．

VOG の分裂と VIP の設立

　一方，アルト・アディジェ県においては，1980 年代のりんご出荷価格の
持続的な下落（図 12-2），南チロールブランドが有するプレミアム価格の縮
小が発端となり，アルプス山脈の最北端の麓に広がるバル・ベノスタ地域に
園地を持つ 7 農協が，1992 年に VOG から独立し，新しい農協連合＝VIP
を創設する事態を迎えた．VIP は，バル・ベノスタという新しいブランドを
開発した上で，農協に対して全量出荷を義務づけ，ブランド管理を含む販売
事業に関する意思決定を一元的に行うことにしたが，メリンダと違って，農

表 12-4 りんごの産地出荷体制および販売実態

農協連合		VOG	VIP	メリンダ
単協との関係		□単協の自主販売：50% □販売情報（受発注情報）の一元管理	□単協の自主販売を認めず （※営業への参加は可） □選別・パッケージング施設の単協所有・管理 □単協による営業	□単協の自主販売を認めず □販売事業の一元管理 □選果・パッケージング施設の連合組織への統合
品種構成		□Golden Delicious：29.0% □Gala：18.9% □Braeburn：10.6% □Granny：9.6% □Red Delicious：9.5% □Fuji：9.5% □Pink Lady：6.9% □その他：6.0%	□Golden Delicious：63.0% □Red Delicious：15.6% □Gala：8.7% □Pinova：4.0% □その他（Braeburn, Fuji など）：8.7% ※有機りんごの出荷量シェア：約6%	□Golden Delicious：70% □Red Deliciou：9% □Renetta：8% □Gala：5% □Fuji：6% □Evelina：2%
販売先①	国内	□35%	□50%	□70%
	海外（輸出）	□65%	□50%	□30%
販売先②	大手スーパーチェーン	□30%	□60%	□40%
	専門小売店卸売業者	□70%	□40%	□60%
備考		□りんご加工品へのブランド拡張 □年間500万€の宣伝広告費	□小売企業のPBへの積極的な協力を基本とするリテールサービスの充実	□新品種導入におけるクラブ（Club）契約の活用

出典：表 12-2 に同じ.

第 12 章　産地ブランド展開をめぐる農協間競争と問題　　　271

協による出荷施設の運営や営業活動は認められた（表 12-4）．このようなブランド産地の分裂ともいうべき事態が発生した理由は，アルト・アディジェ県ではバル・ベノスタという産地のみが南チロールのイメージに直結するアルプス山脈の南側の麓に広がっているほか，相対的に標高の高い園地から生産するりんごの品質[6]が，低地の園地を抱える他の産地のそれより市場での評価が高いからである．すなわち，相対的に高いブランド力を有するバル・ベノスタ産地のみを排他的に囲い込んだ上で，独自のブランドを統一的に展開すれば，明確な差別性の訴求により，りんごの出荷価格の下落を防げるという判断が働いたということである．

VOG の縮小・再編

　こうした中，VOG は，南チロールの象徴たるバル・ベノスタ地域からの出荷を失った．これにより，アルプス山脈の山麓に広がるりんご園地のイメージや高地の気候・日照条件が生み出す特有な着色といった製品価値を訴求することが困難となった．その結果，1990 年代中頃からは，VOG のりんご出荷価格とイタリア国内のりんご平均価格の差が著しく縮小し，2000 年以降は，VOG の価格プレミアムは消滅した（図 12-2）．それに加え，バル・ベノスタ地域のりんごを求める多くの販売先が，VOG との取引を取り止めた．このような出荷・販売を取り巻く大きな環境の変化は，産地の出荷体制の見直しを促した．そこで，新たなブランドイメージや品質の差別性を再構築すべく，従来からの各農協の自主販売を制限し，農協連合により一元的な出荷体制の強化を図ることになったものの，農協連合への出荷義務は出荷量の 50％に留めている（表 12-4）．

　一方，集出荷施設の運営や単協の自主販売の許容度合いが，3 つの農協連合に異なっている理由には，各々農協連合のブランド管理やリスク態度が関係している．メリンダがブランド管理，集出荷施設，販売事業を連合組織に統合した背景には，厳格な管理に基づく強いブランドをテコ入れした営業力の発揮に対する自信感が現れている．VIP はバル・ベノスタ地域に完結する

ブランドの一元的な管理のため，農協の自主販売は禁じたものの，農協の集出荷施設に営業部門を残した．VIP にとって，思わしくない販売成果とりわけ販売価格の低下などに対する農協の不満を回避したいという思惑が働いている．これに対して，VOG には，ブランド構築の道半ばにあることから，農協の自主販売への依存が避けられないという事情がある．

4. 産地マーケティング戦略の相違

(1) ブランド力の格差

3つの農協連合（メリンダ，VOG，VIP）は，以上のような経過を経て，現在は，互いが異なるエリアの園地を囲い込み，その境界内に完結する独自ブランドを展開するようなった．

その結果，積極的なプロモーションや統一的なブランド管理に徹したメリンダはトップ・ブランドとしての地位を確保した[7]．これに対して，南チロールが有するブランドイメージは VIP により継承されたものの，これまでプレイス・ブランド（place brand）のブランド傘（Ashworth & Kavaratizis ed. 2010：215）の効果に依存し，産品ブランド＝りんごの積極的なプロモーションに欠けていたことから，ブランド効果の発揮においてメリンダに劣位を強いられるようになった．そして，VOG については，南チロールのブランドイメージが訴求できないまま，製品のコモディティ化が進展する中，国内の一部の販売先を失った．こうしたブランド力の格差は，各々の産地のマーケティング戦略の選択を制約する要因として作用している．

(2) 産地マーケティングの展開構造

3つの農協連合が採用するマーケティングについては，伝統的な 4P（products, price, place, promotion）ミックス（恩蔵ほか 2010：16-17）に照らし合わせて比較すれば各々の戦略の違いが明らかになる．

第12章　産地ブランド展開をめぐる農協間競争と問題　　　273

メリンダ

メリンダは，国内市場をターゲットに，従来のゴールデンデリシャス（Golden Delicious）を主力とする製品を，可能な限り大手スーパーチェーンのプライベート・ブランド（PB）への対応を避け，卸売業者や果実専門店を中心に，自社ブランドを売場までアピール可能な販売チャネルを開拓してきた．その結果，3つの隣接産地の中では，ゴールデンデリシャスの占めるシェアが70％と最も高く，大手スーパーチェーンへの販売額が販売チャネルに占めるシェアは相対的（40％）に小さいほか，小売企業のPBへの出荷シェアも少ない（表12-4）．

また，メリンダについては，強いブランド力を生かしたブランド拡張への取り組みが注目に値する．Melindaというブランドを有するりんごを原料とするスナック菓子，ムースなどのりんご加工品にMelindaのブランド要素（ブランド名，ロゴマーク，パッケージデザインなど）を付する場合は，加工メーカーに対してブランド使用料を課しているが，農協連合の少なからぬ収入源となっている（表12-5）．

VOG

VOGは，バル・ベノスタ産地を失って以降，独自のブランド戦略が遅れたが故に，国内市場へのアクセスが困難な状況に遭遇した．こうした中，VOGが選択したマーケティング戦略は，海外市場をターゲットに，輸出を意識した製品ラインの再編すなわち多様な品種の導入に傾斜した戦略を実行してきた．

表12-2および表12-6にみるVOGの品種構成は，ゴールデンデリシャスの出荷量シェアが約29％と少なく，他の2つの農協連合の品種構成との相違は顕著であり，とりわけ1978年に比べて2013年の品種構成が大きく変わっていることがわかる．販売金額に占める海外市場のシェア（65％）は，3つの農協連合の中で最も高い．表12-6の右に示したリンゴの輸出先国の拡大をめざして，輸出先市場の多様なニーズに配慮し，品種構成を見直してき

表 12-5 Melinda ブランドを活用した加工製品
などの概要

(単位：ユーロ)

カテゴリ	製品名	製品コンテンツ	製品単価
りんご加工製品（食品）	Mousse	ムース	9.9
	Barretta 100% Frutta	加糖しない生鮮りんご130g（75カロリー以下）をスティック状にしたもの（28個入り）	15.3
	Melinda Grand Frutta	ホワイトチョコを乾燥りんごのムースに被覆した製品（クリーミー，クランチー，そのミックス）	1.7
	Melinda Fruit Sensation	砂糖，添加物を加えていないりんごの固形製品（キューブ）　30g	1.5
	Melinda Snack Rondelle	Golden Delicious をスライスカットし，乾燥したものに砂糖や添加物，脂肪（油で炒めない）を加えずに加工したスナック菓子	13.2
	Melinda Snack Bastoncino	乾燥 Golden りんごをスティック状にした製品	17.0
	Biscotti Alla Mela Golden DI'	りんごのビスケット（300g）　卵，バター，砂糖，小麦粉，りんごジュースを混合した製品	2.1
	Barretta Melinda	Barretta に5つの穀物を加えた製品	11.7
非食品	T シャツ		8.8
	キーホルダー		3.5
	カット器		3.8
	芯抜き		15.0
	タオル		14.9
	ハンドクリーム		12.0

出典：Melinda の集出荷施設に併設する直営店舗より確認.

た結果である．なお，VOG は今後においても新しい品種の導入を図り，独自の製品市場を構築しようとしている．これを実現すべく，VOG は，近年クラブ（CLUB）契約[8]による新品種の素早い普及に力を入れていることも注目すべき産地マーケティング戦略である．

VIP

VIP のマーケティング戦略は，上述のようなメリンダの販売チャネルとの競合を避け，大手スーパーチェーンが求める，PB に積極的に対応し，充実したリテールサービスを提供する戦略を選択したほか，出荷価格の劣勢をカバーすべく，付加価値の拡大を狙った製品差別化を図り有機りんごの生産拡大に力を入れている．また，メリンダに掌握されている国内市場から海外市場へ目を向け，輸出への取り組みも強化している．そうした結果，現在，VIP のりんご出荷額に占める国内市場の割合（50％）やゴールデンデリシャスの比重（63.0％）はメリンダに比して相対的に低く，販売チャネルに占める大手スーパーチェーンのシェア（60％）は 3 つの農協連合の中で最も高い（表 12-4）．

一方，VIP は，メンバー数や園地面積から見た出荷規模が相対的に小さく，かつ産地が山麓の標高の高い地帯に限定されているために，りんごのみに依存した周年出荷や販売事業の拡大はなかなか望めない状況にある．また，メ

表 12-6　VOG における品種および輸出先国の変化（1978 vs 2013 年）

品種	1978	2013	輸出先国	1978	2013
Golden Delicious	49.8	29.2	イタリア	53.3	37.4
Morgenduft	19.3		ドイツ	34.7	21.5
Jonathan	18.5		オーストリア	8.2	0.1
Red Delicious	7.6	9.5	イギリス	1.0	4.6
Gravensteiner	1.5		ベネルクス	0.9	
Winesap	1.2		フランス	0.8	0.5
Divers	1.1		デンマーク	0.4	3.1
Granny	1.0	9.6	スイス	0.2	
Gala		18.7	スカンディナビア		7.5
Braeburn		10.6	スペイン・ポルトガル		6.7
Fuji		9.5	リビア		5.5
Pink Lady		6.9	ギリシャ		1.1
その他		6.0	マルタ		0.3
			その他	0.5	11.4
合計	100.0	100.0			
			合計	100.0	99.7

出典：VOG の提供資料による．

リンダとの国内市場のシェア競争が容易ではない中で，輸出による販路開拓にはVOGに遅れをとっていることも，VIPの成長を妨げる要因である．

　そこで，VIPは販売額の拡大を目指すに当たって，近年はりんご以外の製品の集荷販売を開始しているが，ブロッコリー，あんず，山イチゴなどがそれに該当する（表12-7）．また，EU内をターゲットとしたVOGとの輸出競争を避け，中近東の国々への輸出に拍車をかけている中で，アラビア語によるプロモーションのために投資を進めている（表12-8）．

おわりに

　このケーススタディの分析結果からは以下のことが明らかとなった．

　地域ブランドは他との差別化のためにその適用範囲を区切る境界を設定するが，境界の「内」と「外」を二元化した場合，「外」として排除される地域が出てくる．それによりこれまでのブランドが使えなくなった隣接産地としては，新たなブランド開発に取り組むしかないが，メリンダの事例のように後発ブランドであってもその戦略が有効に作用すれば，先発ブランドを上回る効果が得られることもある．

　ブランドの境界設定による「内と外」の二元化は，「外」の排除の一方で，

表12-7　VIPが出荷する
りんご以外の品目

品目	出荷量（t）
野菜	2,461
山イチゴ	576
梨	169
あんず	387
その他果実	253
合計	3846

出典：VIPの提供資料による．

表12-8　VIPにおけるりんごの
輸出先別金額のシェア

	％
ドイツ	22
北欧	19
南欧	17
東欧	9
その他EU	1
EU合計	68
EU外諸国	32
合計	100

出典：表12-7に同じ．

それと対立する「内」を一元化する作用がある。これは多様な物を1つにまとめて扱うには良いが，裏を返せば，違いを平準化し，内部に悪平等をもたらしかねない。この点については，産地間の品質格差に触発されてVOGからVIPが分離したように，地域ブランドの管理が出荷組織の自主的管理に委ねられている場合は，市況の悪化によるブランド効果の縮小が顕著となれば，産地分裂を招きうる。

　産地の分裂・再編後に新たに展開する隣接産地間のブランド競争は，産地ごとのマーケティング戦略の選択を大きく左右する。集中的なプロモーションによりブランド認知度を高めたメリンダはその市場を国内に求める一方で，イタリア国内ではコモディティ化してしまった「南チロール」ブランドも国外に目を向ければPGI登録産品として一定の訴求力を持つ。このように近隣産地が異なるマーケティング戦略の下で，出荷市場や販売チャネルの棲み分けを図っている実態からは，熾烈な価格競争を避ける産地マーケティングのあり方を垣間見ることができる。

注

1)　ここでは，法的保護の有無を問わず，地域ブランドを地名や地域のシンボルなどをブランド要素とする農産物の総称として用いる。なお，地域ブランド管理とは，ブランドを付する製品の生産地域や品質基準を特定した上で，ブランド製品の検査やブランド拡張を含むブランドラベルの管理を統一的に行う活動である（李 2013b：136）。

2)　Alto Adige県とTrentino県が組み合わさった，オーストリアと国境を接するイタリア北部の特別自治州である。Meyer ed.（2014）より，この地域には，りんご産地が隣接して広がっているにもかかわらず，複数の地域ブランドが競合関係にあることを知り，その実態を捉えるべく2015年11月に現地訪問調査を実施した。

3)　南チロール産のりんごは，EUのPGIとしてMela Alto AdigeもしくはSüdtiroler Apfelというブランド名を登録している。地理的範囲は，アルト・アディジェ県に属する全116自治体の内，72の自治体となっている。

4)　イタリア語のMela（りんご）とLinda（綺麗）の合成語である。

5)　メリンダ農協連合の説明では，毎年，約500万ユーロの広告費を執行している。現在，ブランド認知度は99％，SOVは25％，ブランドロイヤルティは25％以上

であるという．なお，SOV（share of voice）とは，全広告に占める当該製品・ブランドの広告量の割合である．

6) イタリアではゴールデンデリシャスの果皮に赤色が部分的に着色されているりんごが高い価格で取引されているが，バル・ベノスタの産地以外では，このような着色が容易ではないという．

7) 3つの農協連合は，一切の財務及び価格データの公表を禁じている．したがって価格の比較を通じたブランド力の比較は困難であったが，インタビューでは，メリンダ＞VIP＞VOG の順に平均出荷価格を序列づけられることは，いずれの農協連合も認めていた．

8) クラブ契約とは，育成権者より苗を購入し，育成権者と交わした商標権利用に関する契約に基づいた，生産・流通のコントロールを行い，それによって得られた利益の一部をブランド保護に用いることで，ブランド価値の保護を図るシステムである．Pink Lady はその代表的な例として取り上げられる．なお，近年，VOG は日本の長野県が開発したジョナゴールドをクラブ品種として取り入れたことを特記しておきたい．

第13章
イタリアにおける有機食品市場とブランド戦略

森 嶋 輝 也

1. 食品小売業をめぐる状況

　近年の欧州連合（EU）における食品小売市場の動向を加盟国別に見ると，上位3カ国（ドイツ・フランス・イギリス）の総売上げが増加傾向にあるのに対して，南欧2カ国（イタリア・スペイン）は不況の影響もあり横這い傾向となっているため，その差はますます開きつつある．その中でイタリアの食品小売業界では，大規模な総合スーパーや中規模の食品スーパーの店舗数はそれほど変わらないものの，伝統的な小規模小売店の数が減少する一方で，安価な商品を提供するディスカウントストアの出店が盛んになっている（図13-1）．この店舗数の変化に対応して，業態別の市場シェアも変わりつつある．すなわち，近隣型の商店や小規模な食料品店および大規模な総合スーパーはシェアを落としている一方，中規模のスーパーマーケットとディスカウントストアは食品小売市場における売上げシェアを高めている（図13-2）．

　このようなイタリアの小売業界の中で最も規模が大きいのは，何れも協同組合系の企業で，売上高ではコープイタリア（Coop Italia）が，店舗数ではコナード（Conard）が最大となっている．またオーシャン（Auchan）やカルフール（Carrefour）などのフランス系およびシュバルツ（Schwarz）・グループのようなドイツ系など外国資本の大手量販店もイタリア国内で大きなシェアを得ている（図13-3）．しかし，その中でもオーシャンやコープイタリアは売上高を落としているのに対して，コナードは増加傾向にある．こ

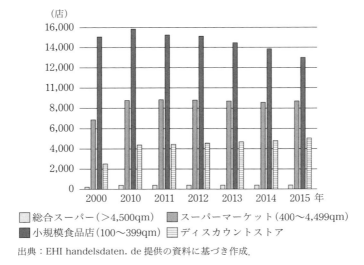

出典：EHI handelsdaten. de 提供の資料に基づき作成.

図 13-1　イタリアにおける食料品店の店舗数

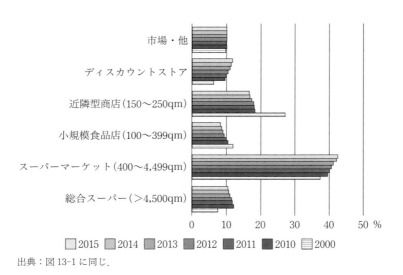

出典：図 13-1 に同じ.

図 13-2　イタリア食料品店における業態別市場シェア

第 13 章　イタリアにおける有機食品市場とブランド戦略　　　　281

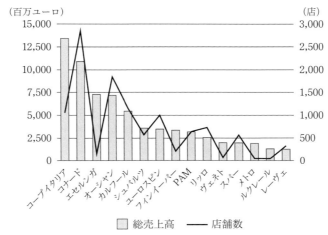

出典：図 13-1 に同じ．

図 13-3　イタリアにおける大手食品小売企業の売上高と店舗数

れは上述したディスカウント業態の伸長とも関係があり，コナードは通常のスーパーマーケットの業態に加えて，ディスカウント・タイプの店舗を増やして売上げも伸ばしている一方で，コープイタリアは 2013 年にディスカウント業態の店を手放し，総合スーパーと食品スーパーに集中することにしたため，売上高も減少している．

2.　コープイタリアの PB 戦略

　コープイタリアは組合員 790 万人に対して，1,165 店舗（売り場面積 167 万 m^2）で従業員 53,964 人により売上高 123 億 4,900 万ユーロを誇るイタリア最大の生協であり，同国最大の小売業者でもある（何れの数値も 2015 年）．しかし近年は不況が続く中，消費者意識が低コスト志向へと傾き，消費者ニーズも，2008 年には①品質，②福祉，③健康だったのが，2012 年には①品質，②手頃さ，③健康へと変化している（コープイタリア提供資料に基づ

く）．これに，後に見るディスカウント業態からの撤退が加わり，コープイタリアの売上高は2012年をピークに緩やかな減少傾向にある（図13-4）．

イタリア国内での青果物の年間消費量（2012年）はおよそ802万tで，金額換算すると135億ユーロとなる．その中でコープイタリアでの販売は56万t，11億6,100万ユーロを占めていたが，生鮮食料品に関しても国内外資本によるハードディスカウンターの伸長が著しく，それら同業他社との競合を避け，コープイタリアはディスカウント業態から撤退することとした（図13-4）．

これはイタリアの消費者をプロファイリングし，市場を分節化した結果，同社は価格競争に参入するのではなく，「倫理的消費」層にターゲットを絞ることにしたためである．

(1) 欧州の有機農産物市場の拡大

不況により全体的に消費が落ち込んでいるとはいえ，全ての層が一律に影響を受けている訳ではない．コープイタリアが外部機関に委託した調査結果

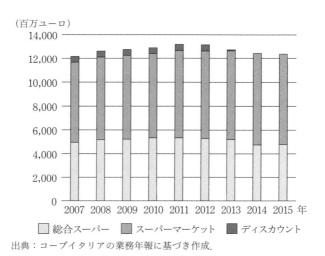

出典：コープイタリアの業務年報に基づき作成．

図13-4　コープイタリアの業態別売上高

第13章　イタリアにおける有機食品市場とブランド戦略　　283

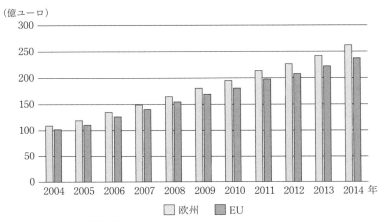

出典：FiBL-AMI の資料に基づき作成．

図 13-5　欧州における有機食料品の売上高

によると，イタリア国内ではおよそ半数の消費者に環境・健康志向が見られるが，とりわけ高学歴の中年女性に強い．典型的には40代で北部在住の有職女性であり，彼女たちは可処分所得が高く，環境や健康に配慮した食品を求めている．このような商品は低価格帯での競争が避けられるため，コープイタリアでは有機農法で生産された食品の商品開発に注力することで，これらのニーズに応えようとしている．

　近年，欧州では有機農産物に対して関心を持つ人が増えており，大きな市場を形成しつつある．2004年からの10年間でその市場規模は2.3倍にまで拡大し，EU 域内だけで240億ユーロ（2014年）となっている（図13-5）．欧州の中でも最も有機農産物の市場が大きな国はドイツであり，2位のフランスと合わせると，EU 域内でのシェアは5割を超える．次いでイギリスでの市場が大きいが，イタリアでの需要の伸びも大きく，3位に肉薄しつつある状況である（図13-6）．とはいえ，デンマーク（132.3ユーロ）やスイス（119.2ユーロ）および市場規模上位3カ国と比べると，イタリアでの1人当たりの有機農産物消費額は33ユーロと少なく，まだ拡大の余地は残され

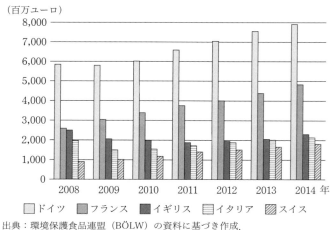

出典：環境保護食品連盟（BÖLW）の資料に基づき作成．

図 13-6　欧州における有機食料品の国別売上高

ている．

(2) コープイタリアの「ヴィヴィ・ベルデ」

　日本の生協と同様，イタリアの生協においても独自の商品開発は盛んである．そのイタリアのコープ商品は，「安心」と「高品質」に加えて，高い「環境親和性」と「倫理性」，さらには値段の「手頃さ」まで兼ね備えることを目標としている．とは言え，全ての商品でそれらの性質を同時に実現することは困難であり，かつメイン・ターゲット以外の消費者を含む幅広いニーズに応えていくために，コープイタリアでは目的を異にした複数のブランドでアイテムを展開している．基本的な商品群は「コープ」のブランドが2,497品目，その他に高級グルメ路線の「フィオル・フィオーレ (Fior fiore)」が329品目，フェアトレード (fair trade) 商品の「ソリダール (Solidal)」が242品目，機能性食品の「ベネ・シ (Bene Si)」が35品目，子供用栄養調整食品「クラブ (Club) 4-10」が23品目等，合計で3,790品目のプライベート・ブランド (PB) 商品は，全部で約28億ユーロの売上げと

なっている（何れも 2013 年）. これらはおよそ 500 社のサプライヤーから納入され, その 85％がイタリア国内産である. これらの中でもコープイタリアが重視しているのは, 「ヴィヴィ・ベルデ（Vivi verde）」という有機食品と環境保護製品のブランドである.

コープイタリアでは 1990 年代の初頭から有機生産された青果物を扱っていたが, それらはプロバイダー側のブランドであり, まだパイロット事業としての位置づけであった. その後, 2000 年代に入りコープ商品のラインの中に有機農産物を導入したが, 2002 年にはカテゴリーの拡張と深化のためブランドの枠組み自体を再整理し, 「ビオロジチ（biologici）」という有機農産物専門のブランドを立ち上げた. 一方, 環境保護という点に関してコープイタリアでは 1980 年代から洗剤の中のリン酸塩成分を削減した環境保護的製品の開発等をキャンペーン的に取り組んでいた. その後, 1999 年に「エコラベル」というブランドの商品を導入し, 2001 年には森林管理協議会（FSC）の森林認証を取得した. そして 2002 年には「ビオロジチ」と並列的に位置づけられた環境保護製品のブランド「エコロジチ（ecologici）」を同時に立ち上げた. また 2004 年にはトウモロコシ澱粉を原料とする植物由来の皿やコープのブランド「ネイチャーワークス（NatureWorks）」を「エコロジチ」のラインとして投入している. さらにコープイタリアでは, 化学物質を削減し生物多様性の増加を促進する有機農業は環境保護と表裏一体のものと捉え, これら 2 つのカテゴリーを 2009 年に統合し, 「ヴィヴィ・ベルデ（緑の生活）」というライフスタイルを提案するブランドを構築した.

2013 年の「ヴィヴィ・ベルデ」ブランド商品は 475 品目, うちおよそ 4 分の 3 に当たる 364 品目が有機食品で, 残りは非食品系の生活雑貨（食器, タオル, 化粧品, 洗剤, 文房具など）である. 「ヴィヴィ・ベルデ」ブランド食品の同年の売上げは 1 億 2,500 万ユーロで, その内訳はドライグロサリー（パスタ, 米, 小麦粉, ビスケット, 缶詰トマト等）が 38％, 青果物が 28％, チルドグロサリー（チーズ, 牛乳, 卵など）が 23％, 精肉が 8％, 冷凍食品（冷凍野菜やピザ）が 3％となっている. なお, 青果物の中では, 重

量ベースでおよそ 6 対 4 の割合で果物が野菜より多く，果物の中ではバナナ 30.5％，レモン 20.3％，りんご 15.1％，オレンジ 7.7％，キウイ 7.0％の順で取扱量が多く，野菜ではニンジン 26.1％，トマト 17.3％，馬鈴薯 12.8％，ズッキーニ 11.4％，玉葱 7.5％，キャベツ 7.2％の順となっている．

その価格政策としては，一般のコープ商品よりは高価格帯を維持し，例えばパスタでは 4 割，ショートブレットでは 2 割ほど高い．しかし一方で「フィオル・フィオーレ」や「ソリダール」のような高級商品と比較するとパスタで 15％，ショートブレッドでは 40％ほど低い価格が設定されている．さらにナショナル・ブランド（NB）の中でもプレミアム製品はそれら高級コープ商品よりも高価格帯に位置する物もあるため，「ヴィヴィ・ベルデ」商品は日常的な消費の中で環境や健康を意識した選択肢を増やすような役割を持つ．この「ヴィヴィ・ベルデ」はコープイタリアの開発商品群の中でも「フィオル・フィオーレ」と並んでブランド認知度が高く，その年間売上高も 2011 年からはコープ商品全体の平均を超えて伸び続けている．

3. 有機食品ブランド「アルチェ・ネロ」との比較

コープイタリアの「ヴィヴィ・ベルデ」は，拡大する有機農産物市場に対する小売業界からの 1 つのアプローチである．これに対して，より産地に近い側からの取り組みとしては，例えば EU の認可を受けた青果部門の生産者組織であるアポフルーツ（Apofruit Italia）が中心となって立ち上げ，複数の有機食品メーカーが共同で所有・使用している「アルマベルデ（Almaverde）」という有機商品限定ブランドなどがある（李ほか 2013c）．また 1970 年代から有機農業に取り組んできた生産者の協同組合に端を発する「アルチェ・ネロ（Alce Nero)」もその 1 つであろう．

「アルチェ・ネロ」は，1977 年にジーノ・ジロロモーニ（Gino Girolomoni）が設立した有機農業専門の農業協同組合と 1978 年に創設されたヴァッレ・デッリディチェ（Apistica Valle dell'Idice）養蜂協同組合を前身

として 1984 年に誕生したイタリア養蜂協同組合である「コナピ（CONAPI）」をルーツとしている．両者は 1990 年代から連携を深め，1999 年に統合したが，2004 年には生産部門と販売部門を分離させるように新たな組織改編が行われた．現在，販売に関しては，アルチェ・ネロ社が担当し[1]，生産に関しては農業協同組合の方で，イタリア国内の 1,000 名を超える農業者と養蜂家が参加して有機農業に転換した農地を 6,000ha 以上運営している．

　そもそもジロロモーニが有機栽培のために過疎化の進む農村の耕作放棄地を利用しようと麦作協同組合を立ち上げたのは，農業に化学物質を多用することによる安全性への懸念を解消すると同時にイタリアの農業を守るためでもあった．しかし，国際的に見て規模の面での競争力は弱いため，消費者に味や健康さらには環境親和性などの価値を提供することで付加価値を高める方向で戦略を立てたのである．したがって「アルチェ・ネロ」の製品は基本的に原料からイタリア産であることにこだわっている．アルチェ・ネロ社の製品ラインナップとしては，ロンバルディア州産のアカシア蜂蜜，エミリア＝ロマーニャ州産のフルーツジュースやトマトピューレ，プーリア州産のオリーブオイル，ピエモンテ州とロンバルディア州産の米の他，小麦粉，パスタ，野菜，野菜ジュース，豆類，ポタージュ，コンポートさらにはベビーフードなど約 300 種類に上る．このように「アルチェ・ネロ」の製品は農産加工品が主であり，その点で非食品系の商品も含む「ヴィヴィ・ベルデ」と異なる．

　しかし，有機食品の市場が拡大傾向にあるとはいえ，それに参入して来る事業主体も多く，有機市場の中での競争が激しくなってきている．そこで，各々製品認知度とブランド力を高めるために，品揃えを拡充しようとしているが，原料や製品をイタリア産に限定してしまっては製品の多様化にも限界が生じる．そこで，「アルチェ・ネロ」としては，イタリア国内では調達困難な製品を国外からフェアトレードという形で輸入し，取り扱うことにしている．これらには具体的にはニカラグアやペルー産のコーヒー，コスタリカ産のチョコレート，インド産の茶や香り米などがある．

このフェアトレードの取引先として最も大きいのが，コープ・シン・フロンテラ（Coop Sin Fronteras：国境なき組合）である．これはコスタリカを本拠地として中南米（アルゼンチン，ペルー，コスタリカ，ニカラグア，グアテマラ，パナマ）とイタリアの約5,000世帯の小規模農家が集まり，その生産と出荷を管理・調整しているコンソーシアムである．アルチェ・ネロ社はコープ・シン・フロンテラの商業的アライアンス・パートナーとなっており，この取引にはイタリア倫理銀行とスローフード協会も関与している．他にもメキシコ，ブラジルなどを含むこのような中南米地域とのコラボレーションは1982年にまで遡る．

アルチェ・ネロ社としては，そのブランド力を高め，有機市場内での競争に打ち勝つために，同じく有機栽培の中であっても特に高品質な製品・原料を確保したいと考えている．そのため，同社は原料生産者ならびに製品製造者とのつながりを強固にし，原料と製品の品質保証を得ようとして，内部調達をメインとする戦略を採っている．すなわち，原料と製品の調達先の中で優秀なところを選んで，出資者として会員（ソシオ）になってもらい，その製品を販売するのである．その結果，販売した製品の75％は会員からのものとなり，売上高の85％は会員と公式協力者から供給された原料で作られた製品に関連している．このような会員には，コープ・シン・フロンテラやコナピの他，青果物生産者の協同組合であるブリオ（Brio），オリーブオイルの製造協同組合であるフィノリーバ（Finoliva），トマトピューレやネクターのメーカーで，有機生産者としてもイタリア最大規模（400ha）を誇るラ・チェゼナーテ（La Cesenate）などがある．

(1) 「アルチェ・ネロ」の販売戦略

これらの取り組みの結果，アルチェ・ネロ社の売上げは伸び続けており，2000年当時の917万ユーロから，2013年には5,066万ユーロとおよそ5.5倍にまで増大した（図13-7）．その中でも「アルチェ・ネロ」ブランドでの商品群の売上げは大きく伸長し，2000年の390万ユーロから2013年には

第13章　イタリアにおける有機食品市場とブランド戦略　　289

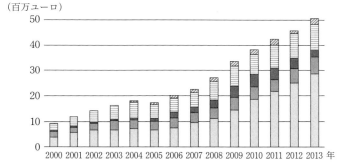

図 13-7　アルチェ・ネロ社のブランド別売上げの推移

3,870万ユーロと7.3倍の伸びを見せている．一方，「ミエリツィア (Mielizia)」他の蜂蜜関連商品の売上げも伸びてはいるが，「アルチェ・ネロ」程ではない．なお，アルチェ・ネロ社は「アルチェ・ネロ」と「ミエリツィア」以外にも「リーベラ・テッラ (Libera Terra)」など関連ブランドでの販売もあるが，現在ではそれらの売上げは減少し，代わって小売業者のPB商品としての販売が増えている．このPBの取り組みは2004年から始まっているが，当時と比べて2013年には4.4倍の234万ユーロを売り上げ，この間最も伸び率の高い部門となっている．ちなみにPBで提供する場合は，ダブル・ブランドにはせず，「アルチェ・ネロ」の名前は出さないようにしている．

　同社の2大ブランドである「アルチェ・ネロ」と「ミエリツィア」は何れも大手量販店での販売が主流であり，過半数を占めるのには変わりはない．それらの量販店とは具体的には生協系のコープイタリアやコナード，欧州各地に店舗展開している国外資本のオーシャン，カルフール，スパー（SPAR）などである．しかし，両ブランドは商品構成が大きく異なるため，その他の販路には違いがあり，多品目の「アルチェ・ネロ」の場合は「ナトゥーラ・

シ（NaturaSi）」のような有機食品専門店での販売が25％を超えるのに対して，蜂蜜中心の「ミエリツィア」はそのような専門店での販売はほとんどない．なお，何れのブランド商品も国外への輸出が相当量あり，「アルチェ・ネロ」が全体の21％，「ミエリツィア」では33.6％が国外の市場向けに販売されている（図13-8）．この点は，基本的に国内市場に限られるコープイタリアの「ヴィヴィ・ベルデ」とは異なる特徴と言える．

「アルチェ・ネロ」ブランドのチャネル管理政策としては，他の有機ブランドとは異なり，有機食品専門店と大規模量販店に同じ商品を供給し，かつ小売価格もほぼ同じになるように交渉している．これは安易なディスカウントを認めるとブランド力が低下することと併せて，相対的に販売力の弱い小規模有機専門店に配慮してのことである．そこで「アルチェ・ネロ」としては，小売販売価格に定価から5〜7％のアローワンスを認めるものの，断りもなくそれ以上に廉価販売するような取引先とは取引を継続しない方針で臨んでいる．もっとも実際は，小規模専門店は量販店と比べて流通チェーンが長いため，間に入る卸売業者のマージン（15〜20％）を勘案すると，販売価

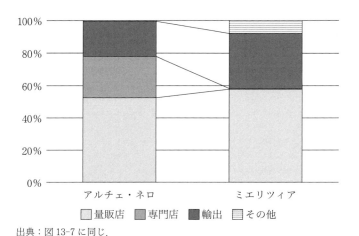

出典：図13-7に同じ．

図 13-8 アルチェ・ネロ社の販売先割合（2012年）

第 13 章　イタリアにおける有機食品市場とブランド戦略　　291

格が同じであれば，大規模量販店への販売が，利益率が高くなるという現実がある．

　上述したように「アルチェ・ネロ」や「ミエリツィア」はその販売先として国外の企業を多く持っている．その輸出先として最大の国は日本であり，「アルチェ・ネロ」にとって日本はイタリアに次ぐ市場となっている．具体的には輸出販売額の 46％は日本からのものであり，マレーシア他アジア地域全体で 61％を占める（図 13-9）．欧州の中ではフランス（9％），ロシア（8％），ドイツ（5％）などが主要なマーケットであり，例えばドイツではオリーブオイルに特に人気があるなど国別の特徴も見られる．メイン市場であるアジア地域に関しては，フランスのデニス・グループと合弁で 2006 年に設立したアルチェネロ・アジア社（本社シンガポール）が統括する形で貿易を進めており，アルチェ・ネロ社が供給する商品のライセンス契約を同社が担当している．そして日本での実際のオペレーションではデニス・グループ

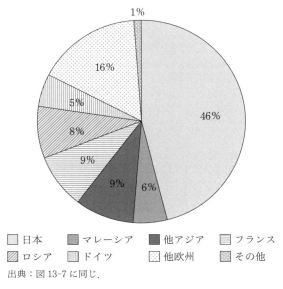

出典：図 13-7 に同じ．

図 13-9　アルチェ・ネロ社の輸出先割合（2012 年）

の 100％出資により，1954 年に日本法人として設立された日仏貿易株式会社が行っている．

「アルチェ・ネロ」にとって最大の国外市場である日本は人口の割にはまだ需要が少なく，今後さらに拡大の余地があると同社は考えている．消費者アンケートの結果では，日本において「アルチェ・ネロ」は有機というより高級食材扱いで，オリーブオイル，トマトピューレ，パスタなどの統一ブランドであるという認知度は低い．成城石井や紀ノ国屋などの質販店を中心に販売してきたが，イオンなど大手企業に納入するようになって，アイテム数も増えてきた．日本の消費者は品質にこだわるが，その分品質さえ信頼されればある程度高くても購入してもらえる．とりあえず作った物を売ることから始めて取り組んできたが，今後は市場ニーズをフィードバックして製品開発するスタイルに変えて行きたいと同社では考えている．

(2)　両ブランドの比較による考察

自社ブランドが主体のアルチェ・ネロ社も国内随一の小売業者である生協には PB で商品を卸している．一方でコープイタリアも「ヴィヴィ・ベルデ」以外に有機食品のラインナップを取り揃えており，その中には「アルチェ・ネロ」ブランドの製品もある．実際，コープイタリアは売上げ全体のおよそ 25％を各種の PB で占め，残りは各メーカーの NB 等を販売しているが，アルチェ・ネロ社も自社ブランド以外に，納入先の PB で販売している割合は全体の約 25％となっている．このように PB とそれ以外のブランドとの関係性は単純ではないが，多様なニーズに幅広く応えていくためには，それぞれ特徴を持った複数のブランドを組み合わせて展開していく戦略が有効である．また一方でそれとは異なり，何らかの中核的なブランドを拡張していくことで，ニーズの多様化に対応するという戦略も採りうる．

消費一般が冷え込む中，拡大する有機食品の市場に対してアルチェ・ネロ社とコープイタリアの採ったブランド戦略には相違点と共通点がある．例えば，アルチェ・ネロ社は国外市場への輸出にも力を入れているが，生協はそ

の組織形態上，市場が国内に限られている．そのため，コープイタリアでは，プロファイル別に消費者を分節化した上で，なるべく広範囲のニーズをカバーするように商品の調達と開発を行っている．したがって，ブランド戦略としても各種 NB の他，「フィオル・フィオーレ」や「ソリダール」のようなそれぞれコンセプトを異にする数多くの PB 群を用意し，複数のセグメントに対応させている．それと同時に核となるブランドのコンセプトを拡張させることで，アイテム数だけでなく品種まで増やす戦術を採っている．「ヴィヴィ・ベルデ」の場合も，有機農産物の本質である「安全」・「安心」の追求に加えて，環境に親和的な農法であることによる「持続可能性」まで視野に入れた統一的なコンセプトのもと，非食品系の生活雑貨も同ブランドに組み込んでいる．この点については，農産加工品に限定されているアルチェ・ネロ社のブランド戦略とは異なる．

　一方，「ヴィヴィ・ベルデ」と「アルチェ・ネロ」両者の共通点としては，まず何れもある程度上層の価格帯を狙ったプレミアム・ブランドであるという点が挙げられる．欧州においても PB は当初日本と同様に販促費や問屋の流通マージンの削減などにより実現した低価格商品という位置づけがなされていたが，次第に PB の中にも高品質を追求した上位ブランドを垂直的に展開する企業も増えて来た（Irion & Götz 2002）．「ヴィヴィ・ベルデ」もその 1 つであり，最高級ではないものの，ワンランク上のライフスタイルを提案するブランドとなっている．両者のもう 1 つの共通点は，イタリア産へのこだわりである．両者とも国内で商品を製造・販売することでイタリアの国内産業を活性化させるとともに付加価値の高い商品を消費者へ提供するという目的がある．これはある種スローフード的な理念に基づく考えであり，具体的にはコープイタリアの PB 商品の 85％は国内産である．とはいえ国内産だけでは対応しきれない部分を「連帯」という理念で補ってブランド・コンセプトを拡張し，フェアトレード商品を輸入することでカバーしようとしている点も両者に共通している．このように同じブランドの下でアイテムと品種を増やし，売場に棚を確保することは，ブランド力の向上による結果で

あると同時に原因でもある，つまり消費者のブランド認知度を高める機能も持つため，両者に共通したブランド戦略となっている．

注

1) アルチェ・ネロ協同組合とコナピは，1999年に共同でメディテッラビオ（株）Mediterrabio S.r.l という販売会社を設立し，アルチェ・ネロの名前とロゴを商標登録したが，後に組織改編によりアルチェ・ネロ＆ミエリツィア（株）がこれを引き継ぎ，現在ではこれらの商標はアルチェ・ネロ（株）が所有している．

終章

まとめと日本への示唆

李　哉泫・森嶋輝也・清野誠喜

1.　研究の要約と示唆

(1)　要約

　国境を越えてグローバルに展開する少数の大手スーパーチェーンとの取引が「ボトルネック」(Cainglet 2006) になっていると言われるほど小売市場の集中度が高まっている中，欧州連合 (EU) の青果農協も新たなサプライチェーン構築のために大手スーパーが求める取引要件に合わせた対応が必要となった．これら，製品の品質や安全性を保証するプライベート・スタンダード (PS)，大規模出荷ロット，豊富な品揃え，周年出荷体制，小分け・包装施設の整備・確保などの諸要件に対応するには，これまでのように特定の地域に限定された比較的小規模な農協単独では困難であるため，複数農協間での水平的統合やフードチェーンの垂直的統合を進めることがその主要な手段となった．

　しかし，EU の大規模青果農協が水平的・垂直的統合を進める様子は，外部環境とも言うべき農協の展開をめぐる各国の制度・歴史的経緯とともに，品目や経営規模に規定される産地構造によって異なっているほか，国・産地等の外部環境を同じくする場合でも，農協自らの選択によって相違が見られる．そこで，4 カ国（オランダ，ドイツ，イタリア，スペイン）に展開する，EU 内で最も規模の大きい 15 の青果農協（表序-3）はじめ多くの農協への訪問調査を行い，伝統的農協からスタートした農協がビジネス環境の変化に

応じた，新たな組織形態，ガバナンス構造，ネットワークの選択に作用する
メカニズムとともに，その結果とマーケティング戦略の関係性を確認した．
その結果は以下のようにまとめられる．

　まず，第1部「EUの青果部門の需給構造および関連制度」では，各国に
共通の環境としてEU全体の青果物需給構造の概要（第1章）とEUにおけ
る小売市場集中と青果物流通システムの変化（第2章），さらには政策面に
関してEUの共通農業市場制度における生産者組織（PO）とその展開（第3
章）が紹介され，続いてそれらPOのシェア拡大に果たした政策の意義をス
ペインの柑橘生産を事例に検証（第4章）するとともにEUにおける主要な
果樹政策としてのスクール・フルーツ・スキーム（第5章）が果実の消費拡
大及び関連事業体間の連携によるサプライチェーンの構築に貢献しているこ
とを紹介した．

　続く第2部「青果物のサプライチェーン構築と農協の組織再編」はEUの
大規模青果農協の展開構造とマーケティング戦略の詳細について数々の調査
結果を国ごとに整理して，比較が可能なように構成されている．具体的には
ドイツにおける野菜の需給状況の概要とそこにおける野菜農協（ファルツマ
ルクト Pfalzmarkt）の展開事例（第6章），オランダの大規模青果農協（コ
フォルタ Coforta＝グリーナリー Greenery，フレスキュー FersQ）が進める
グローバル化とハイブリッド化の功罪（第7章），イタリアのエミリア・ロ
マーニャ地域においてそれぞれ異なる水平的・垂直的統合の展開を見せてい
る青果農協（アグリンテサ Agrintesa，アポフルーツ Apofruits Italia，コンセ
ルベ・イタリア Conserve Italia，フルタゲル Fruttagel）の特徴（第8章），
そしてスペインにおいて農協の販売事業を補完する伝統的な農協連合モデル
（アネコープ Anecoop）を有するバレンシア州の事例（第9章）と対比して
新しい農協組織モデルを追求し，組織再編に取り組んでいるアンダルシア州
アルメリア県の野菜農協（カシ CASI，アグロイリス Agroiris）と農協連合
（ムルヒベルデ Murgiverde，ウニカ・グループ Unica Group）の事例（第10
章）を取り上げ，分析している．

終章　まとめと日本への示唆　　　297

　第3部「EUにおける青果物ブランドの展開と農協の取り組み」では，産
地マーケティングの手段として地理的表示制度を活用したオリーブの地域ブ
ランド化とバリューチェーンの構築を行っているスペインの青果農協（カラ
ンディナ CALANDINA 農協）の事例分析（第11章）ならびにイタリア北部
のりんご産地においてそれぞれ異なるブランド戦略を採る農協連合（メリン
ダ Melinda 農協連合，南チロール果実農協連合 VOG，バル・ベノスタ農協
連合 VIP）間の競争の成果と問題点の指摘（第12章）を行うとともに，大
規模青果農協の取引先である小売サイド（コープイタリア Coop Italia）のプ
ライベート・ブランド（PB）と川中に位置する加工食品メーカー（アルチ
ェ・ネロ Alce Nero）の調査から，イタリアの有機食品市場とブランド戦略
の実態整理を行っている．

(2)　日本への示唆の可能性

　以上のことから本書では，そのケーススタディを通して，EU の大規模青
果農協は，組織形態を律する法・制度のほか市場構造を所与の条件として事
業を展開し，その後のビジネス環境の変化に促され，新しい組織形態，ガバ
ナンス構造，ネットワークの選択を組み合わせるが，その選択の動機や結果
には，農協のパフォーマンスとマーケティング戦略が関係しているというこ
とを明らかにしている．このような EU の青果農協の組織再編を促したビジ
ネス環境の変化，すなわち，①バイイングパワーを有する大手スーパーチェ
ーンとの取引，②製品の品質や安全の保証に関わるプライベート・スタンダ
ード，③一括仕入れをめぐるサプライチェーンの構築，④プライベート・ブ
ランドといった4つへの対応は，青果物の出荷をビジネスとする，日本の農
協も共通して抱える課題である．したがって，日本に比べて，相対的に早い
時期に，組織形態，ガバナンス方式，ネットワーク構造の再編を断行するこ
とにより，上述のビジネス環境の変化への対応を成し遂げた EU の大規模青
果農協の関連情報は，今後，同様なビジネス環境の下で，日本の農協がマー
ケット・ポジションを強化するために必要な組織再編の方向やマーケティン

グ戦略のあり方を探るに当たって大きな示唆が得られるものと考える．

　目下，日本では，近年の農協（JA）改革において，総合農協から信用・共済事業の分離，農協のガバナンス及びマネジメント方式の見直しをめぐる論議が巻き起こっている．このうち，総合農協から信用・共済事業を分離した，経済事業のみに特化した農協は，欧州の専門農協のイメージと一致する．そこでこの終章においては，本書の研究成果から日本への一定の示唆を導くために，EU と類似したビジネス環境の変化を積極的に受け入れ，量販店・生協との直販事業に取り組む鹿児島県経済連の実態を紹介し，EU 青果農協との比較を行う．

2. 日本の野菜農協にみる産地マーケティング

(1) 日本の野菜農協の特徴とビジネス環境の変化

　日本では，「特定の農産物の生産が特定地域に集中する過程を経て，形成された地域を一般的に産地と呼ぶ」（農業経営学会編 2007：85）が，香月（2005：265）はこのようなプロセスを「日本型産地形成」と表現している．こうしたことから，日本で比較的野菜の生産額の大きい産地の多くは特定の品目に大きく傾斜した製品ラインを持って，JA が主体となって産地マーケティングを実行してきたといって差し支えない．一方，かつて日本の青果物は，EU とりわけオランダ，ドイツ，ベルギーと同様に，卸売市場のセリ取引以外にはこれといった販売方法がない中で，1980 年代には青果物の卸売市場経由率が 90％台を維持していた．

　日本では，1980 年代に入り野菜の生産過剰時代を迎えるや，産地間競争が激化する中で，多くの野菜産地は，広域分荷市場圏を前提とする出荷市場・出荷品目の絞り込みとともに，「特定の卸売業者との間に安定した供給関係を構築するため，規格品のロット確保と定量安定供給」（櫻井 2008：8）による価格競争の回避や産地間の棲み分けを図るようになった．

　こうした中，1990 年代以降においては，スーパーマーケットが流通業態

の主流となるほか，加工業務用需要が急速に拡大するにつれ，次第に，自ら
が求める一定の品質を有する製品の大量・一括仕入れを必要とする大手スー
パーチェーンや食品加工企業は卸売市場のセリ取引を離れ，相対取引へと仕
入れ方式を急旋回するようになった．その結果，現在においては青果物の卸
売市場経由率は60％弱にまで低下している中で，青果物の中央卸売市場の
場内においてセリ取引を用いて販売される青果物は，野菜が8.9％，果実が
14.4％となっており，卸売市場内の89.5％の青果物が相対取引によって販売
されている（農林水産省2018）．一方，2000年以降は，BSE，口蹄疫など越
境性家畜疾病をはじめ O-157，O-147 などの食中毒菌や残留農薬の検出と
いったフードスキャンダルが絶えない中，スーパーマーケットなどは製品の
品質や安全性を保証すべく，自らが生産過程に関与する契約取引を求めて仕
入れをめぐる小売企業の産地展開が盛んになった．

(2)　農協が取り組む大手スーパーチェーンとの契約取引

　以上のような，日本農協の産地マーケティングが直面するビジネス環境の
変化は，各々の野菜農協に対して販売戦略の見直しを求めたことは言うまで
もない．そこで，以下にはビジネス環境の変化に合わせて，農協の野菜販売
戦略がどのように見直されてきたかを確認すべく，鹿児島県経済連の青果販
売部の野菜販売対策の変化をトレースした[1]．

　鹿児島県経済連の1987年度の野菜販売対策資料には，「市場外流通の拡大
に対応した大手量販店・生協組織との取引拡大」が野菜販売戦略の目標の1
つとして掲げられている．事前値決め販売を前提とする直販事業体制への移
行が，「大きな変化を遂げつつある青果物の流通販売情勢をふまえ，従来の
全面無条件販売方式から脱却し，産地自らが価格形成への関与と売場確保を
すすめ，生産農家の経営安定に寄与するため」であるという経済連自らの認
識があったからである[2]．こうして本格的にスタートした直販事業は，1994
年度の野菜販売戦略には「直販事業の拡大による安定販売」が，戦略目標の
トップ（戦略I）に示されるようになった[3]．ちなみに，それまでは，長ら

く「野菜団地の育成」すなわち野菜生産の拡大が戦略Ｉを飾っていた．こうした結果，現在（2014年度）の経済連の野菜の直販事業の取扱数量（44,280t）および金額（116億6,800万円）シェアは，いずれも41％に達している．なお，販売数量の37.5％（20,848t）が量販店・生協などのスーパーマーケットへ納品されている[4]．

鹿児島くみあい食品(株)の概要

鹿児島県経済連の野菜直販事業を実質的に担っているのが，経済連の子会社である鹿児島くみあい食品(株)(以下に，「くみ食」とする）である．以下には「くみ食」が取り組んでいる野菜の契約取引の実態について概説する．

「くみ食」は，当初（1972年），つけもの加工工場の運営のために経済連の子会社として設立したが，その後，国庫補助（1985年）により出荷調製施設（以下，包装センターとする）を整備し，鹿児島市内の生協の野菜売場に陳列できるコンシューマー・パック製品を供給する役割が与えられた．これが，現在の「くみ食のビジネスモデル」すなわち契約取引を通じて県内JAの組合員が生産した野菜に，小分け・包装作業を加え，相対取引を通じて最終需要者たるスーパーマーケットや生協の売り場に直接届ける販売方式の始まりであった．

1986年に，売上げ約13億円からスタートした「くみ食」の野菜販売事業は，2010年度には約67億円へと大きく成長した．売上げシェアの高い品目としては，さつまいもをはじめ馬鈴薯，ピーマン，オクラ，南瓜，スナップえんどう，いんげん，そらまめ，ゴーヤなどがあり，その他軟弱野菜を含む90種類余りの野菜を販売している．「くみ食」（2009年度）は，これらの野菜をコンシューマー・パックに製造し，量販店（32社，売上げシェア52.5％），生協（25店舗，38.1％），外食・惣菜・通販（32社，5.6％）），その他（32社，3.8％）に納品している．

契約取引の仕組み

「くみ食」が用いる契約取引には「播種前の固定価格・面積契約」，「固定価格・数量契約」，「市況スライド方式」があるものの，大部分は播種前面積契約である．「くみ食」が，県内の生産者と締結している契約件数は217件であり，契約面積は678haである（表終-1）．これら契約グループは，離島地域（奄美，熊毛）を含み，県内全域に広がっている．契約面積から見込まれる仕入数量（12,391t）は，当該年度の仕入実績（15,670t）の約80％を占めていることから，面積契約による製品カバー率を推測することができる．契約1件当たりの面積規模には，産地によってばらつきがあるものの，概して小面積が県内全域に点在していることがみてとれる．

表終-1　くみ食の契約件数および面積（2010年）

JA	件数 A（件）	面積 B（a）	％	B/A（a）	数量（t）	主な品目
あまみ	36	16,866	24.9	469	2,073	南瓜，馬鈴薯，人参，ゴーヤー
いぶすき	30	13,117	19.3	437	2,918	春南瓜，人参，おくら，紅さつま，レタス
種子屋久	14	12,150	17.9	868	1,878	安納芋，馬鈴薯，スナップ，南瓜
鹿児島きもつき	58	10,302	15.2	178	2,895	スナップ，キヌサヤ，インゲン，玉葱，ピーマンほか多数
鹿児島いずみ	13	5,394	8.0	415	1,086	馬鈴薯，おくら，ブロッコリ
そお鹿児島	12	4,959	7.3	413	564	紅さつま，枝豆，里芋，スイートコーン
あいら	20	2,497	3.7	125	604	ゴーヤー，里芋，トマト
南さつま	10	780	1.2	78	132	そらまめ，おくら，枝豆
伊佐	3	740	1.1	247	38	牛蒡
さつま川内	5	530	0.8	106	74	牛蒡，らっきょ
さつま	6	300	0.4	50	90	大和芋，南高梅
さつま日置	9	175	0.3	19	39	加工用小ねぎ，ゴーヤー
総計	217	67,810	100.0	284	12,391	―

出典：李（2016a）p. 73.

「くみ食」の契約面積（678ha）のうち，約300ha は慣行栽培とは異なる特別な栽培方法とりわけ減農薬・減化学肥料を契約条件としている．そのために，契約に際しては，その内容を生産者側に熟知させることに留まらず，当該条件の履行がなされているかについてモニタリングが必要である．「くみ食」は，播種前の段階で圃場での検討会を行うほか，JA の営農指導員と連携してモニタリングを実施している．これまでは，農協が独自に定める特別栽培認証をもって対応してきた．近年は，鹿児島県の新しい認証制度（いわゆる「K-GAP」）に切り替えている中で一部量販店からはグローバルGAP 対応を強いられており，益々厳格さを増している安全性および品質基準を如何にクリアするかが，大きな悩みとなっている．

「くみ食」では，取引先売場における安定的な品揃え計画に連動して，毎日一定数量の発注を受けるものの，天候によって収量変動を余儀なくされる青果物を，それに合わせて確実に確保・供給することは容易ではない．そこで，週間計画を基本とする予察システムを稼働し，県全域の契約グループの収穫情報をコントロールすることにより，納品数量・規格の過不足に対応している．

包装センターの運営とデリバリーシステムの構築

「くみ食」は，出荷製品の小分け・パッケージングを行う「包装センター」を運営している．同センターは，品目または取引先によって異なる約1,000通りの包装形態に対応し，年間延べ約1,700万パックを調製している．この包装作業には外注（請負契約）が活用されているが，その詳細を見ると，包装センターが約400万パック，県内外注が900万パック，県外外注が400万パックとなっている．特に県外外注については，受注から納品までのリードタイムが極めて短い中で，輸送距離の長い遠隔産地において，リードタイムを短縮する手段を講じるために，神奈川県，千葉県，兵庫県，三重県に貯蔵庫を借り，受注前に送られた野菜の小分け・包装業務を委託している．

JA における契約部会

鹿児島県の JA 指宿は，現在，1,728 名を部会員とする「JA いぶすき野菜部会協議会」を運営しており，その傘下に品目別に分かれた 11 部会が組織されている．図終-1 には野菜出荷方式の異なる 3 つのグループを示した．委託販売による卸売市場への上場，経済連との契約取引，「くみ食」との契約取引がそれである．これを，平成 22 年度の実績について確認すると，委託販売が 36 億 9,726 万円，経済連との契約取引が 4 億 2,825 万円，「くみ食」との契約取引が 9 億 1,683 万円であった．さらに，この他にも，約 300 人の野菜部会員が直売所やインショップの展開に取り組んでいるが，その取扱高（2010 年）は 1 億 4,400 万円である．

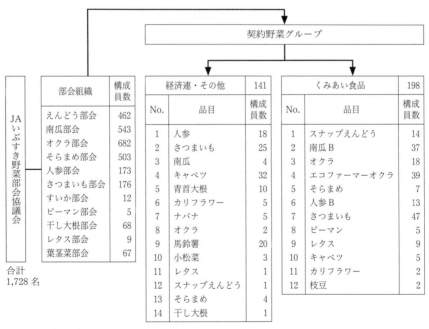

出典：李（2016a）p. 73.

図終-1 JA 指宿の契約グループの実態（2011 年）

このように，JA の野菜部会においては，直販事業の契約条件をクリアしうるほどの高い技術と経営面積を有する相対的に若い農家，直売所への出荷を好んでいる比較的に零細・高齢農家，依然として卸売市場への上場に満足している農家などが分かれている．これまで野菜部会は，品目別に共販への参加意志をもった生産者を無差別に迎え入れ，販売事業において公平・平等な取扱いの原則を貫いてきた．今後においては，出荷形態の多様化に合わせた適格な販売チャネル管理の一環として野菜部会の運営管理方式の見直しを図る必要がある．とりわけ直販事業の維持・拡大のためには，特定の契約グループの計画的な育成が欠かせない[5]．

3. 青果物の農協共販を取り巻く EU と日本の環境の違い

以上のように，日本農協の青果販売を取り巻くビジネス環境の変化と，それに応じた鹿児島県経済連の対応は，これまで本書がケーススタディを通じて明らかにした，EU の青果農協が直面しているビジネス環境とそれへの対応方式と類似している．

しかしながら，以下に述べる 5 つは，本書が取り上げる EU の大規模青果農協の取り組みとは些か異なる点である．

(1) マーケットの外延的拡大の困難

EU の青果農協は，共通農業市場制度（CMO）に基づき 28 カ国が単一市場となっている中，オランダのコフォルタ＝グリーナリー（Greenery），フレスキューはじめスペインのアネコープ，ムルヒベルデ，イタリアのアポフルーツ，コンセルベ・イタリア，VOG などは，軒並み輸出に拍車をかけている．とりわけ，ムルヒベルデと VOG の場合は，前者は西欧諸国への輸出をめぐる競争を避け東欧諸国にターゲットを絞った戦略を展開しており，後者については国内りんご市場における競争劣位を輸出によってカバーする戦略を有していた．青果物の市場が国内に大きく限定されている中で，多くの

農協が価格競争を基本とする熾烈な産地間競争が避けられない，日本の事情とは大きく異なると言ってよい．

(2)　県域に完結する集荷エリア

日本の農協は，戦前から引き継いだ整然とした系統組織（千葉 1997：41）の下で，地理的近接性＝連坦性（千葉 1997：38）を基本に，行政区域とりわけ県に完結する農協の合併や事業の統合に大きく傾斜した選択がなされ，産地間協力より産地間競争を強く意識した産地マーケティングを展開している．こうした状況は，品揃えの充実や差別化製品の確保のために，オランダのグリーナリー，イタリアのアポフルーツ，スペインのアネコープ，ウニカ・グループが成し遂げたような，産地や国境を越えたネットワークの構築を妨げる大きな制約要因といってよい．

(3)　不揃いのマーケティング・スタンダード

EU では青果物の品質・規格について CMO に設けるマーケティング・スタンダード[6] を全ての加盟国や青果農協が遵守している．また，本書が事例として取り上げる全ての青果農協が製品の品質・安全性の認証すなわちグローバル GAP，BRC，IFS などのプライベート・スタンダードの取得を完了しているが，これらの認証を取得していれば，その汎用性の故に，どの大手スーパーチェーンとの契約取引にも品質・安全性要件を満たすことになる．

しかしながら，日本では，こうした汎用性を持つマーケティング・スタンダードはないに等しく，かつ品質や規格に関する基準が産地によって異なっている．それが故に，「くみ食」の契約取引に見るように，取引先ごとに異なる品質・安全性要件に合わせて，品目別の契約生産者部会を組織し，契約生産者の生産過程をモニタリングしなければならない煩雑な仕組みとなっている．

(4)　農協の職員が有する権限の弱さ

EU の大規模青果農協は，いずれもガバナンスに関しては，程度の差はあ

れ，組合員の自治や選択を制約し，農協のマネージャーが有する販売に関する権限を強めてきた．播種前に価格・数量が決まる契約取引において，農協の販売を担当するマネージャーによる受注に応じた需給調整や集出荷施設の効率・効果的な運営のためには，組合員＝生産者の栽培方法を含む生産計画の段階から関与することが望まれ，それを実現すべく彼らに強い権限を与えることが欠かせなかったからである．ところが，日本の農協は，組合員に対して農協の事業および施設利用に関する選択の自由を保障しているために，スーパーマーケットや食品加工企業との契約取引に際しては，その履行すなわち品質要件や定時・定量の納品条件を満たすために，受発注の管理に多くの管理コストを支払っているのが実状である．農協にとって最終需要者との直接取引を困難にするほか，契約取引の履行において取引コストを高める要因であるといえなくもない（Ménard 2007）．

（5）　不完全なサプライチェーン

　EU の大規模青果農協が構築するサプライチェーンは，プライベート・スタンダードによる品質・安全性が保証された製品をすぐに店頭に陳列できるコンシューマー・パックに調製し，予め約束した日々の受注量に応じて決まった時間に，決まった場所に届けることで完成形をなしている．ちなみに，このサプライチェーンの形は，上に述べた「くみ食」が有するビジネスモデルとほぼ一致する．

　しかしながら，日本では，野菜を販売している農協が集出荷施設に選別・選果ラインは備えているものの，コンシューマー・パックへの小分け・包装工程を設けているケースは未だ稀であり，ほとんどの農協では卸売市場への出荷を前提とし，4kg ないしは 5kg の段ボール箱を荷口とする出荷が行われている．理由はともあれ，こうした不完全なサプライチェーンが，大口需要者としてのスーパーマーケットが店舗バックヤード機能すなわち小分け・包装作業のアウトソーシングを求め，その仕入先を仲卸業者や大規模農業法人へとシフトさせる理由の１つである（李 2014）．

終章　まとめと日本への示唆　　307

　以上に述べた日本と EU の相違点は，それぞれの農協が置かれたビジネス環境の違いとも言えるが，その違いは農協が選択する組織形態やガバナンス構造，延いてはマーケティング戦略にも異なる影響を与える要因でもある．そして，これらの環境の相違自体は，歴史・社会的・制度的諸要因に起因するものであるため，どちらが優れているとアプリオリに判断できるものではないことは否めない．

　そういう意味で，本書は，日本の農協と比べた，EU の大規模青果農協の優位性・先進性に着眼したものではなく，EU の大規模青果農協が組織再編の際に選択する組織形態，ガバナンス，ネットワーク，マーケティング戦略の多様性とともにビジネス環境の受け入れ態度にみる積極性を浮き彫りにした上で，日本農協の成長・発展に資する情報として寄与することを意図したものである．日本においても，農産物の販売事業が農協の主たるビジネスである限り，農産物の集荷・販売をめぐるプライベート企業との競争や，市場集中度を高めバイイングパワーを行使する大手スーパーチェーンとの取引が避けられない中，農協の組織再編やマーケティング戦略の見直しには，より積極的な姿勢とともに多くの選択肢があって然るべきであると考えたからである．

　　注
1) 鹿児島県経済連が，子会社の「くみあい食品」と連携して取り組んでいる，青果物の直販事業については，李（2013a，2016b）に詳しく分析している．ここでは，農協の直販事業のイメージを描くにあたって必要な最低限の情報に留めている．
2) JA 鹿児島県経済連「平成 7 年度鹿児島野菜生産販売拡大推進研修会」資料，H7，p.27．
3) 平成 16 年は「卸売市場法」の改正により，卸売市場手数料の弾力化が図られた年でもある．
4) JA 鹿児島県経済連「平成 27 年度鹿児島野菜生産販売戦略」による．
5) 尾高（2008）および佐藤和憲（2008）においても，従来の JA 野菜部会の再編の必要性やその方向について述べられている．

308

6) EU は CMO 制度を律する理事会規則 No.1234 においてマーケティング・スタンダードを定めているが，そこでは，全ての農産物の品質基準を Class I, Class II, Extra Class の 3 つのカテゴリーに区分している．

参考文献

欧文

Ashworth, G. and Kavaratzis, M. ed. (2010), *Towards Effective Place Brand Management*, Edward Elgar.

Becker, T. (2009), European Food Quality Policy: The Importance of Geographical Indications, Organic Certification and Food Quality Assurance Schemes in European Countries, *The Estey Centre Journal of International Law and Trade Policy* 10-1: 111-130.

Bekkum, O. F. van and Bjiman, J. (2006), Innovations in Cooperative Ownership: Converted and Hybrid Listed Cooperatives, Paper presented in 7th International Conference of Management in AgriFood Chains and Networks, Ede, Netherlands, May 31-June 2: 1-15.

Bijman, J. and Hendriske, G. (2003), Co-operatives in Chains: Institutional Restructuring in the Dutch Fruit and Vegetables Industry, *Journal of Chain and Network Science* 3-2: 95-107.

Bijman, J. et al. (2012a), *Support for Farmers' Cooperatives - final Report*, Wageningen: Wageningen UR: 1-127 (農林中金訳 (2015)『EU の農協－役割と支援策』農林統計出版).

Bijman, J. (2012b), *Support for Farmers' Cooperatives; Sector Report Fruit and Vegetables*, Wageningen: Wageningen UR.

Bijman, J. (2014), Organisational Innovation in Fresh Produce Co-operatives; The Case of FresQ in the Netherlands, (Mazzarol T. et. al. ed.) *Research Handbook on Sustainable Co-operative Enterprise*, Edward Elgar: 481-495.

Bijman, J. (2015), *Towards New Rules for The EU's Fruit and Vegetables Sector; An EU Northern Member States Perspective*, European Parliament.

Bono, p. and Iliopoulos, C. (2012), *Support of Farmers' Cooperatives: Internationalization of second-tier Cooperatives: The case of Conserve Italia, Italy,* Wageningen: Wageningen UR: 1-42.

Bundesministerium für Ernährung und Landwirtschaft (2014), Statistisches Jahrbuch über Ernährung, Landwirtschaft und Forsten der Bundesrepublik Deutschland, Landwirtschaftsverlag Gmbh.

Cainglet, J. (2006), From Bottleneck to Hourglass: Issues and Concerns on the

Market Concentration of Giant Agrifood Retailers in Commodity Chains and Competition Policies, GLOBAL ISSUE PAPERS, 29, Heinrich Boll Foundation: 1–39.

CCAE (2014), El cooperativismo agroalimentario Macromagnitudes del Cooperativismo Agroalimentario Español: 1–31.

Chaddad, F.R. and Cook, M.L. (2004), Understanding New Cooperative Models: An Ownership–Control Rights Typology, *Review of Agricultural Economics* 26(2): 348–360.

CNC (Comision Nacional de La Competenacia) (2010), *Report on the Relations between Manufacturers and Retailers in the Food Secot.*

Cogeca (2010), *Agricultural Cooperatives in Europe; Main Issues and Trends.*

Cogeca (2014), *Development of Agricultural Cooperatives in the EU.*

Commonwealth Secretariat (2001), *Guidelines for Exporters of Fruit and Vegetables to the EUROPEAN MARKETS.*

Cook, M.L. (1995), The Future of U.S. Agricultural Cooperatives: A Neo-Institutional Approach, *American Journal of Agricultural Economics* 77: 1153–1159.

DUPONCEL, M. (2006), Role and importance of Producer organisations in the fruit and vegetable sector of the EU, CAL–MED second workshop in Washington.

Espejel, J., Fandos, C. and Flavian, C. (2007), La importancia de las Denominacons de Origen Protegidas como indicadores de calidad para el comportamiento del consumidor. El caso del aceite de olive del Bajo Aragon, *Economica Agraria Recursos Naturales*, 7–14: 3–19

European Commission (2004), Analysis of the Common Organization in Fruit and Vegetables–Commission Staff Working Document, SEC (2004) 1120.

European Commission (2006), Towards a Reform of the Common Market Organization for the Fresh and Processed Fruit and Vegetable Sectors.

European Commission (2007a), WHITE PAPER on A Strategy for Europe on Nutrition, Overweight and Obesity related health issues, Brussels.

European Commission (2007b), Summary data on Withdrawals.

European Commission (2008), Commission Staff Working Document accompanying the Proposal for Council Regulation in order to set up a School Fruit Scheme, Brussels, SEC (2008) XXX.

European Commission (2009a), Communication from The Commission to The European Parliament, The Council, The European Economic and Social Committee and The Committee of the Regions on agricultural product quality policy, CMO (2009) 234 final.

European Commission (2009b), DG AGRI WORKING DOCUMENT FOR

MANAGING THE EU SCHOOL FRUIT SCHEME.

European Commission (2014), Report on the fruit and vegetables regime, SWD (2014) 54 final.

Fandos, C. and Falvian, C. (2006), Intrinsic and extrinsic quality attributes loyalty and buying intention: An analysis for a PDO, *British Food Journal* 108-8: 646-662.

Fici, A. (2010), *Italian Co-operative Principle*, Euricse (European Research Institue on Cooperative and Social Enterprise) working paper No.0002.

Francesco (2000), Consumption of fresh fruit rich in vitamin C and wheezing symptoms in children, *Thorax* 55: 283-288.

Giagnocavo, C. et al. (2012), *Support for Farmers' Cooperatives: Structure and strategy of fruit and vegetables cooperatives in Almeria and Valencia, Spain,* Wageningen: Wageningen UR.

Giagnocavo, C. and Vasserot, V. (2012), *Support for Farmers' Cooperatives: Country Report - Spain,* Wageningen: Wageningen UR.

GLOBAL G.A.P (2016), Annual Reporta 2015: Growing Global Solution, GLOBAL G.A.P.

Hendrikse, G. (2012), Coforta - Case Report, Support of Farmers' Cooperatives, Wageningen: Wageningen UR: 1-21.

Henson, S. and Reardon, T. (2005), Private agri-food standards: Implications for food policy and the agri-food system, *Food Policy* 30: 241-253.

INEA (Instituto Nazionale di Economia Agraria) (2011), *Rapporto sullo stato dell' AGRICOLTURA.*

International Business Publications (2009), *Spain Company Laws and Regulations Handbook-Land Ownership and Agricultural Laws.*

Irion, K. and Götz, B. (2002), *Die Handelsmarke der vierten Generation - theoretische Analyse und empirische Fundierung*, GRIN Verlag: 1-135.

Josling, T. (2005), *Donna Roberts and David Orden, Food Regulation and Trade*, 2004（潮飽二郎訳『食の安全を守る規制と貿易－これからのグローバルフードシステム』2005）.

JRC (JOINT RESEARCH CENTRE) (2005), *National Report- Spain; Quick scan of the food supply chain dynamics, labeling and certification schemes and policies, rules and regulations in the selected EU country*, European Commission.

Juliá, J.F., Meliá, E. and García, G. (2012), Strategies developed by leading EU agrifood Cooperatives in their Growth Models, *Service Business*, 6-2: 27-46.

Kamann, D.J.F. and Strijker, D. (1992), On the Emergence of New Growers' Associations in the Dutch Hoticultural Complex, *European Review of*

Agricultural Economics, 19-4: 393-416.

Karantininis, K. (2007), The Network Form of the Cooperative Organization - All illustration with the Danish Pork Industry, (Karantininis, K. and Nilsson, J. ed.) *The Role of Cooperatives in the Agri-Food Industry*, Springer: 19-34.

Karen, J.L. (2008), Will European agricultural policy for school fruit and vegetables improve public health? A review of school fruit and vegetable Programmes, *European Journal of Public Health*, 18-6: 558-568.

Karen, L. and Martin, M. (2005), Health impact assessment: assessing opportunities and barriers to intersectoral health improvement in an expanded European Union, *J Epidemiol Community Health* 59: 356-360.

Kemmers, W.H. (1987), De groenete-en fruitveilingen tot 1945, CBT/VBN, 100 Jaar Veilingen in de Tuinbouw, Centraal Bureau van de Tuinbouwveilingen in Nederland en Vereninging van Bloemenveilingen in Nederland: 11-34.

Konefal, J., Mascarenhas, M. and Hatanaka, M. (2005), Governance in the global agro-food system: Backlighting the role of transnational supermarket chains, *Agriculture and Human Value* 22: 291-302.

Kühl, R. (2012), *Support for Farmers' Cooperatives; Country Report Germany,* Wageningen: Wageningen UR.

Lario, N.C. and Espallardo, M.H. (2013), *Tamaño y competitividad Experiencias de crecimiento en las cooperativas agroalimentarias españolas*, Cajamar Caja Rural.

Lazzarin, S., Chaddad, F.R. and Cook, M.L. (2001), Integrating Supply Chain and Network Analyses: The study of Netchains, *Journal of Chain and Network Science* 1-1: 7-22.

López, A.J., García, M.C., Pérez, J.J. and Cuadrado Gómez, I.M. (2009), *CARACTERIZACIÓN DE LA EXPLOTACIÓN HORTÍCOLA PROTEGIDA DE ALMERÍA*, FIAPA.

MARM (2008), *ESTRATEGIA NACIONAL DE LOS PROGRAMAS OPERATIVOS SOSTENIBLES A DESARROLLAR POR LAS ORGANIZACIONES DE PRODUCTORES DE FRUTAS Y HORTALIZAS.*

MARM (2009), *ESTUDIO DE LA CADENA DE VALOR Y FORMACION DE PRECIOS DEL SECTOR CITRICO.*

Marti, E.M. and Garcia, A.M. (2014), *Caracterización y análisis del impacto y los resultados de las fusiones de cooperativas en el sector agroalimentario español*, Cajamar CAJA RURAL.

Mazzsrol, T. ed. (2014), *Research Handbook on Sustainable Co-operative Enterprise-Case studies of Organisational Resilience in the Co-operative Business Model*, Edward Elga.

Ménard, C. (2007), Cooperatives: HIERARCHIES OR HYBRIDS?, (Karantininis, K. and Nilsson, J. ed.) The Role of Cooperatives in the Agri-Food Industry, Springer: 1-17.

Menzani, T. and Zamagni, V. (2010), Co-operative networks in the Italian Economy, *Enterprise & Society* 11-1: 98-127.

Meyer, J. ed. (2014), APPLE - PRODUCING FAMILY FARMS IN SOUTH TYROL, FAO.

Mora, F.L. (2001), *Anecoop 25 Aniversario*, Anecoop（アネコープ 25 周年誌）.

MPAAF, Programma Frutta nelle scuole, Anno scolastico 2010/2011

MPAAF (2013), *Osservatorio della Cooperazione Agricola Italiana -La dimensione economica della cooperazione cooperazione agroalimentare in Italia nel 2011.*

Nilsson, J. (1999), Co-operative Organizational Models as Reflections of the Business Environments, *Finnish Journal of Business Economics* 4: 449-470.

Oxford Institute of Retail Management（OIRM）(1997), *Shopping for New Market.*

Palou, M. A. and Thielen, E.R. (2008), Fruit and vegetables: fresh and healthy on European tables, *Eruostat Statistics in focus* 60: 1-6.

Pérez, J.C. y Pablo, J. (2003), Claves para el mantenimiento de la competitividad de la actividad agrícola en la provincia de Almería, *Informe anual del sector agrario en Andalucía* 2002: 472-525.

Petriccione, G. et al. (2013), *The EU Fruit And Vegetables Sector: Overview and Post 2013 CAP Perspective*, European Parliament: 1-119.

Petriccione G. (2013), *Imprese Agricole E Relazioni di Fillera: Gli Strumenti di Organizzazone Economica a Sostegno della Competitivita, PAPPORTO SULLO STATO DELL AGRICOTURA*, INEA.

Quelch, J.A and Harding, D. (1996) "Brands Versus Private Labels", *Harvard Business Review*, Jan-Feb: 99-109.

Sánchez, A. y Ángel, J. (2007), EL PROCESO DE INTERNACIONALIZACIÓN COMERCIAL DE LA HORTICULTURA INTENSIVA ALMERIENSE, *Revista de Estudios Empresariales. Segunda época* 2-1: 55-72.

Sáncheza, A., Galdeano, E. and Pérez, J.C. (2011), Intensive horticulture in Almeria (Spain): a counterpoint to current European rural policy strategies, *Journal of Agrarian Change* 11-2: 241-261.

Sáncheza, A., Galdeano, E., Ramos, A., León, T. and Durán, G. (2013), *El sector de la comercialización hortícola en Almería Concentración, prospectiva y logística*, Cajamar Caja Rural.

Schneider, M (2009), Welche Marke steckt dahinter? Neues vom Markendetektiv, S ü dwest Verlag.

Sexton R.J. & Rogers, R.T. (1994), Assessing the importance of oligopoly power in agricultural markets, *American Journal of Agricultural Economics* 76: 1143–1150.

Soegaard, V. (1994), Power-dependence Relations in Federative Organizations, *Annals in Public and Cooperative Economy* 65: 103–125.

Statistisches Bundesamt (2011), Land- und Forstwirtschaft, Fischerei Wachstum und Ernte- Gemüse-, Fachserie 3 Reihe 3.2.1.

Stichle, M.V. · Young, B.(2009), The Abuse of Supermarket Buyer Power in the EU Food Retail Sector-Preliminary Survey of Evidence, AAI-Agribusiness Accountability Initiative: 1–40.

Stokkers, R. et al. (2012), Evaluation nationale Strategie voor duurzame programma's in de groente – en fruitsestor (2009–2011), LEI Wageningen UR, Den Haag: 81–82.

Tohmatsu, D.T. (2018), *Global Power of Retailing* 2018: *Transformative change, reinvigorated commerce.*

Trienekens J. and Zuuriber P. (2008), Quality and Safety standards in the food industry, developments and challenges, *Int. J. Production Economics* 113: 107–122.

Tregear, A., Arfini, F., Belletti, G. and Marescotti, A. (2007), Regional foods and rural development: The role of qualification, *Journal of Rural Studies* 23: 12–22.

Veerman, C.P. (1998), Ontwillelingen Bij de Afzet van Glasgroenten, in J.T.M. Allebas and M., J. Vaekamp eds., De Glastuinbouw in het Detrde Millennium: Wendingen en Kansen, Naaldwijk: Gemeente Naaldwijk: 49–55.

WHO/United Nation, FRUIT AND VEGETABLE PROMOTION INITIATIVE / A MEETING REPORT / 25-27/08/03.

Wirthgen, A. (2005), Consumer Retailer, and Producer Assessments of Product Differentiation According to Regional Origin and Process Quality, *Agribusiness*, 21-2: 191–211.

Zamagni S. and Zamagni V. (2011), *Cooperative Enterprise: Facing the Challenge of Globalization*, Edward Elga.

Zorn, A. and Christian, S. D. (2009), *Economic Concepts of Organic Certification*, CERTCOST.

参考文献　　　315

和文

明田作（2016）「協同組合の株式会社とその問題点」『農林金融』7月号：2-15.

李哉汯（2010）「EUの果実・野菜部門共通農業市場改革における生産者組織の可能性」『農業市場研究』19-2：1-12.

李哉汯・岩元泉・豊智行（2012）「農産加工品のブランド化における原産地呼称制度の役割」『農業市場研究』20-4：1-11.

李哉汯（2013a）「南九州地域における野菜産地作りと産地マーケティング展開に見る特徴」『食農資源経済論集』64-1：1-14.

李哉汯（2013b）「農産物の地域ブランドの役割とマネジメント」『フードシステム研究』20-2：131-139.

李哉汯（2014）「サプライチェーン構築を進める農業法人経営」『九州経済白書』2014年版：141-168.

李哉汯（2016a）「EUの青果物マーケティングにみる連合農協の組織構造と機能―スペイン・バレンシア州のアネコープの事例」『フードシステム革新のニューウェーブ』日本経済評論社：134-153.

李哉汯（2016b）「JA鹿児島県経済連グループが主導する直販事業への取り組み」『産地再編が示唆するもの（日本農業経営年報 No.10）』農林統計協会：60-82.

李哉汯（2017）「イタリアの青果部門における農協間ネットワークの構造と特徴」『農林金融』70-8：46-64.

李哉汯・岩元泉・豊智行（2013c）「小売主導により進むイタリアの有機農産物マーケットの特徴」『農業市場研究』19-2：1-12.

磯田宏（2001）『アメリカのアグリフードシステム―現代穀物産業の構造分析』日本経済評論社.

伊藤房雄（2005）「JAの「ブランド力」に関する一試論」『協同組合奨励研究報告』31：61-78

今井・伊丹・小池（1991）『内部組織の経済学』東洋経済新報社.

太田原高昭（1988）「農協の位置と役割」『農協四十年―期待と現実（日本農業年報36）』御茶の水書房.

尾高恵美（2007）「野菜流通における農協の役割」『農業と経済』73（12）：22-32.

尾高恵美（2008）「農協生産部会に関する環境変化と再編方向」『農林金融』5：30-42.

大浦裕二・河野恵伸・合崎英男・佐藤和憲（2002）「選択型コンジョイント分析による青果物産地のブランド力の推定」『農業経営研究』40-1：106-111.

恩蔵直人ほか（2010）『ベーシックマーケティング』同文館出版.

オンノフランク・ファン・ベックム他（2000）（農林中金総合研究所海外農協研究会訳）『EUの農協―21世紀の展望』家の光協会.

香月敏孝（2005）『野菜作農業の展開方向―産地形成から再編へ（農林水産政策研究叢書第6号）』農文協.

清野誠喜（2004）「流通業における主体間関係とチャネル管理」小山周三・梅沢昌太

316

郎『食品流通の構造変動とフードシステム』農林統計協会.

桂瑛一（2007）「オランダ・グリーナリーにおけるマーケティング組織と戦略」『協同組合奨励研究報告』33：126-138

岸康彦編（2006）『世界の直接支払制度』農林統計協会.

栗本昭編著（2012）『21世紀の新協同組合原則（新訳版）』コープ出版.

小坂浩之・布施正暁・鹿島茂（2012）「貿易統計の不整合問題－既存研究の整理と数量データを用いた調整－」『運輸政策研究』15-2：20-31.

小林国之ほか（2015）「系統農協組織の改革と経済連機能の現段階的意義に関する研究」『協同組合奨励研究報告』40：195-222.

斎藤修編著（2008）『地域ブランドの戦略と管理』農文協.

斎藤修（2009）「青果物流通システムの変化とサプライチェーンの構築」『フードシステム研究』16-2：45-58.

櫻井清一（2008）『農産物産地をめぐる関係性マーケティング分析』農林統計協会.

佐藤和憲（2007）「新しい結合を求める産地マーケティング」『農業と経済』73-12：5-10.

生源寺眞一編（2007）『これからの農協』農林統計協会.

杉田直樹・木南章（2012）「ブランド評価モデルによる緑茶の地域ブランドに関する分析」『フードシステム研究』19-2：156-168.

須田文明（2005）「欧州における地域ブランド戦略の展開」『農業と経済』71-13：50-62.

須田文明（2010）「フランスにおける地理的表示産品の高付加価値化－レギュラシオン理論およびコンヴァンシオン理論の展望から」『フードシステム研究』17-3：182-187.

高橋梯二・池戸重信（2006）『食品の安全と品質確保』農文協.

千葉修（1997）「農協合併の歴史と現段階」（両角和夫編著）『農協問題の経済分析』農業総合研究所.

中央果実基金（2001）『EUの果実共通制度の運用状況調査報告書－フランスのリンゴ産業を例として』（海外果樹情報 No.63）.

徳田博美（2010）「EUにおける原産地表示制度」『果実日本』65：47-51.

徳田博美（2015）「農協の青果物販売事業の現段階的特質と展望」『農業市場研究』24-3：12-22.

ドーソン，J.（2013）「食品小売業の持続的競争優位性基盤としてのイノベーション－欧州の観点から－」『マーケティング・ジャーナル』32-4：5-21.

永野周志（2006）『よくわかる地域ブランド－改正商標法の実務』ぎょうせい.

中家徹（2005）「紀州梅のブランド戦略」『農業と経済』71-3：63-68.

日本貿易振興機構（2009）『イタリアの有機農産物の現状調査』.

農林中金訳（2000）『EUの農協－21世紀への展望』家の光協会.

農業経営学会編（2007）『農業経営学術用語辞典』農林統計協会.

農林水産省（2018）「卸売市場をめぐる情勢について」

平石・吉田（2006）「EU の野菜の生産・流通の概況と青果物共通市場制度について」『月報野菜情報』農畜産業振興機構，8 月号.

平澤明彦（2009）「CAP 改革の施策と要因の変遷－1992 年改革からヘルスチェックまで－」『農林金融』5 月号：226-243

フェネル，ローズマリー（荏開津典生監訳）（1999）『EU 共通農業政策の歴史と展望』農文協.

藤島廣二・中島寛爾編著（2009）『実践・農産物地域ブランド化戦略』筑波書房.

増田佳昭（2015）「農協共販をめぐる問題状況と課題－組織論的考察」『農業市場研究』24-3：3-12.

三石誠司（1998）「農業協同組合の株式会社に関する考察－アイランド農協のケース」『フードシステム研究』5-1：49-63.

三石誠司（1999）「農業協同組合の会社化に関する考察－フィンランドの酪農協連合会 Valio のケース」『フードシステム研究』6-1：50-62.

森嶋輝也（2006）「夕張メロンにみる農産物のブランド・マネジメント」『関東東海農業経営研究』96：23-32.

森嶋輝也（2015）「馬鈴薯需要構造の日独比較」『いも類振興情報』125：38-43.

森嶋輝也（2016）「地域ブランドを核とした食料産業クラスターの形成：長野県「市田柿」のネットワークを事例に」（斎藤修・佐藤和憲編）『フードシステム革新のニューウェーブ』日本経済評論社.

矢作敏行編（2014）『デュアル・ブランド戦略』有斐閣.

若林剛志（2012）「専門農協論序説」『農林金融』2 月号：15-31.

初出一覧

序章，第1～3章：書き下ろし．

第4章：李哉汯（2010）「EUの果実・野菜部門共通農業市場改革における生産者組織の可能性」『農業市場研究』19-2：1-12．

第5章：李哉汯（2013）「EUにおける果樹政策としてのスクール・フルーツ・スキーム－イタリアにおけるSFSへの取り組み」『鹿児島大学農学部学術報告』63：13-25．

第6，7章：書き下ろし．

第8章：李哉汯（2017）「イタリアの青果部門における農協間ネットワークの構造と特徴」『農林金融』70-8：46-64．

第9章：李哉汯（2016）「EUの青果物マーケティングにみる連合農協の組織構造と機能－スペイン・バレンシア州のアネコープの事例」斎藤修監修『フードシステム革新のニューウェーブ』日本経済評論社：134-153．

第10章：李哉汯・森嶋輝也・清野誠喜（2019）「組織再編のプロセスから見た欧州農協の展開構造－スペイン・アルメリアの野菜農協のケース・スタディ」『農業経済研究』91-2：121-133．

第11章：李哉汯・岩元泉・豊智行（2013）「農産加工品のブランド化における原産地呼称制度の役割」『農業市場研究』20-4：1-11．

第12章：李哉汯・森嶋輝也・清野誠喜（2017）「農産物地域ブランドの境界設定がもたらす隣接産地間競争の行方」『フードシステム研究』24-3：309-313．

第13章，終章：書き下ろし．

索引

［欧文］

ANECOOP EAN-128　198-9, 205
AOC（Appellation d'Origine Contrôlée）
　241
BRC　2, 23, 164, 176, 198, 218, 263, 305
CCAE　79-80, 209
CGC　79-80, 90
CMO 改革　60-4, 72, 81, 92-4, 105, 112, 209
Cogeca　7, 8, 11, 13, 190, 203
CONSEJO REGULADOR・DE・LA・
　DENOMINACION・DE・ORGIN　239
CR（concentration rate）　3, 29
DPA（オランダ生産者組織協会）　150, 165-
　6
Eurep GAP　58, 176, 199, 205
European Commission　61, 64, 68, 92, 94,
　96, 112
FQAS（Food Quality Assurance Scheme）
　241-2
GGN（GLOBAL G.A.P. Number）　134
Global Food Safety Initiative　58
Group An　227, 229, 232, 235
GAP 規準　58
HACCP（危害分析重要管理点）　3, 23, 138,
　198, 199
Horeca　183, 187
JA　13-4, 298, 300, 302-4, 307
MAPAMA（スペイン農業漁業食料環境省）
　21-3, 234
MPAAF（イタリア農林政策省）　100, 169-
　70, 189
NATURANE　198-9
OEM　183, 187
SAT（Sociedades Agrarias de
　Transformación）　21, 75, 80, 83, 207-8,
211-12, 230-1, 243
SCA（Sociedad Cooperativa de agraria）
　75, 80, 207-8, 211, 225, 230-1, 234
UNECE（国連欧州経済委員会）　134
WTO 農業協定　2, 60, 63, 89, 112-3

［あ行］

相対取引　19, 20, 23, 140, 148, 158, 163-4,
　251-2, 299-300
アグリンテサ（Agrintesa）　16, 21, 22, 25-7,
　161, 171-7, 180, 185, 189, 296
アグロイリス（AGROIRIS）　16, 23-4, 207,
　225-6, 230-1, 296
アネコープ（Anecoop）　16, 20, 22-3, 25-7,
　75, 87-90, 190-206, 235, 296, 304-5
アポコネルポ（Apo Conerpo）　10-11, 80,
　182, 189, 190
アポフルーツ（Apofurit Italia）　16, 21, 25-
　6, 93, 99, 101-11, 167, 171-7, 183, 185-9,
　286, 296, 304-5
アルチェ・ネロ（Alce nero）　28, 286, 287-
　94, 297
アルディ（Aldi）　4, 126-7, 235
アルマベルデ（Almaverde）　26, 183, 186,
　286
アレグラ（Alegra）　101, 175-6, 185
アロンディガ（Alhóndiga）　234
意思決定機関　157, 166
意思決定権　6, 22, 24, 151, 157, 163, 166,
　229, 231
委託手数料　193
委託販売　155, 175, 193, 201, 203, 303
イノベーション　29, 37, 94, 111-3, 164, 166,
　197-8
員外取引　8, 150, 165, 169, 182, 189
インショップ　303

インセンティブ　19, 81, 148, 158, 204, 253-4, 256

ヴィヴィ・ベルデ（Vivi verde）（緑の生活）284-93

ヴィセンテ・コープ（Vicente Coop）191-4

ウナプロア（UNAPROA）　93, 103, 105-6

ウニカ・グループ（Unica Group）　16, 23-5, 207, 227-32, 296, 305

売り手のパワー　225

営業力　22, 148, 204-5, 271

営農指導　198, 302

遠隔産地　234, 302

園芸専門経営　141-2, 150

園芸農協　8-9

欧州農業農村振興基金（EAGF）　61

オーガニック　28, 56, 67, 177

オークション　4, 18, 19, 140, 147-51

オーシャン（Auchan Group）　4, 82, 235, 279, 281, 289

大手スーパーチェーン　1-5, 18-27, 61, 72, 74, 81, 88-90, 111, 148, 151-5, 197-205, 234, 255-9, 273-5, 296-9, 307

卸売機能の内部化　156, 176

卸売市場経由率　298-9

卸売市場流通システム　1

［か行］

買い手のパワー　61, 128

買取販売　155

カウルカナ（KAURCANA）　202

価格競争　26, 53, 277, 282, 298, 305

価格支持　60, 62

価格政策　94, 286

価格戦略　26-7

加工業務用需要　299

加工事業　7, 12, 14, 17, 21, 73, 89, 167, 171-7, 185, 190, 239, 247, 250

果菜類野菜　153, 212-3

傘ブランド　259

カシ（CASI）　15-6, 23-6, 207, 224-5, 230-2, 235

果実の消費　63, 92-3, 105, 110

果実産業の振興　93, 114

果実需給安定対策　113

果樹関連産業　94

果樹政策　92-4, 99, 110-3

寡占化　58, 61, 126, 128

加入脱退の自由　6, 85, 186

ガバナンス　2, 6, 7-8, 11, 15, 18, 19, 21-4, 29, 30, 140, 156, 159, 163-6, 181, 204, 208, 210, 230-1, 234, 296-8, 305, 307
　――構造　2, 6, 7, 15, 21-2, 30, 156, 181, 296-7, 307
　――方式　21, 156, 159, 163-6, 208, 230-1, 234, 297

株式会社（investor-owned firms）　6, 12, 14, 68, 168, 292

株主総会　157

カランディナ農協（La Calandina Sociedad Cooperatriva Limitada）　235, 245, 247-8, 250-6, 259, 297

カルフール（Carrefour）　4, 29, 82, 235, 251-2, 279, 281, 289

川上　16, 28, 50, 56

川下　17, 22, 72, 155-6, 185

川中　28, 185, 188, 297

環境・健康志向　283

環境親和性　284-7

環境政策　94

環境保全型　61, 65, 67

環境優良生産　134

関係性　50, 56-8, 231, 234, 292, 296

慣行栽培　253, 302

監査制度　58

監査役会　11, 21, 154, 157, 159, 163, 184, 212

キウィソーレ（KIWI SOLE）　93, 106, 108, 111

議決権　6, 8, 11, 19, 20, 22, 140-1, 157, 159, 163, 165, 169, 180-5, 188-9, 193, 204, 211, 228, 231
　――の傾斜配分　11, 19-20, 96, 140, 163, 165, 169, 193, 204, 211

企業家的精神　164, 166

企業形態　7, 11-2, 68, 75, 148, 165, 188, 211

索引　321

技術革新　2, 40, 95, 164, 223
規模の経済　16, 21, 24, 56, 59, 73, 151, 161, 210, 232
吸収統合　230
境界設定　260-1, 276
供給期間の延長　197
行政補完組織　13
競争優位　56, 261
共通農業市場制度（CMO：common market organization）　29, 60-4, 72, 81, 92-4, 105, 110, 112, 165, 209, 304-5, 308
共通農業政策（CAP：common agricultural policy）　60, 94, 240
協同会社　14
協同組合関連の法制度　169
協同組合の基本原則　7, 11, 30, 147
協同組合法　11, 13, 20, 74, 129, 131, 169, 208-10
共販体制　140
業務提携　153-4
組合資産　6, 14, 158
組合員の自治　6, 21, 23, 166
組合員の離脱　156
クラスター（Cluster）　223, 241
クラブ（CLUB）契約　270, 274, 278
グリーナリー（The Greenery：TG）　16, 19, 20, 26, 140, 151-9, 161, 165, 296, 304-5
グローバルGAP（G-GAP）　23, 58, 67, 134, 139, 152, 164, 198, 218, 222, 263, 302, 305
迎合型　24-6
迎合的な態度　259
経済協会（Wirtschaftlicher Verein）　128
経済効果　92-5, 256
経済連　13, 298-300, 303-4, 307
系統組織　305
契約栽培　82, 123
契約取引　5, 176, 219, 222, 225-6, 231, 299-301, 303, 305-6
契約部会　303
系列化　79-80
研究開発部門　153
権限移譲　165

原産地呼称保護制度（PDO：Protected Designation of Origin）　99, 110, 114, 201-9, 239, 240-3, 247-8, 250-8
減農薬・減化学肥料　302
広域分荷市場圏　298
構造改革　89
工程管理　4
購買事業　8
後発産地　213, 269
合名会社　212
小売企業の再編　127
小売業ランキング　53
小売市場構造　51
小売主導型流通システム　1-2, 5, 72
小売マージン　52
小売ネットワーク　51-2
コエクスパール（Coexphal）　207
コープイタリア（Coop Italia）　28, 279, 281-6, 289-90, 292
コープカーレット（Coop Carlet）　75
コープ・カンソ（Coop Canso）　96, 304
ゴールデンデリシャス（Golden Delicious）　273, 275, 278
子会社　7, 12, 16, 19-22, 73-4, 103, 136, 140, 151, 153, 157-63, 166, 175, 181, 225-8, 300, 307
国際化農協（international）　12
国際協同組合同盟（ICA）　30
国際小売業団体　58
国際食品規格（International Food Standard：IFS）　3, 134, 139, 174, 263, 305
国内補助（AMS）　112-3
穀物農協　8-9
コナード（CONARD）　22, 181, 183, 187, 279, 281
コ・ファイナンス（Co-finance）　65, 96
コフォルタ（Coforta）　15-6, 19-20, 25-6, 140, 149-51, 153, 155-6, 158-9, 162, 164, 166, 190, 203, 206
個別的な所有権　6
コモディティ化　55, 269, 272, 277
小分け・包装（施設）　1, 4, 17, 20, 67, 90, 153, 155, 162, 193, 219, 222, 229, 295,

300, 302, 306
コンシューマー・パック　17-8, 25, 218, 222, 229, 263, 300, 306
コンセルベ・イタリア（Conserve Italia）　15-7, 20-2, 178, 184, 190, 304
コンソーシアム　101, 105-6, 110-11, 168, 185, 288
コンソルシオ（consorzio）　188

［さ行］

サプライチェーン　1, 3-5, 23-4, 27, 29, 56-61, 73-4, 108, 111, 127, 153-6, 166, 176, 181, 191, 197-9, 205, 219, 263, 295-7, 306
　　――・マネジメント　56
サプライヤー　3, 19, 50, 55, 57-9, 73, 99, 101, 105, 106, 110, 113, 134, 148, 151, 285
産地からの越境　25, 229, 231
産地間競争　188, 261, 298, 305
産地間の葛藤　261
産地間の棲み分け　298
産地形成　202, 223, 255, 267, 298
産地構造　2, 8, 212, 295
産地ブランド　59, 259
産地分裂　269, 277
産地マーケティング　28, 48, 59, 89, 94, 105, 253, 255-6, 261, 263, 272, 274, 277, 297-9, 305
産直取引　255
仕入れ・配送センター　4, 153, 155
市況スライド方式　301
資産の所有権　222, 225, 230-1, 233
自社ブランド　26-7, 110, 183, 185, 197, 201-2, 229, 273, 292
自主販売　23, 161, 271-2
市場介入　60-4, 89, 92, 94, 112-3
市場外流通　299
市場隔離補償　62, 64, 112
市場構造　7, 8, 30, 53, 118, 225, 297
　　――法（Marktstrukturgesetz）　128-9
市場行動　7
市場集中（度）　1, 3, 5, 19, 61, 72, 126, 205,

233, 296
事前値決め販売　299
持続可能性　293
品揃え　1, 7, 16-20, 25, 105, 136, 145, 154, 158, 162, 164, 185, 197, 205, 208, 221, 225, 287.295, 302, 305
資本金　85, 180, 193, 200
集荷エリア　24-6, 224-6, 228-9, 231-2, 234, 305
集散地　22, 75, 79, 191
周年出荷　1, 16, 120,185, 197, 208, 215, 221, 225, 228, 275, 295
周年販売　19, 24, 25, 145, 152, 158, 162, 205
需給構造　28, 33-6, 118, 296
受給資格　80-1
需給調整　44, 61, 64-5, 67, 81, 92, 113, 306
出荷額シェア　65-6, 70-1, 75, 78, 89, 200
出荷義務　90, 205, 271
出荷経費　86-7
出荷経路　78-9
出荷集中度　255
出荷ロット　1, 6, 16, 19, 22, 25, 89, 111, 176, 197, 204-5, 208, 221, 225, 229, 232, 255-6, 295
出資額　6, 11, 19, 20, 83-4, 158-9, 169, 180, 184, 193, 204
出資金　6, 64, 84, 193, 211
　　――買戻し（nonredeemable）　6, 211
出資権譲渡（nontransferability）　6, 158, 211
出資の個別化（individualized）　159
出資要件　68
受発注システム　4, 23, 67, 161, 165, 199
シュバルツ（Schwarz）グループ　4, 126, 279, 281
準組合員　13-4
上位集中度　50, 53-4, 59
商業規範　134
商社機能　12, 14, 19, 22, 74, 153-4, 158, 162, 228
消費者行動　56
消費者の選好　121
情報の非対称性　157

食育（food eduction） 26, 96, 99, 103, 109, 111
食肉農協 8, 30
食品小売業 53-9
食品問屋 183
食料需要 34
食料の安全性 3
助成金制度 60, 63-4, 81
所有権移転 231
新制度派経済学 6
新世代農協（new generation cooperatives） 30
信用・共済事業の分離 13, 298
信用事業 13
垂直的統合 12, 15, 17-8, 73-4, 156, 167, 295-6
水平的・垂直的統合 1, 2, 7, 15, 18, 73-4, 167, 295
水平的統合 7, 16, 24, 59, 73, 221-2, 224, 231, 233
スクール・フルーツ・スキーム（School Fruit Scheme：SFS） 29, 63-4, 92-114
スケールメリット 175, 185, 188
スパー（SPAR） 289
スペイン農業保証基金（FEGA） 70, 84, 86
青果卸売市場 18, 133
青果農協 1, 5, 9, 11, 14-5, 18
青果物の交易構造 144
青果物の生産動向 36
正組合員 13-4
生産者組織（PO：producers' organization） 14, 29, 62-91, 126, 130, 142, 147-50, 165-6, 188, 286, 296
——の運営資金（OF：operational fund） 29, 61-71, 84, 86, 89, 94, 130, 161, 165
——の事業計画（OP：operational program） 61, 67-8, 72, 75, 130-1
——の事業要件 64, 68
——の MS 戦略 96, 99, 103, 109, 151
——の役割 61, 126
生協（組織） 22, 29, 55, 177, 181, 186, 281, 284, 289, 292, 298-300
生産者委員会（grower's council） 157

生産者協会 128-9, 131
生産者所得 61, 64, 72
生鮮同等品（FAE） 123
制度改革 80-1, 257
制度環境 11
製品開発 21, 148, 164, 223, 292
製品差別化 21, 28, 153, 197, 223, 229, 275
製品提案力 232
製品ライン 26, 89, 127, 229, 231-2, 251, 273, 287, 298
生物多様性 65, 285
セリ取引 18-9, 147, 157-8, 225, 298, 299
センター仕入れ 154
全農 13
前方統合（forward integration） 156
全面無条件販売方式 299
専門農協 7-8, 13, 140, 172, 187-8, 233, 298
戦略目標 152, 299
総会 21, 128, 140, 154, 157, 163, 200, 239
総合農協 7, 8, 13, 298
総合農場認証制度（Integrated Farm Assurance） 58
相互扶助 156, 166
組織形態 2, 5, 7, 8, 11, 15-8, 21-4, 27, 80, 83, 140, 158, 164-5, 197, 207, 211, 224-6, 230-3, 293, 296-7, 308
組織構成 153, 191-2, 303
組織構造 2, 19, 29, 48, 130, 159, 191
組織再編 2, 5-7, 24, 27, 90, 149, 151, 156, 207, 215, 223-4, 230-1, 233-4, 296-7, 307

［た行］

大規模合併農協 7, 21, 167, 171, 185
対抗型 24-5
第三者認証制度 58
大量一括仕入れ 1
多国籍農協（multinational） 12, 74
多目的事業の兼営 13
単一市場（single market）化 72, 304
単一支払い制度（SPS：single payment scheme） 60, 80, 90, 93
単協 8, 12-8, 20-4, 75, 87-8, 129, 140-1, 167, 172, 189, 203-4, 224, 230, 235, 266-

7, 271

地域ブランド　28, 110, 201, 203-4, 256-7, 259-61, 276-7, 297

チェーン・アクター　73

地中海諸国　38-9, 42, 242

地中海モデル　9

チャネル管理　153, 256, 290, 304

──政策　290

チャネル戦略　26-7, 153

チャネルミックス　26

中央会　13, 129

長期安定的な取引　80, 255

直営農場　20, 74, 162, 165

直接販売　155-8, 187, 201-2, 215, 226, 252

直売　135, 303-4

地理的近接性（Proximity）　21, 26, 231, 305

地理的範囲　12, 24-5, 114, 141, 155, 173-4, 188, 192, 208, 230, 255, 259, 263, 277

地理的表示制度（GI）　28, 239-43, 256, 259

地理的表示保護制（PGI：Protected Geographical Indication）　99, 110, 114, 174, 240-2, 257, 277

陳腐化　23, 235

定時（in time）・定量（demanded volume）　24

定量安定供給　298

テスコ（TESCO Group）　4, 57, 58, 82, 235

伝統的協同組合　6, 8, 21, 158, 166, 225, 230, 233

伝統的農協　2, 14, 75, 295

東欧諸国　4, 8, 64, 223, 228, 232, 304

同等性認証制度　58

取引要件　1, 218-9, 222, 295

トレーサビリティ　4, 23, 134, 174, 176, 198-9, 257

［な行］

内部資金　159, 189, 193

内部組織（Hierarchies）　6, 7, 30, 233

ナショナル・ブランド（NB）　56, 259, 286

ナトゥーラ・シ（NaturaSi）　290

南欧モデル　9

日本型産地形成　298

日本農協　299, 304, 307

ネットワーキング　180, 208, 221, 230-1, 233

ネットワーク　6-8, 15, 18-9, 21, 23-5, 29, 52, 140, 164-5, 172, 175-6, 185, 187, 196, 198, 223, 229-34, 296-7, 305, 307

農家監査制度　58

農協間合併　7-8, 172-3, 176, 188-90, 222, 233, 259

農協間競争　8, 188, 259

農業協同組合　13, 15, 129, 131, 136, 286-7

農協共販　5, 9, 11, 304

農協系統販売　15, 29

農協組織の移行プロセス　5

農協組織モデル　27, 296

農協法　1, 87, 191, 208

農協連合　1, 7, 12, 14-6, 18-28, 30, 75, 87, 101, 167-77, 180, 185, 188-93, 197, 200, 202-10, 225-35, 259-78, 296-7

農協連合モデル　7, 22-3, 27, 190

農産物および食材の特徴の認証（TSG：Traditional Specialty Guaranteed）　240

納品計画　109, 222

納品条件　199, 306

［は行］

バーゲニングパワー　73, 173, 176, 185, 188, 232, 256, 259

バーゲニング農協　18-9, 73-4, 140, 205, 233

バイイングパワー（Buying power）　2, 3, 81, 87, 188, 259, 297, 307

買収・合併　177-8, 203

ハイブリッド（hybrid）　2, 6, 8, 30, 80, 140-1, 164, 166, 207, 209, 211, 296

バックヤード機能　4, 197, 306

バッホアラゴンのオリーブオイル（Aceite del Bajo Aragon）　239, 248-9, 255, 257

バリューチェーン　28, 239, 297

バルク状態　155, 217, 219, 250

バル・ベノスタ農協連合（VIP）　16, 25-7, 261, 265-77, 297

パワー関係　24, 61

範囲の経済　16, 56, 59, 161

反競争的行為　128

索引 325

販売手数料　193
販路確保　158, 201-2, 205, 232
ビジネス環境の変化　2, 3, 5, 7-8, 15, 20, 23,
　　29, 140, 166, 205, 207, 212, 215, 218-33,
　　295, 297-99, 304, 307
ビジネスモデル　58, 152-3, 162, 299-300,
　　306
品質管理　3, 6, 136, 161, 163, 198-9, 248,
　　256
品質政策　114, 240-3
品質要件　256, 306
品種開発　164
ファルツマルクト（Pfalzmarkt für Obst und
　　Gemüse eG）　16, 131-9
フードスキャンダル　3, 229
フォーミュラ（Formula）　56, 59
フォンテスタート（Fontestad）　75, 82, 87,
　　89-90
付加価値　19, 26-7, 47, 148, 153, 158, 161,
　　175, 188, 197-8, 202-5, 234, 239, 246,
　　256, 275, 287, 293
付加的サービス　72, 99
物流機能　19, 74
物流センター　57, 101, 105, 197
プライベート・スタンダード（PS：private
　　standard）　1, 3-4, 7, 18, 58, 197, 199, 205,
　　218, 222, 224, 263, 295, 297, 305-6
プライベート・ブランド（PB：private
　　brand）　3, 5, 26, 28, 50, 53-9, 90, 127,
　　176, 183, 185, 187, 197, 201-2, 251, 255,
　　259, 273, 275, 281, 284, 289, 292-3, 297
　　──商品　53-9, 284, 289, 293
　　──比率　50, 53-9
プラットフォーム（platform）　4, 29, 165
ブランド拡張　270, 273, 277
ブランド間競争　59, 261
ブランド戦略　28, 259-60, 269, 273, 279,
　　292-4, 297
ブランドパワー（ブランド力）　25-8, 203-4,
　　260, 271-3, 278, 287-8, 290, 293
フルタゲル（Fruttagel）　16-7, 21-2, 25-6,
　　167, 175, 177-89, 296
フルッソル（Frutsol）　75, 83-6, 88

プレイス・ブランド（place brand）　272
フレスキュー（FresQ）　16, 19-20, 25, 74,
　　140, 148, 150, 159-66, 296, 304
プロダクトアウト　176, 185, 205
プロモーション　22, 25, 67, 80, 84, 105, 110,
　　193, 197-8, 228, 252, 272, 276-7
ヘルシー政策　92, 94, 113
法的規制　51
法的形態　128
法的根拠　60, 96, 169, 191, 208-9
法的保護　239, 277
補完原理　129
北欧諸国　9, 11, 30
　　──の農協モデル（北欧モデル）　9
ボトルネック　1, 295
ホワイトペーパー　92

［ま行］

マーケットイン　176, 187, 205
マーケティング戦略　2, 7, 14, 24-7, 30, 47,
　　87, 89, 152-61, 175-6, 185-8, 197, 203,
　　224-34, 256, 261, 272-7, 296-7, 307
マーケティング農協　15, 18, 73-4, 140, 148,
　　205, 233
マネージャー　19, 23-4, 73, 151, 163, 208,
　　222, 225, 229-30, 253, 261, 306
マルチ型農協（Multipurpose）　8
マルチ・フォーミュラ　56, 59
南チロール　10, 161, 261, 264, 267-9, 271-2,
　　277
　　──果実農協連合（VOG）　16, 20, 25,
　　27-8, 101, 172, 261, 264-5, 269, 271-8,
　　297, 304
ムルヒベルデ（MURGIVERDE）　16, 23-4,
　　207, 227-8, 230-3, 296, 304
メトロ（Metro Group）　4, 126, 135, 235
メリンダ（Melinda）　16, 25-8, 261, 264,
　　266, 269, 271-8, 297
メルカドーナ（MERCADONA）　82
メンバーシップ　23, 191-193, 204

［や行］

役員会　154, 157, 159, 181, 184

野菜需給構造　117
野菜出荷方式　303
野菜販売対策　299
野菜部会　303-4, 307
優越的地位の濫用　127
有機食品市場　28, 279, 297
有機専門店　155, 290
有機農産物　28, 175, 177, 282-6, 293
有機認証　110, 114, 182, 198, 241-2, 248,
　　251-5, 257
有機ブランド　198, 290
輸出競争　48, 222, 276
輸出商社　79, 89, 250

［ら行］

ライファイゼン（Raiffeisen）　129-30
酪農協　8-9, 30
ラントガルト（Landgard）　137, 190

リードタイム　4, 57, 302
利益配当　6, 19, 158-9, 189, 193
理事会　11-2, 20-2, 128, 154, 157, 159, 163,
　　180-1, 185, 193, 211, 228
リテールサービス　2, 4, 176, 187-8, 226,
　　231, 275
流通機能の内部化　153
流通構造　28, 73
利用高　8, 11, 19-20, 158, 169, 193, 204
利用料金　193
隣接産地　229, 234, 260-1, 265, 273, 276-7
　　──間競争　261
倫理的消費　282
ルクレー（Leclerc）　235, 281
レーヴェ（Rewe）　126, 135, 235, 281
冷凍野菜　5, 16, 22, 38, 123, 167, 177-81,
　　285
ロジスティック機能　153, 162, 198, 219

［著者紹介］

李　　哉汯（イ　ジェヒョン）

鹿児島大学農学部准教授．1965 年生まれ．東京大学大学院農学研究科（農業・資源経済学専攻）博士課程単位取得後退学，東京大学大学院農学研究科・助手を経て現職．博士（農学）（東京大学）．
著作に，『野菜・果樹地帯における季節農業労働者の確保と雇用』農政調査委員会，2004 年，斎藤修編『地域ブランドの戦略と管理―日本と韓国/米から水産品まで』（共著）農文協，2008 年，八木宏典と共編著『変貌する水田農業の課題』日本経済評論社，2019 年，ほか．

森嶋輝也（もりしまてるや）

国立研究開発法人農研機構九州沖縄農業研究センター　作物開発利用研究領域 6 次産業化グループ長．1967 年生まれ．大阪大学大学院人間科学研究科博士前期課程修了．北海道農業研究センター，中央農業研究センター勤務を経て現職．博士（農学）（千葉大学）．
著作に，『食料産業クラスターのネットワーク構造分析―北海道の大豆関連産業を中心に―』農林統計協会，2012 年，「食料産業クラスターと地域クラスター」フードシステム学叢書第 4 巻『フードチェーンと地域再生』農林統計出版，2014 年，「地域ブランドを核とした食料産業クラスターの形成―長野県「市田柿」のネットワークを事例に―」斎藤修監修・佐藤和憲編著『フードシステム革新のニューウェーブ』日本経済評論社，2016 年，ほか．

清野誠喜（きよのせいき）

新潟大学農学部教授．1965 年生まれ．日本大学大学院農学研究科（農業経済学専攻）博士前期課程修了．日本大学助手，民間企業，秋田県農業試験場，宮城大学准教授を経て 2010 年より現職．博士（農学）（千葉大学）．
著作に，梅沢昌太郎と共編著『パッケージド・アグロフード・マーケティング』白桃書房，2009 年，「小売店舗における消費者への情報提示効果と店頭マーケティング」，梅本雅編著『青果物購買行動の特徴と店頭マーケティング』農林統計出版，2009 年，「サービス・ドミナント・ロジックの視点からみるフードシステム研究」斎藤修監修・佐藤和憲編著『フードシステム革新のニューウェーブ』日本経済評論社，2016 年，ほか．

EU 青果農協の組織と戦略

2019 年 10 月 30 日　第 1 刷発行

定価（本体 5800 円＋税）

著　　者　　李　　　　哉　泫
　　　　　　森　嶋　輝　也
　　　　　　清　野　誠　喜
発　行　者　　柿　﨑　　　均
発　行　所　　株式会社日本経済評論社
　〒101-0062 東京都千代田区神田駿河台 1-7-7
　　電話 03-5577-7286　FAX 03-5577-2803
　　E-mail : info8188@nikkeihyo.co.jp
　　　　　　振替 00130-3-157198
装丁＊徳宮峻　　　　　　シナノ印刷／誠製本

落丁本・乱丁本はお取替えいたします　　Printed in Japan
Ⓒ J. Lee, T. Morishima and S. Kiyono 2019
ISBN978-4-8188-2533-8　C3061

・本書の複製権・翻訳権・上映権・譲渡権・公衆送信権（送信可能化
　権を含む）は，㈱日本経済評論社が保有します．
・JCOPY 〈(一社)出版者著作権管理機構 委託出版物〉
　本書の無断複写は著作権法上での例外を除き禁じられています．複
　写される場合は，そのつど事前に，(一社)出版者著作権管理機構(電
　話 03-5244-5088，FAX 03-5244-5089，e-mail: info@jcopy.or.jp)
　の許諾を得てください．